物联网技术丛书

物联网技术

赵庶旭　马宏锋　王　婷　杨志飞　编著

西南交通大学出版社
·成　都·

内 容 简 介

本书从物联网系统中的实现技术出发，较为全面、系统地对基本原理和技术方法进行了介绍。全书共分为八章：第 1 章对物联网基本概念进行了阐述；第 2 章介绍了物联网的体系概貌；第 3~6 章针对物联网的三个层次，分别介绍了物联网中的感知识别技术、网络通信技术、数据处理及控制技术；第 7 章简单说明物联网安全中涉及的各个技术点；第 8 章介绍了物联网系统的设计、应用实例及发展趋势。

本书内容较为全面、知识点明确、注重基础，可作为高等学校物联网工程、计算机科学与技术专业本科生的必修课教材和教学参考书，也可作为对物联网感兴趣的一般读者了解物联网体系及技术的参考书。

图书在版编目（CIP）数据

物联网技术 / 赵庶旭等编著. 一成都：西南交通大学出版社，2012.11（2019.7 重印）
（物联网技术丛书）
ISBN 978-7-5643-2027-0

Ⅰ. ①物… Ⅱ. ①赵… Ⅲ. ①互联网络－应用②智能技术－应用 Ⅳ. ①TP393.4②TP18

中国版本图书馆 CIP 数据核字（2012）第 251690 号

物联网技术丛书

物联网技术

赵庶旭　马宏锋　王婷　杨志飞　编著

*

责任编辑　李芳芳
特邀编辑　宋彦博
封面设计　何东琳设计工作室
西南交通大学出版社出版发行
四川省成都市二环路北一段 111 号西南交通大学创新大厦 21 楼
邮政编码：610031　发行部电话：028-87600564
http://www.xnjdcbs.com
四川森林印务有限责任公司印刷

*

成品尺寸：185 mm × 260 mm　　印张：16.875
字数：421 千字
2012 年 11 月第 1 版　　2019 年 7 月第 2 次印刷
ISBN 978-7-5643-2027-0
定价：39.00 元

前　言

　　物联网，对于多数中国人来说依然是一个较为陌生的概念。物联网基本概念的提出要追溯到 1999 年。今天，信息领域内将物联网视作具有革命意义的第三次浪潮。其目的是利用通信技术、网络技术、射频技术、数据处理技术等，延伸互联网，形成物与物、人与物间的对接，完成虚拟世界和物理世界的统一。物联网的发展及应用，受到世界各国的普遍关注，其相关技术的发展，符合我国建设自主创新型国家的发展战略。近年来，物联网及相关技术在我国得到了巨大关注，在国家政策、科研、教育、企业等各个层域内都开始投入大量的人力、物力和财力，来争夺这一高新技术的制高点。

　　可以说，物联网技术是计算技术、网络技术、软件技术和微电子系统制造及集成技术发展成熟的必然产物，涉及智能交通、安全防护、环境监测、精确农业、智能物流等众多领域，与之对应的则是"智慧地球""感知中国""智慧城市"等的提出。物联网是信息产业领域未来竞争的制高点之一，是传统产业升级的核心驱动力之一，是加速推进工业化、信息化融合的催化剂，是现代服务业的重要切入点。

　　本书视野宽阔，知识点全面，对物联网三个技术层次都进行了详细阐述。第 1 章为物联网发展的概述。第 2 章从系统的角度对物联网的信息表现形式、体系结构进行了介绍。第 3 章以射频识别、传感器、定位系统等为主对物联网的感知识别技术进行了阐述。通过感知识别，物联网系统实现对物理世界数据的采集和初步处理。通过互联网、无线网络和移动通信等，物联网实现了信息传递。相关网络传输技术的基本概念、原理和网络形式在第 4 章中进行了阐述。物联网中信息的来源、种类、形式及规模决定了数据管理和处理数据的多样性和先进性。第 5 章介绍了物联网各层内数据管理、处理涉及的数据模型技术、数据库技术、数据中心和海量存储、中间件技术、嵌入式技术、数据挖掘与融合技术和云计算技术。自动控制、计算机控制和网络控制使物联网成为能协同作业的有效系统，该部分内容在第 6 章进行了阐述。第 7 章简单讨论了物联网的安全技术。第 8 章结合物联网的行业应用，对物联网的工程设计和实施原则进行讨论，并借助几个典型物联网应用案例说明其应用及发展。

　　本书可以作为高等学校物联网工程、计算机、通信工程、电子信息工程等相关专业本科生的必修课教材或教学参考书，也可作为一般读者的学习参考书。

　　感谢葛新宇、康健、王小龙、王军、杨东东等以极其负责的精神为本书在校对及文献查阅方面所做的工作。

　　本书由赵庶旭、马宏锋、王婷、杨志飞等共同编写，是在多年教学、科研实践的基础上，综合参考国内外众多文献后完成的。限于作者的认知角度和水平，书中不足、不当之处在所难免，敬请读者批评指正。

作　者

2012 年 6 月

目　　录

第1章 物联网概述

物联网（Internet of Things，IOT）被看作继计算机、互联网之后信息领域的第三次浪潮。随着通信、互联网、射频识别、数据处理等新技术的发展，物联网作为一种能够实现人与人、人与机器、人与物乃至物与物之间直接沟通的全新网络构架正日渐成形。互联网时代，人与人之间的距离变小了；而继互联网之后的物联网时代，则是人与物、物与物之间的距离变小了。互联网改变了人们的世界观，而物联网的出现将再次强烈地改变人们对世界的认识。"智慧地球""感知中国""智慧城市"等概念的出现，表明物联网正以其多变的面目，开始改变我们的世界。

1.1 基本概念

1.1.1 物联网的背景

随着物联网概念的提出，从一般性的网站、技术报刊、行业报刊，到机上读物、广告宣传，以及技术论坛、行业评估、股票等，无不在热议物联网。但事实上，物联网并不是最近才出现的新概念。早在比尔·盖茨 1995 年出版的《未来之路》一书中，已经提及"物联网"概念，只是当时受限于无线网络、硬件及传感设备而并未引起世人的重视。1998 年，美国麻省理工学院（MIT）创造性地提出了当时被称为 EPC（Electronic Product Code，电子产品编码）系统的物联网的构想。1999 年，在美国召开的移动计算和网络国际会议上就提出，"传感网是下一个世纪人类面临的又一个发展机遇"。同年，中科院启动了"传感网"研究，并已建立了一些实用的传感网。1999 年，美国麻省理工学院成立 Auto-ID 研究中心，进行射频识别（Radio Frequency Identification，RFID）技术研发，在美国统一代码委员会（Uniform Code Council，UCC）的支持下，将 RFID 与互联网结合，提出了 EPC 解决方案。即物联网主要建立在物品编码、RFID 技术和互联网的基础上，最初定义为"把所有物品通过射频识别等信息传感设备与互联网连接起来，实现智能化识别和管理"。

2005 年 11 月 17 日，在突尼斯举行的信息社会世界峰会（WSIS）上，国际电信联盟（International Telecommunications Union，ITU）发布了《ITU 互联网报告 2005：物联网》，正式提出了物联网的概念，包括所有物品的联网和应用。例如，危险品运输中为了保证物品在运送过程中的安全，可以利用物联网实施对物品状态的全程监控。这是通过分布在危险品周围的温度、湿度、气压、振动等传感器探头和 GPS（Global Positioning System，全球定位系统）定位模块等，定期或不定期地采集危险品温度、湿度、气压、振动、位置等信息，然后通过通信网络将信息发送到远程的集中监控处理系统，由该系统进行信息处理，并根据处理结果实施相应的控制处理。再如，当司机出现操作失误时汽车能够自动报警，公文包能够提醒主人忘了带什么东西，衣服能够告诉洗衣机对水温的要求等，这些都是物联网所能实现的基本功能。

物联网思想可以看成对普适计算（Ubiquitous Computing）思想的扩展，其中"Ubiquitous"源自拉丁语，意为存在于任何地方。1991年，Xerox实验室的计算机科学家Mark Weiser首次提出此概念，描述了任何一个人无论何时何地都可通过合适的终端设备以小而可见的方式获取计算能力的全新信息社会。在此基础上，日本、韩国衍生出了泛在网络（Ubiquitous Network，也称U网络），欧盟提出了环境感知智能（Ambient Intelligence）。虽然这些概念与物联网不尽相同，但是其理念都是一致的。2008年年底IBM向美国政府提出的"智慧地球"战略，2009年6月欧盟提出的"物联网行动计划"，以及2009年8月日本提出的"i-Japan"计划等，都是利用各种信息技术来突破互联网的物理限制，以实现无处不在的物联网络。美国的战略强调传感器及其网络等感知技术的应用，提出建设智慧型基础设施；欧盟的计划具体而务实，强调RFID的广泛应用，注重信息安全；日本的计划强调电子政务和社会信息服务等信息化应用。其共同点是：融合各种信息技术，突破互联网的限制，将物体接入信息网络，实现"物联网"在网络泛在的基础上，将信息技术应用到各个领域，从而影响到国民经济和社会生活的方方面面。

我国紧随美欧日之后，对物联网有关的技术研究与设施建设提出了一系列可操作的构想。2009年9月11日，"传感器网络标准工作组成立大会及感知中国高峰论坛"在北京举行，其工作组汇聚了中国科学院、中国移动等国内传感网主要的技术研究和应用单位，积极开展传感网标准制订工作，深度参与国际标准化活动，通过标准化为产业发展奠定坚实的技术基础。当前，我国传感网标准体系已形成初步框架，向国际标准化组织提交的多项标准提案也被采纳。物联网还被列入《国家中长期科学与技术发展规划纲要（2006—2020年）》和"新一代宽带移动无线通信网"重大专项中的重点研究领域，所有这些都表明了我国对物联网的重视。

ITU曾预测，未来世界是无所不在的物联网世界，到2017年将有7万亿传感器为地球上的70亿人口提供服务。未来10年内物联网在全球有可能大规模普及。目前，美国、欧盟等都在投入巨资，深入研究探索物联网。我国也正在高度关注、重视物联网的研究，工业和信息化部会同有关部门，在新一代信息技术方面正在开展研究，以形成支持新一代信息技术发展的政策措施。

1.1.2　物联网的定义

物联网的概念分为广义和狭义两方面。广义来讲，物联网是一个未来发展的愿景，等同于"未来的互联网"或者"泛在网络"，能够实现人在任何时间、任何地点，使用任何网络与任何人与物的信息交换以及物与物之间的信息交换；狭义来讲，物联网是物品之间通过传感器连接起来的局域网，不论接入互联网与否，都属于物联网的范畴。

物联网的一种定义是：通过射频识别、红外感应器、全球定位系统、激光扫描器等信息传感设备，按约定的协议，把任何物品与互联网连接起来，进行信息交换和通信，以实现智能化识别、定位、跟踪、监控和管理的一种网络。显然，物联网的这一概念来自同互联网的类比。根据物联网与互联网的关系，不同的专家学者对物联网给出了各自的定义，归纳为下面四种类型。

1. 物联网是传感网而不接入互联网

有的专家认为，物联网就是传感网，只是给人们生活环境中的物体安装传感器，这些传感器可以帮助我们更好地认识环境，这个传感器网不接入互联网。例如，上海浦东机场的传感器网络，其本身并不接入互联网，却号称是中国第一个物联网。物联网与互联网是相对独立的两张网。

2. 物联网是互联网的一部分

物联网并不是一张全新的网，实际上早就存在了，它是互联网发展的自然延伸和扩张，是互联网的一部分。互联网是可包容一切的网络，将会有更多的物品加入到这张网中。也就是说，物联网是包含于互联网之内的。

3. 物联网是互联网的补充网络

通常所说的互联网是指人与人之间通过计算机结成的全球性网络，服务于人与人之间的信息交换。而物联网的主体则是各种各样的物品，通过物品间传递信息从而达到最终服务于人的目的，两张网的主体是不同的，因此物联网是互联网的扩展和补充。互联网好比是人类信息交换的动脉，物联网就是毛细血管，两者相互联通，且物联网是互联网的有益补充。

4. 物联网是未来的互联网

从宏观的概念上讲，未来的物联网将使人置身于无所不在的网络之中，在不知不觉中，人可以随时随地与周围的人或物进行信息的交换，这时物联网也就等同于泛在网络，或者说未来的互联网。物联网、泛在网络、未来的互联网，它们的名字虽然不同，但表达的都是同一个愿景，那就是人类可以随时随地使用任何网络联系任何人或物，达到信息自由交换的目的。

总而言之，不论是哪一种定义，物联网都需要对物体具有全面感知能力，对信息具有可靠传送和智能处理能力，从而形成一个连接物体与物体的信息网络。也就是说，全面感知、可靠传送、智能处理是物联网的基本特征。"全面感知"是指利用 RFID、二维码、GPS、摄像头、传感器、传感器网络等感知、捕获、测量的技术手段，随时随地对物体进行信息采集和获取；"可靠传送"是指通过各种通信网络与互联网的融合，将物体接入信息网络，随时随地进行可靠的信息交互和共享；"智能处理"是指利用云计算、模糊识别等各种智能计算技术，对海量的跨地域、跨行业、跨部门的数据和信息进行分析处理，提升对物理世界、经济社会各种活动和变化的洞察力，实现智能化的决策和控制。

1.1.3 物联网概念辨析

物联网是基于互联网和 RFID 技术的网络，是在计算机互联网的基础上，利用 RFID、无线数据通信等技术，实现全球物品的自动识别，达到信息的互联与实时共享。

目前，对于物物互联的网络这一概念的准确定义尚未达成统一的认识，存在着以下几种相关概念：物联网、无线传感器网络（Wireless Sensor Network，WSN）、网络化物理系统（Cyber Physical Systems，CPS）、射频技术、云计算以及泛在网，等等。物联网相关概念如图 1.1 所示。

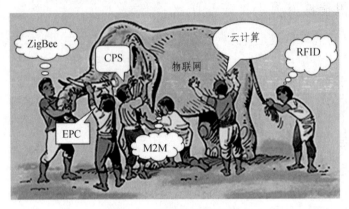

图 1.1　物联网相关概念

1. 物联网

定义 1：把所有物品通过 RFID 和条形码等信息传感设备与互联网连接起来，实现智能化识别和管理。

该定义最早于 1999 年由麻省理工学院 Auto-ID 研究中心提出，实质上等于 RFID 技术和互联网的结合应用。RFID 标签是早期物联网最为关键的技术，利用 RFID 技术，通过计算机互联网实现物品/商品的自动识别和信息的互联与共享。

定义 2：2005 年，ITU 在 The Internet of Things 这一报告中对物联网概念进行扩展，提出任何时刻、任何地点、任意物体之间的互联，无所不在的网络和无所不在的计算等发展愿景，除 RFID 技术外，传感器技术、纳米技术、智能终端等技术将得到更加广泛的应用。

定义 3：由具有标识、虚拟个性的物体/对象所组成的网络，这些标识和个性等信息在智能空间使用智慧的接口与用户、社会和环境进行通信。

该定义出自欧洲智能系统集成技术平台（EPoSS）在 2008 年 5 月 27 日发布的报告 *Internet of Things in 2020*。该报告分析预测了未来物联网的发展，认为 RFID 和相关的识别技术是未来物联网的基石，因此更加侧重于 RFID 的应用及物体的智能化。

定义 4：物联网是未来互联网的一个组成部分，可以被定义为基于标准的和可互操作的通信协议，且具有自配置能力的、动态的全球网络基础架构。物联网中的"物"都具有标识、物理属性和实质上的个性，使用智能接口实现与信息网络的无缝整合。

这个定义来源于欧盟第 7 框架下 RFID 和物联网研究项目组在 2009 年 9 月 15 日发布的研究报告。该项目组的主要研究目的是便于欧洲内部不同 RFID 和物联网项目之间的组网，协调 RFID 的物联网研究活动、专业技术平衡与研究效果最大化，以及项目之间建立协同机制等。

从上述 4 种定义不难看出，物联网的内涵是起源于由 RFID 对客观物体进行标识并利用网络进行数据交换这一概念，并不断扩充、延展、完善而逐步形成的。这种物联网主要由 RFID 标签、读写器、信息处理系统、编码解析与寻址系统、信息服务系统和互联网组成。通过对拥有全球唯一编码的物品的自动识别和信息共享，实现开环环境下对物品的跟踪、溯源、防伪、定位、监控以及自动化管理等功能。通常在生产和流通（供应链）领域，为了实现对物品的跟踪、防伪等功能，需要给每一个物品一个全球唯一的标识。在这种情形下，RFID 技术是主角，基于 RFID 技术的物联网能够满足这种需求。此外，冷链物流、危险品物流等特殊物流，对仓库、运输工具/容器的温度等有特殊要求，可将传感器技术融入进来，将传感器采集的信息与仓库、车辆、集装箱的 RFID 信息融合（例如，在厢式冷藏货车内安装温度传感器，将温度信息、GPS 信息等通过车载终端采用短信息方式发送到企业监控中心），构建带传感器的基于 RFID 的物联网。目前，基于 RFID 的物联网的典型解决方案是美国的 EPC。

2. 无线传感器网络

定义 5：无线传感器网络是由若干具有无线通信能力的传感器节点自组织构成的网络。

此定义最早由美国军方提出，起源于 1978 年美国国防部高级研究计划局资助卡耐基梅隆大学进行的分布式传感器网络研究项目。在当时缺乏互联网技术、多种接入网络以及智能计算技术的条件下，该定义局限于由节点组成的自组织网络。

定义 6：泛在传感器网络（Ubiquitous Sensor Network，USN）是由智能传感器节点组成的网络，可以以"任何地点、任何时间、任何人、任何物"的形式被部署。该技术具有巨大的潜力，可以用于广泛领域内推动新的应用和服务，从安全保卫、环境监控到推动个人生产力和增强国家竞争力。

此定义出自 2008 年 2 月 ITU-T 的研究报告 *Ubiquitous Sensor Networks*。该报告中提出了泛在传感器网络体系架构，自下而上分为底层传感器网络、接入网络、基础骨干网络、中间件、应用平台等 5 个层次。底层传感器网络由传感器、执行器、RFID 等各种信息设备组成，负责对物理世界的感知与反馈；接入网络实现底层传感器网络与上层基础骨干网络的连接，由网关、sink 节点等组成；基础骨干网络基于互联网、NGN 构建；中间件处理、存储传感数据，并以服务的形式提供对各类传感数据的访问；应用平台实现各类传感器网络应用的技术支撑。

定义 7：传感器网络以对物理世界的数据采集和信息处理为主要任务，以网络为信息传递载体，实现物与物、物与人之间的信息交互，提供信息服务的智能网络信息系统。

该定义出自我国信息技术标准化技术委员会传感器网络标准工作组 2009 年 9 月的工作文件，该文件认为传感器网络具体表现为，"它综合了微型传感器、分布式信号处理、无线通信网络和嵌入式计算等多种先进信息技术，能对物理世界进行信息采集、传输和处理，并将处理结果以服务的形式发布给用户"。

定义 8：传感网是以感知为目的，实现人与人、人与物、物与物全面互联的网络。其突出特征是通过传感器等方式获取物理世界的各种信息，结合互联网、移动通信网等进行信息的传送与交互，采用智能计算技术对信息进行分析处理，从而提升对物质世界的感知能力，实现智能化的决策和控制。

此定义出自我国工业和信息化部、江苏省联合向国务院上报的《关于支持无锡建设国家传感网创新示范区（国家传感信息中心）情况的报告》。此外，"传感网"这一名词最早出自业界专家对于无线传感器网络的简称，即定义 5 的中文简称。随着物物互联相关概念的受关注度不断提升，传感器网络逐渐演进为定义 8 所描述的内容。

比较传感器网络的 4 种定义，可以发现传感器网络的内涵起源于"由传感器组成通信网络，对所采集到的客观物体信息进行交换"这一概念。定义 6 提出了相对完整的体系架构，并且描述了各个层次在体系架构中的位置及功能。定义 7、8 尽管与定义 6 文字描述不同，但其内涵基本一致，并未对定义 6 进行实质性的突破与完善。定义 6、7、8 都是将定义 5 所定义的"网络"作为底层的、对客观物质世界进行信息获取与交互的技术手段之一，并对其进行了更为精确的文字描述。

显然，以传感器、通信网络和信息处理系统为主构成的传感网，具有实时数据采集、监督控制和信息共享与存储管理等功能，它使目前的网络技术的功能得到极大拓展，使通过网络实时监控各种环境、设施及内部运行机理等成为可能。也就是说，原来与网络相距甚远的家电、交通管理、农业生产、建筑物安全、旱涝预警等都能够得到有效的网络监测，有的甚至能够通过网络进行远程控制。目前，无线传感网络仍旧处于在闭环环境下应用的阶段，比如，用无线传感器监控金门大桥在强风环境下的摆幅。而基于传感技术的物联网主要采用嵌入式技术（嵌入式 Web 传感器），给每个传感器赋予一个 IP 地址，应用于远程防盗、基础设施监控与管理、环境监测等领域。

3. 泛在网络

定义 9：泛在网络指无所不在的网络。

最早提出 U 战略的日本和和韩国给出的定义是：无所不在的网络社会将是由智能网络、最先进的计算技术以及其他领先的数字技术基础设施武装而成的技术社会形态。根据这样的构想，U 网络将以"无所不在""无所不包""无所不能"为基本特征，帮助人类实现"4A"化通信，即在任何时间(Anytime)、任何地点(Anywhere)，任何人(Anyone)、任何物(Anything)都能顺畅地通信。

4. 各概念之间的关系

目前，对于支持人与物、物与物广泛互联，实现人与客观世界的全面信息交互的全新网络的命名，一直存在着物联网、传感网、泛在网这三个概念之争。这三个概念之间的关系如图 1.2 所示。

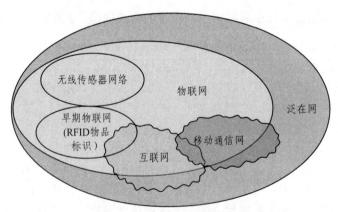

图 1.2　各概念之间的关系

如果将传感器的概念进行扩展，认为 RFID、二维条形码等信息的读取设备和音视频录入设备等数据采集设备都是一种特殊的传感器，则范围扩展后的传感器网络即简称为与物联网概念并列的"传感网"。从 ITU-T、ISO/IECJTC1 SC6 等国际标准组织对传感器网络、物联网定义和标准化范围来看，传感器网络和物联网其实是一个概念的两种不同表述，其实质都是依托于各种信息设备实现物理世界和信息世界的无缝融合。可见无论从哪个角度看，都可以认为目前为人们所熟知的"物联网"和"传感网"都是以传感器、RFID 等客观世界标识和感知技术为基础，借助无线传感器网络、互联网、移动网等实现人与物理世界的信息交互。泛在网是面向泛在应用的各种异构网络的集合，也被称为"网络的网络"，更强调跨网之间的互联互通和信息聚合与应用。另外，泛在化、智能化是物联网的两大特征。所谓泛在化，是指传感器网络部署和移动通信网络覆盖的泛在化以及各类物联网业务与应用的泛在化。各种信息的协同处理以及基于数据挖掘、专家系统、商业智能的决策支持是智能化的集中体现。

1.2　物联网的特点与演进

随着互联网的不断发展，互联网的泛在化成为其新的发展趋势。RFID 技术为互联网的泛在化提供了必要条件，反过来互联网将促成 RFID 技术应用发展的又一次飞跃。如同互联网可以把世界上不同角落的人紧密地联系在一起一样，采用 RFID 技术的 Internet 可以把世界上所有物品联系在一起，而且彼此之间可以互相"交流"，从而组成一个全球性实物相互联系的"物联网"。如果说 RFID 为物品提供了自我表达的能力，物品之间交流则需要一个网络即物联网来实现。从某种意义上可以说，物联网的实质是利用 RFID 技术，通过计算机互联网实现物品（商品）的自动识别和信息的互联与共享。除 RFID 外，红外感应、实时定位、激光扫描等技术也同样用于将任何物品与互联网相连接，进行信息交换和通信，以实现智能化识别、定位、追踪、监控和管理等功能。

1.2.1　物联网与互联网的区别

物联网是射频识别技术与互联网结合而产生的新型网络，主要解决物品到物品（Thing to Thing，T2T），人到物品（Human to Thing，H2T），人到人（Human to Human，H2H）之间的互联。其中，H2T 是指人利用通用装置与物品之间的联系，H2H 是指人之间不依赖于个人电脑而进行的互联。物联网具有与互联网类同的资源寻址需求，以确保其中联网物品的相关信息能够被高效、准确和安全地寻址、定位和查询，其用户端是对互联网的延伸和扩展，即任何物品和物品之间可以通过物联网进行信息交换和通信。因此，物联网又在以下几个方面有别于互联网。

1. 不同应用领域的专用性

互联网的主要目的是构建一个全球性的信息通信计算机网络，通过 TCP/IP 技术互联全球所有的数据传输网络，在较短时间实现了全球信息互联互通，但是也带来了互联网上难以克服的安全性、移动性和服务质量等一系列问题。而物联网则主要从应用角度出发，利用互联网、无线通信网络资源进行业务信息的传送，是互联网、移动通信网络应用的延伸，也是自动化控制、遥控遥测及信息应用技术的综合展现。不同应用领域的物联网均具有各自不同的属性。例如，汽车电子领域的物联网不同于医疗卫生领域的物联网，医疗卫生领域的物联网不同于环境监测领域的物联网，环境监测领域的物联网不同于仓储物流领域的物联网，仓储物流领域的物联网不同于楼宇监控领域的物联网，等等。由于不同应用领域具有完全不同的网络应用需求和服务质量要求，物联网节点大部分都是资源受限的节点，只有通过专用联网技术才能满足物联网的应用需求。物联网的应用特殊性以及其他特征，使得它无法再复制互联网成功的技术模式。

2. 高度的稳定性和可靠性

物联网是与许多关键领域物理设备相关的网络，必须至少保证该网络是稳定的。例如，在仓储物流应用领域，物联网必须是稳定的，不能像现在的互联网一样，时常出现网络不通，时常发生电子邮件丢失等，仓储的物联网必须稳定地检测进库和出库的物品，不能有任何差错。有些物联网需要高可靠性，例如医疗卫生的物联网，必须要求具有很高的可靠性，保证不会因为由于物联网的误操作而威胁病人的生命。

3. 严密的安全性和可控性

物联网的绝大多数应用都涉及个人隐私或机构内部秘密，因而物联网必须提供严密的安全性和可控性。物联网系统具有保护个人隐私、防御网络攻击的能力，物联网的个人用户或机构用户可以严密控制物联网中信息采集、传递和查询操作，不会由于个人隐私或机构秘密的泄露而造成对个人或机构的伤害。

尽管物联网与互联网有很大的区别，但是从信息化发展的角度看，物联网的发展与互联网的发展密不可分，而且和移动电信网络、下一代网络以及网络化物理系统、无线传感网络等的发展都有千丝万缕的联系。

1.2.2　物联网在信息化发展中的位置

从烽火台到电报电话，再到互联网和移动互联网，人们对信息的渴求成为推动信息化发展的原动力，而一次又一次技术的飞跃正帮助人们不断获取新的知识和信息。现代信息通信的发展历程如图 1.3 所示。从电报开始，人们逐步探究更便捷、更大容量的信息传递方式，人与人通信的未知领域不断缩小，目前已经发展到了"移动互联网"的阶段。

在人们不断探索人与人之间的现代通信技术的同时，为了更好地服务于信息的传递，最初一部分物体被打上条形码，这大大提高了物品的识别效率。随着近场通信（Near Field Communication）技术（如 RFID、蓝牙、ZigBee 等）的发展，RFID、二维码等各种现代识别技术逐步得到推广应用，在摩尔定律的推动下，芯片的体积不断缩小，功能更加强大，物品自身的网络与人的网络相互联通已成为大势所趋。在未来网络的发展中，从人的角度和从物的角度对信息通信的探索将实现融合，最终实现无所不在的"泛在网络"，如图 1.4 所示。而这也就是终极意义上的物联网。

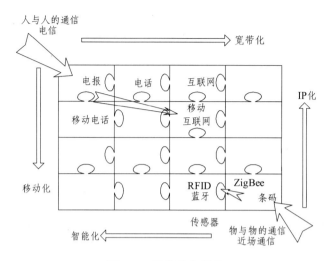

图 1.3　现代信息通信

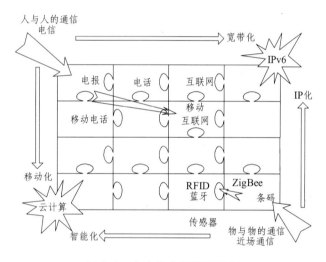

图 1.4　未来泛在网络示意图

1.2.3　物联网的演进路径

物联网的演进路径分为电信网主导和传感网主导两种模式,发展的初期由传感网络主导,但是当传感网技术成熟后,将以电信网为主导,实现信息的可控可管、安全高效。在图 1.4 中,把人类信息通信网分成实现人与人通信的电信网,以及实现物与物通信的近场通信网或者传感网,两者的发展并行推进,但是电信网比传感网成熟更早。经过上百年、无数人的研究发明和推广应用,电信网已经建立了一整套科学的、可控可管的信息通信网络体系,安全、高效地服务于人类的信息通信。

电信网的发展主要有两大方向:一个是移动化,人们为了追求信息通信的自由,逐步用移动电话替代固定电话,实现位置上的自由通信;另一个方向是宽带化,通信从电路交换转变为以分组交换为主,从电报电话到互联网,逐步实现宽带化的通信,实现传输容量上的自由通信。

传感网的发展也有两大趋势。一个是智能化，物品要更加智能，能够自主地实现信息交换，才能真正实现物联网。而这需要对海量数据的处理能力，随着"云计算"技术的不断发展成熟，这一难题将得到解决。另一个趋势是 IP 化，未来的物联网将给所有的物品都设定一个标识，实现"IP 到末梢"，这样人们才能随时随地了解物品的信息。"可以给每一粒沙子都设定一个 IP 地址"的 IPv6 担负着这项重担，将在全球得到推广。

电信网主导模式就是由传统的电信运营商主导，推动物联网的发展；传感网主导模式是以传感网产业为主导，逐步实现与电信网络的融合。在当前状况下，由于传感器的研发瓶颈制约了物联网的发展，应当大力加强传感网络的发展。但是从战略角度看，针对未来会出现的信息安全和信息隐私的保护问题，应当选择电信网主导的模式，而且通信产业具有强大的技术基础、产业基础和人力资源基础，能实现海量信息的计算分析，保证网络信息的可控可管，最终保证在信息安全和人们的隐私权不被侵犯的前提下实现泛在网络的通信。

另一方面，物联网是连接物品的网络，有些学者在讨论物联网时常常提到 M2M 的概念，可以解释为人到人（Man to Man）、人到机器（Man to Machine）、机器到机器（Machine to Machine）。实际上，M2M 的所有解释在现有的互联网中都可以实现，人到人之间的交互可以通过互联网进行，有时也通过其他装置间接地实现，如第三代移动电话，可以实现十分完美的人到人的交互。人到机器的交互一直是人体工程学和人机界面领域研究的主要课题，而机器与机器之间的交互已经由互联网提供了最为成功的方案。从本质上说，人与机器、机器与机器的交互，大部分是为了实现人与人之间的信息交互。万维网（World Wide Web）技术成功的动因在于：通过搜索和链接，提供人与人之间异步进行信息交互的快捷方式。这里强调的物联网指基于 RFID 的物联网，传感网指基于传感器的物联网。而对于物联网、传感网、广电网、互联网、电信网等网络相互融合形成的网络，称为泛在网，即"无处不在、无所不包、无所不能"网络。因此，通常在物联网研究中不宜采用 M2M 概念，容易造成思路混乱，应该采用国际电信联盟（ITU）定义的 T2T、H2T 和 H2H 等概念。

1.3 物联网与下一代网络

按照 ITU 物联网研究组的研究结论，物联网的核心技术主要是普适网络、下一代网络和普适计算。这三项核心技术的简单定义如下：普适网络是无处不在的、普遍存在的网络；下一代网络，可以在任何时间、任何地点互联任何物品，提供多种形式信息访问和信息管理的网络；普适计算是无处不在的、普遍存在的计算。其中下一代网络中"互联任何物品"的定义是 ITU 物联网研究组对下一代网络定义的扩展，这是对下一代网络发展趋势的高度概括。现在已经成为现实的多种装置的互联网，如手机互联、移动装置互联、汽车互联、传感器互联等，都揭示了下一代网络在"互联任何物品"方面的发展趋势。

从以上定义可以看出，从某种角度看，下一代网络就是可以连接任何物品的物联网。按照传统的定义，下一代网络是在任何时间、任何地点，以任何方式提供信息访问和管理的服务，侧重于为人提供服务，可以称为信息网络；而从互联角度看，这种传统的下一代网定义还是局限在传统互联网的范畴，仅仅强调人与人之间的信息交互。

1.3.1 物联网与 CPS

按照 ITU 的定义，把物联网研究和开发纳入下一代网络的范畴，而不是把下一代网络仅仅作为引入 IP 核心网、移动性和个性化服务的网络。人与人之间的信息交互是具有百年发展历史的电信网主要业务范畴，引入了物联网理念的下一代网络，从根本上扩展了电信网的业务范畴，可以真正推动电信业务和电信网络的全面变革，可以为电信网（包括固定电信网和移动电信网）创造新的发展机遇。随着处理器、存储器、网络带宽等成本的下降，嵌入式系统广泛应用于许多领域，特别是广泛应用于各类物理设备中，如飞机、汽车、家电、工业装置、医疗器械、监控装置和日用物品。国际上把利用计算技术监测和控制物理设备行为的嵌入式系统称为网络化物理系统（Cyber Physical Systems，CPS）或者深度嵌入式系统（Deeply Embedded Systems，DES）。CPS 也可以翻译为"物理设备联网系统"。美国总统的科学技术咨询委员会（PCAST）在 2007 年 8 月发布的题为"挑战下的领导地位：在世界竞争中的信息技术研发"的咨询报告中，明确建议把 CPS 作为美国联邦政府研究投入最高优先级的课题，由此启动了美国高校和研究机构的 CPS 研发热潮。

PCAST 咨询报告认为，CPS 的设计、构造、测试和维护难度较大、成本较高，通常涉及无数联网软件、硬件和多个子系统环境下的精细化集成。在监测和控制复杂的、快速动作的物理系统（如医疗设备、武器系统、制造过程、配电设施）运行时，CPS 在严格的计算能力、内存、功耗、速度、重量和成本的约束下，能够可靠和实时地操作。且在承受外部攻击和打击的情况下能够继续正常工作。

CPS 这种融合信息世界和物理世界的技术具备以下特征：

（1）CPS 是未来经济和社会发展的革命性技术。

CPS 是信息领域的网络化技术、信息化技术，与物理系统中控制技术、自动化技术的融合。CPS 可以连接原来完全分割的虚拟世界和现实世界，使得现实的物理世界与虚拟的网络世界连接，通过虚拟世界的信息交互，优化物理世界的物体传递、操作和控制，构成一个高效、智能、环保的物理世界。从这个角度看，CPS 技术是可以改变未来经济和社会发展的革命性技术。

（2）信息材料本身就是一种 CPS 技术。

材料技术与信息技术融合构成的信息材料技术本身就是一种 CPS 技术，它是最为基础的网络化世界与物理世界连接的技术。例如，小型化、低成本、环保节能的新型材料传感器、显示器等技术，都是 CPS 发展中的关键技术。

（3）CPS 要求计算技术与控制技术的融合。

为了把网络世界与物理世界连接，CPS 必须把已有的、处理离散事件的、不关心时间和空间参数的计算技术，与现有的、处理连续过程的、注重时间和空间参数的控制技术融合起来，使得网络世界可以采集物理世界与时间和空间相关的信息，进行物理装置的操作和控制。

（4）CPS 要求开放的嵌入式系统。

CPS 系统中的计算技术主要是嵌入式系统。CPS 中的嵌入式计算系统不是传统的封闭性系统，而是需要通过网络，与其他信息系统进行互联和互操作的系统。CPS 要求的嵌入式系统是一种开放的嵌入式系统，需要提供标准的网络访问接口和交互协议、标准的计算平台和服务调用接口、标准的计算环境和管理界面。

（5）CPS要求可靠和确定的嵌入式系统。

CPS把计算技术带入了与国家基础设施、人们日常生活密切相关的领域，CPS大部分应用领域是与食品卫生一样的安全、敏感的领域，CPS的技术和产品需要经过政府严格的安全监督和认证。原来信息技术领域习以为常的"免责"条款将不再适用，CPS技术和产品必须成为高可靠的、行为确定的产品，由此需要可靠和确定的嵌入式系统。

对照ITU有关物联网的定义以及PCAST咨询报告有关CPS定义，可以认为CPS是物联网的专业称呼，侧重于物联网内部的技术内涵；而物联网是CPS的通俗称呼，侧重于CPS在日常生活中的应用。从专业角度看，CPS提供了物联网研究和开发所需的理论和技术内涵；从应用角度看，物联网提供了CPS未来应用的一个直观画面，更加适合于普及CPS方面的科学知识。物联网的研究和开发应该从CPS入手和深入，而CPS技术和产品的普及和应用可以从物联网角度介绍和举例。

1.3.2　物联网与WSN

由于目前对物联网的研究尚未深入，对物联网的技术内涵也缺乏专业的研究，有些专业的或非专业的报道通常会把无线传感器网络作为物联网。微机电系统（Micro-Electro-Mechanism System，MEMS）、片上系统（System on Chip，SoC）、无线通信和低功耗嵌入式技术的飞速发展，孕育出无线传感器网络（WSN），并以其低功耗、低成本、分布式和自组织的特点带来了信息感知的一场变革。WSN就是由部署在监测区域内大量的廉价微型传感器节点组成，通过无线通信方式形成的一个多跳自组织网络，是一种全新的信息获取平台，能够实时监测和采集网络分布区域内的各种检测对象的信息，并将这些信息发送到网关节点，以实现复杂的指定范围内目标检测与跟踪，具有快速展开、抗毁性强等特点，有着广阔的应用前景。

按照国内权威学术期刊的定义，WSN是一种"随机分布的集成有传感器、数据处理单元和通信模块的微小节点通过自组织的方式构成网络"，它可以"借助于节点中内置的形式多样的传感器测量所在周边环境中的热、红外、声纳、雷达和地震波信号"，并且"传感器网络有着与传统网络明显不同的技术要求，前者以数据为中心，后者以传输数据为目的"。因此，无线传感器网络并没有赋予T2T的连接能力，更不具备与物理系统连接并且控制物理系统的能力。WSN仅仅是采集和传递数据，并没有涉及物联网中的核心控制技术，也不具备CPS要求的高可靠性。因此从CPS角度来看，WSN并不是物联网，更不是网络化物理系统。但是，WSN的相关技术在一定程度上可能支撑物联网的开发与应用。

1.4　物联网发展综述

1.4.1　国外物联网发展概况

目前，国外对物联网的研发、应用主要集中在美、欧、日、韩等少数国家和地区。美国是物联网技术的主导和先行国之一，较早开展了物联网及相关技术的研究与应用。据美国《科学时报》报道，在美国国家自然科学基金会（NSF）资助下，马萨诸塞州剑桥城于2007年就着手打造全球第一个全城无线传感网。但是,掀起物联网关注热潮应当是在 2009 年 1 月 IBM 提出"智慧地球"之后。2009 年 1 月,在奥巴马总统与美国工商界领袖举行的一次会议上,IBM 首席执行官彭明盛提出了"智慧地球"的概念,并建议美国政府投资新一代智慧型基础设施。奥巴马对此给予积极回应:"经济刺激资金将会投入到宽带网络等新兴技术中去,毫无疑问,这就是美国在 21 世纪保持和夺回竞争优势的方式。"这将"智慧地球"提升为国家层级的发展战略,将"新能源"和"物联网"列为振兴经济的两大武器,从而引起全球的广泛关注。同时,物联网产业引发全美工商界的高度关注,并认为"智慧地球"有望成为又一个"信息高速公路"计划,从而在世界范围内引起轰动。

欧盟制定了"欧洲行动计划",科学规划未来发展路线。欧盟早在 2006 年就成立工作组,专门进行 RFID 技术研究,并于 2008 年发布《2020 年的物联网——未来路线》。2009 年 6 月,欧盟委员会向欧盟议会、理事会、欧洲经济和社会委员会及地区委员会递交了《欧盟物联网行动计划》(Internet of Things—An action plan for Europe),提出了包括监管、隐私保护、芯片、基础设施保护、标准修改、技术研发等在内的 14 项框架内容,主要有管理、隐私及数据保护、"芯片沉默"的权利、潜在危险、关键资源、标准化研究、公私合作、创新、管理机制、国际对话、环境问题、统计数据和进展监督等一系列工作。这项框架内容对物联网未来发展以及重点研究领域给出了明确的路线图,确保欧洲在构建物联网过程中起主导作用。

2009 年 10 月,欧盟委员会以政策文件的形式对外发布了物联网战略,提出要让欧洲在基于互联网的智能基础设施发展上领先全球,除了通过 ICT 研发计划投资 4 亿欧元,启动 90 多个研发项目以提高网络智能化水平外,欧盟委员会还将于 2011—2013 年间每年新增 2 亿欧元进一步加强研发力度,同时拿出 3 亿欧元专款,专门支持物联网相关公私合作短期项目建设。

欧洲智能系统集成技术平台(EPoSS)在其报告 Internet of Things in 2020 中分析预测,未来物联网的发展将经历四个阶段:2010 年之前,RFID 被广泛应用于物流、零售和制药领域;2011—2015 年,物体互联;2015—2020 年,物体进入半智能化;2020 年之后,物体进入全智能化。就目前而言,许多物联网相关技术仍在开发测试阶段,离不同系统之间融合、物与物之间的普遍链接的远期目标还存在一定差距。

日本政府自 20 世纪 90 年代中期以来相继制定了"e-Japan""u-Japan""i-Japan"等多项国家信息技术发展战略,从大规模开展信息基础设施建设入手,稳步推进,不断拓展和深化信息技术应用,以此带动本国社会、经济发展。日本政府早在 2004 年就推出了"u-Japan"计划,着力发展泛在网及相关产业,并希望由此催生新一代信息科技革命。2008 年,日本总务省提出"u-Japan xICT"政策。"x"代表不同领域乘以 ICT 的含义,一共涉及三个领域:"产业 xICT""地区 xICT"和"生活(人)xICT"。日本政府将"u-Japan"政策的重心从之前的单纯关注居民生活品质提升拓展到带动产业及地区发展,即通过各行业、地区与 ICT 的深化融合,实现经济增长的目的。为了确保在信息时代的国际竞争地位,2009 年 7 月,日本 IT 战略本部颁布了日本新一代的信息化战略——"i-Japan"战略。2009 年 8 月,日本又将"u-Japan"战略升级为"i-Japan"战略,提出"智慧泛在"构想,将传感网列为其国家重点战略之一,致力于构建一个个性化的物联网智能服务体系,充分调动日本电子信息企业积极性,确保日本在信息时代的国家竞争力始终位于全球第一阵营。为了让数字信息技术融入每一个角落,日本政府首先将政策目标聚焦在三大公共事业——电子化政府治理、医疗健康信息服务、教育与人才培育,并提出到 2015 年,透过数位技术达到"新的行政改革",使行政流程简化、效率化、标准化、透明化，同时推动电子病历、远程医疗、远程教育等应用的发展。同时，日本政府希望通过物联网技术的产业化应用，减轻由于人口老龄化所带来的医疗、养老等社会负担。

韩国政府自 1997 年起出台了一系列推动国家信息化建设的产业政策，包括 RFID 先导计划、RFID 全面推动计划、USN 领域测试计划等。为实现建设 U 化社会的愿景，韩国政府持续推动各项相关基础建设、核心产业技术发展，RFID/USN（传感器网）就是其中之一。继日本提出"u-Japan"战略后，韩国也在 2006 年确立了"u-Korea"战略，并制定了详尽的"IT839 战略"，重点支持泛在网建设。"u-Korea"旨在建立无所不在的社会（Ubiquitous Society），也就是在民众的生活环境里布建智能型网络（如 IPv6、BcN、USN）和最新的技术应用，如 DMB（Digital Audio Broadcasting，数字音频广播）、Telematics（车载信息服务）、RFID 等先进的信息基础建设，让民众可以随时随地享有科技智慧服务。其最终目的，除了运用 IT 科技为民众创造食衣住行育乐各方面无所不在的便利生活服务之外，也希望扶植 IT 产业发展新兴应用技术，强化产业优势与国家竞争力。2009 年 10 月，韩国通信委员会出台了《物联网基础设施构建基本规划》，将物联网市场确定为新增长动力。该规划提出，到 2012 年实现"通过构建世界最先进的物联网基础实施，打造未来广播通信融合领域超一流信息通信技术强国"的目标，并确定了构建物联网基础设施、发展物联网服务、研发物联网技术、营造物联网扩散环境等 4 大领域、12 项详细课题。

此外，法国、德国、澳大利亚、新加坡等国也在加紧部署物联网经济发展战略，加快推进下一代网络基础设施的建设步伐。

1.4.2　国内物联网发展情况

我国发展建设物联网体系，国家部委以 RFID 广泛应用作为形成全国物联网的发展基础。自 2004 年起，国家金卡工程每年都推出新的 RFID 应用试点工程，该项目涉及电子票证与身份识别、动物与食品追踪、药品安全监管、煤矿安全管理、电子通关与路桥收费、智能交通与车辆管理、供应链管理与现代物流、危险品与军用物资管理、贵重物品防伪、票务及城市重大活动管理、图书及重要文档管理、数字化景区与旅游等。2009 年 8 月 7 日，温家宝总理视察无锡微纳传感网工程技术研发中心并发表重要讲话之后，"物联网"概念在国内迅速升温。与国外相比，我国物联网发展在最近几年取得了重大进展。《国家中长期科学与技术发展规划纲要（2006—2020 年）》和"新一代宽带移动无线通信网"重大专项中均将传感网列入重点研究领域。目前，我国传感网标准体系已形成初步框架，向国际标准化组织提交的多项标准提案被采纳，传感网标准化工作已经取得积极进展。2009 年 9 月 11 日，经国家标准化管理委员会批准，全国信息技术标准化技术委员会组建了传感器网络标准工作组。

科技部"863"计划第二批专项课题中就包括了超高频 RFID 空中接口安全机制及其应用，超高频读写器芯片的研发与产业化，超高频读写功能的移动通信终端开发与产业化，适用于实时定位系统的 RFID 产品研发及其产业化，RFID 标签动态信息实时管理软件的研究与开发，RFID 在旅游景区、展览馆、博物馆的应用以及在出口商品质量追溯与监管中的应用等 7 个课题。

铁道部 RFID 应用已基本涵盖了铁路运输的全部业务。截至 2008 年年底，在全国铁路 1.7 万台机车和 70.8 万辆货车上安装了电子标签，在机务段、局分界站、编组站、区段站、大型货运站、车辆段（厂）安装了地面识别设备 2 000 多套，并开发了综合应用系统，实现了对铁路列车、机车、货车的实时追踪。

卫生部 RFID 主要应用领域有卫生监督管理、医保卡、检验检疫等，已完成了"948"国家牛肉质量追溯系统建设，正在合作开发、建设冷链物流（冷鲜水产品及出口菌菇）示范项目，并在食品、药品安全监管，医院对病人、医疗器械、药品及病源的实时动态及可追溯管理，以及电子病历与健康档案管理等方面开展了试点工作。

交通运输行业在高速公路不停车收费、多路径识别、城市交通一卡通等智能交通领域也有所突破。例如，厦门路桥管理公司在不停车收费系统中应用 RFID 技术发行 RFID 电子标签共 20 万张；广东联合电子收费公司自 2004 年起建立不停车收费系统，发行 16 万张 RFID 电子标签；中集、中远公司则在车辆、集装箱、货物、堆场等运输物流领域的管理方面建立了 RFID 应用示范点。

由此可见，国内物联网产业链和应用范围不断得到扩大和拓展，并主要呈现以下趋势：

（1）集电子产业、软件业、通信运营业、信息服务业和面向行业的应用与系统集成中心等于一体的完整产业链正在逐步形成。

（2）应用试点向行业规模化应用拓展，跨行业和地区的综合性应用正逐步启动。

（3）应用功能以目前的身份识别、电子票证为主逐渐向物品识别过渡，如向资产管理、食品和药品安全监管、电子文档、图书馆、仓储物流等物品识别拓展；应用频率以低、高频为主逐渐向超高频和微波过渡，即从低高频的门禁、二代身份证应用逐步向高速公路不停车收费、交通车辆管理等超高频应用拓展。

（4）RFID 与新技术的融合将会衍生出更多的商业模式，如手机移动支付将会是未来 RFID 最大的市场，利用 RFID 进行人与物的实时定位也将会成为未来的主流应用之一。

（5）RFID 以及传感技术的发展使得社会公共管理呈现出管理智能化、物流可视化、信息透明化的发展趋势。

1.4.3 物联网发展面临的问题

1. 技术标准问题

标准是一种交流规则，关系着物联网物品间的沟通。物联网的发展必然涉及通信的技术标准，各国存在不同的标准，因此需要加强国家之间的合作，以寻求一个能被普遍接受的标准。但是，各类层次通信协议标准如何统一则是一个十分漫长的过程。以 RFID 标准为例，虽已提及多年，但至今仍未有统一一说法，这正是限制我国 RFID 发展的关键因素之一。物联网的各类技术标准与之相似，因此有待中国、日本、美国及欧洲发达国家共同协商，其发展之路仍很漫长。

2. 协议与安全问题

物联网是互联网的延伸，在物联网核心层面是基于 TCP/IP，但在接入层面，协议类别包括 GPRS、短信、TD-SCDMA、有线等多种通道，需要一个统一的协议。

与此同时，物联网中的物品间联系更紧密，物品和人也连接起来，使得信息采集和交换设备大量使用，数据泄密也成了越来越严重的问题。如何实现大量的数据及用户隐私的保护，成为亟待解决的问题。

3. 终端与地址问题

物联网终端除具有本身功能外还拥有传感器和网络接入等功能，且不同行业需求各异，如何满足终端产品的多样化需求，对运营商来说是一大挑战。

另外，每个物品都需要在物联网中被寻址，因此物联网需要更多的 IP 地址。IPv4 资源即将耗尽，IPv6 是满足物联网的资源。但 IPv4 向 IPv6 过渡是一个漫长的过程，且存在与 IPv4 的兼容性问题。

4. 费用与规模化问题

要实现物联网，首先必须在所有物品中嵌入电子标签等存储体，并需要安装众多读取设备和庞大的信息处理系统，这必然导致大量的资金投入。因此，在成本尚未降至能普及的前提下，物联网的发展将受到限制。已有的事实均证明，在现阶段物联网的技术效率并没有转化为成规模的经济效益。例如，智能抄表系统能将电表的读数通过商用无线系统（如 GSM 短消息）传递到电力系统的数据中心，但电力系统仍没有成规模地使用这类技术，原因在于这类技术没有经济效益。

为了提高效率，规模化是运营商业绩的重要指标，终端的价格、产品多样性、行业应用的深度和广度都会对用户规模产生影响，如何实现规模化是有待商讨的问题。

5. 商业模式与产业链问题

物联网的产业化必然需要芯片商、传感设备商、系统解决方案商、移动运营商等上下游厂商的通力配合，而在各方利益机制及商业模式尚未成型的背景下，物联网普及仍相当遥远。

物联网所需的自动控制、信息传感、射频识别等上游技术和产业已成熟或基本成熟，而下游的应用也以单体形式存在。物联网的发展需要产业链的共同努力，实现上下游产业的联动，跨专业的联动，从而带动整个产业链，共同推动物联网发展。

6. 配套政策和规范的制定与完善

物联网的实现并不仅仅是技术方面的问题，建设物联网的过程中将涉及许多规划、管理、协调、合作等方面的问题，还涉及个人隐私保护等方面的问题，这就需要一系列相应的配套政策和规范的制定与完善。

1.4.4 物联网的未来

未来 10 年间，物联网一定会像现在的互联网一样高度普及。物联网的产业链大致可分为三个层次：首先是传感网络，以二维码、RFID、传感器为主，实现"物"的识别；其次是传输网络，通过现有的互联网、广电网络、通信网络或者未来的 NGN（Next Generation Network，下一代网络），实现数据的传输与计算；最后是应用网络，即输入输出控制终端，可基于现有的手机、PC 等终端进行。

　　美国权威咨询机构 Forrester 预测，到 2020 年，全球物联网的业务和人与人通信的业务相比，将达到 30∶1，仅仅是在智能电网和机场防入侵系统方面的市场就有上千亿元。因此，物联网被称为是下一个万亿级的信息技术产业。在国内市场，根据预测，仅 2009 年 RFID 市场规模就达到 50 亿元，年复合增长率为 33%，其中电子标签超过 38 亿元，读写器接近 7 亿元，软件和服务达到 5 亿元。由此催生的电信、信息存储处理、IT 服务整体解决方案等市场，更是潜力惊人。目前，我国已经形成一定的市场规模，物联网技术已经应用在公共安全、城市管理、环境监测、节能减排、交通监管等领域，尤其是在 2009 年物联网受到业界前所未有的重视，引发了一波产业热潮。我国无锡、北京等地已经开始重点布局，积极推动行业应用，建设示范工程和示范区。据预测，到 2035 年前后，我国的传感网终端将达到数千亿个；到 2050 年，传感器将在生活中无处不在。在物联网普及后，用于动物、植物和机器、物品的传感器与电子标签及配套的接口装置的数量将大大超过手机的数量，将大大推进信息技术元件的生产，增加大量的就业机会。

　　物联网的发展将给我国带来新的机遇，而且可能会带来整个信息领域重新洗牌的机会。如果能够抓住这个机会，将改变我国在前两次信息革命浪潮中落后的局面。在世界传感网领域，我国已成为国际标准制定的主导国之一，我国向国际标准化组织提交的多项标准提案已被采纳。

第 2 章　物联网体系架构

物联网是继计算机、互联网与移动通信网之后的信息产业发展新方向，在物联网模式下，如何让物体具备"智慧"，如何实现物与人之间的沟通？计算、通信及电子信息技术的发展和成熟，使其变为可行。利用有效的识别与感知技术手段获取物体（品）的即时数据，通过数字技术，完成信息表示，经合适的传输途径，将各类信息交给处理系统，在软件系统的应用层面实现交互和再处理，由此形成了物联网的三层描述。即，用于感知、识别和采集信息的底层——感知层；承担数据传递的中间层——网络传输层；实现数据应用管理与处理的顶层——服务应用层。信息在层次内和层间流动。

数据在物联网中表现为多种形式。本章首先对物联网中信息的存在形式——数字——的基础知识进行介绍，继而完成对物联网体系结构、标准体系的阐述，并分别对感知控制、网络传输和服务应用三个层次囊括的技术进行概要说明。本章是本书的线索和灵魂，读者可以借助本章了解物联网知识体系的基本框架。

2.1　物联网中的数字技术

如今，数字设备种类繁多，计算机、因特网等数字技术已经引发了社会、政治和经济的巨大变革。物联网中的数字，其种类更为丰富，数量更为庞大，形式更为多样化，它将给我们的生活带来巨大的变化。通过下面的内容我们可以大致了解关于数字的基础知识。

2.1.1　数字设备

现在我们对推动数字革命的数字设备已经相当了解。这类信息可以从广告、新闻、书籍、电影、谈话和通信中获得，甚至可以在使用各种数字设备，以及试图判断出数字设备为什么不能工作时获得。最典型的数字设备就是计算机。本小节提供了数字设备的概述，以帮助读者从计算机相关知识开始，系统地整理所了解的有关数字设备的知识。

1. 计算机基础知识

计算机（Computer）是一种能够按照事先存储的程序，接收输入、处理数据、存储数据并产生输出的多用途设备，如图 2.1 所示。计算机由硬件和软件所组成，两者是不可分割的。人们把没有安装任何软件的计算机称为裸机。

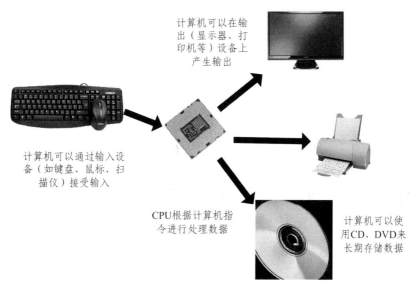

计算机可以在输出（显示器、打印机等）设备上产生输出

计算机可以通过输入设备（如键盘、鼠标、扫描仪）接受输入

CPU根据计算机指令进行处理数据

计算机可以使用CD、DVD来长期存储数据

图 2.1　计算机输入、处理、存储、输出设备

计算机的发展历程大致如下：1946 年 2 月，世界上出现第一台电子数字计算机"ENIAC"；1954 年 5 月，第二代晶体管电子计算机诞生；1959 年，第三代集成电路计算机诞生；1976 年，由大规模集成电路和超大规模集成电路制成的第四代计算机诞生。

1）计算机的输入输出和数据处理

计算机的输入是指送入计算机系统的一切数据。输入可以由人、环境或其他计算机提供。计算机能接受多种类型的输入，例如，文档里的单词和符号、用于计算的数字、图形、温度计的温度、来自麦克风的音频信号以及计算机程序指令等。输入设备（例如键盘或鼠标）可以收集输入信息，并把它们转化成一系列电子信号以备计算机进行存储和操作。

输出是指计算机产生的结果。计算机输出的形式包括报告、文档、音乐、图表等。输出设备能够显示、打印或传送处理的结果。

从技术角度讲，数据是指那些表示某些事实、对象和思想的符号。计算机可以用很多方法操作数据，这种操作称为处理。计算机处理数据的方式包括执行计算、修改文档或图片、记录快速动作游戏中的得分、绘图，以及对词汇或数字的列表进行排序，如图 2.2 所示。

图 2.2　计算机对数字的排序

在计算机中，大部分数据处理是在中央处理器（Central Processing Unit，CPU）这个部件中进行的。多数现代计算机使用的 CPU 是微处理器芯片。微处理器是能经过编程来完成任务的电子元件，这些任务是以微处理器所接收到的数据为基础的。

2）计算机的存储

计算机能存储数据进而用来进行处理。根据数字应用的方式不同，大部分计算机通常可把数据存储在多个不同的地方。内存是计算机中临时存放正在等待处理、存储或者输出的数据的地方。存储器是长期存储那些不需要立即处理的数据的地方。数据通常存储在计算机文件中。计算机文件通常简称为"文件"，是存储在某种长期储存设备上的一段数据流。所谓"长期储存设备"一般指磁盘、光盘、磁带等。其特点是所存信息可以长期、多次使用，不会因为断电而消失。文件可以包括文档、网页电子邮件信息和音乐视频等各类数据。有些文件还包括控制计算机完成特定任务的各种指令。

3）计算机程序

控制计算机执行处理任务的指令集叫作计算机程序，或者简称"程序"。程序构成了软件，而软件能使计算机执行某个特定任务。在计算机运行软件时它会执行完成任务所需的指令。

想象一下，如果每个月都用普通的掌上计算器来统计个人的收支情况，那么将不得不分步来进行计算。因此每个月都必须进行一遍相似的计算。但如果计算器能记忆所需要的计算的话，数据处理就变得容易了，只需输入当月的收支数据即可。

存储程序的理念是使一系列计算机任务的指令都能加载到计算机内存中。当计算机执行其他的任务时，这些指令可以很容易地由另一组指令替换。这种能力使计算机成为多用途机器。

存储程序可以让用户使用计算机完成一项任务，例如文字处理，然后很容易地转换到另一项不同类型的计算任务，例如，编辑照片或者发送电子邮件。这是计算机区别于其他简单的、用途较少的数字设备（例如，手表、计算器）的重要特征。

计算机上运行的软件可分为两大类：应用软件和系统软件。应用软件是为了某种特定的用途而被开发的软件。例如，文字处理软件能协助我们创建、编辑和打印文档；个人理财软件能协助我们记录资金和投资；视频编辑软件能协助我们创建并编辑家庭电影，甚至是专业电影。

与应用软件不同，系统软件是各类操作系统，如 Windows、Linux、UNIX 等，还包括操作系统的补丁程序及硬件驱动程序等。系统软件负责管理计算机系统中各种独立的硬件，使它们可以协调工作。系统软件使计算机使用者和其他软件将计算机当作一个整体而不需要顾及底层每个硬件是如何工作的。从本质上讲，它是控制计算机中所有活动的主控器。虽然操作系统不协助人们完成专门的应用任务（如文字处理），但在开始运行程序或查找数据文件等操作和存储任务时，我们仍然需要与操作系统进行交互。

2. 个人计算机、服务器、大型机和超级计算机

早期计算机一般分为三类。大型机最初是指装在非常大的带框铁盒子里的大型计算机系统。而小型计算机体积小、价格低，虽然性能没有大型机强大，但也足以为小型企业提供足够的计算能力。由于微型计算机的 CPU 中包含单独的微处理器芯片，因此，它明显地区别于其他类型的计算机。

现在，微处理器已经不能作为区分计算机类型的特征了，因为几乎所有的计算机都使用一个或多个微处理器作为 CPU。术语"小型计算机"已经不再使用，而且术语"微型计算机"和"大型计算机"的使用频率也越来越低。

计算机可以用于完成各种各样的任务，但某些类型的计算机比其他类型的计算机更适合完成某些特定任务。计算机的分类是根据计算机的用途、价格、体积和性能等标准将其分成几个不同的类型。计算机通常分为个人计算机、服务器、大型机计算机和超级计算机等。

1）个人计算机

个人计算机是为了满足个人计算机需要而设计的一种使用微处理器的计算机设备。个人计算机通常能运行多种类型的应用软件，例如，文字处理、照片编辑和电子邮件等。

个人计算机分为桌面计算机和便携计算机，它们具有各种不同的外形，这是由于安放计算机电路的容器的尺寸是各种各样的。如图 2.3 所示的计算机都是个人计算机。

台式机　　　一体机　　　笔记本

图 2.3　不同类型的个人计算机

2）工作站

工作站通常有两种意思。它可以指连接到网络的普通个人计算机。另外，它也可以指用来进行高性能任务处理的功能强大的桌面计算机，主要面向专业应用领域，具备强大的数据运算与图形、图像处理能力，是为满足工程设计、动画制作、科学研究、软件开发、金融管理、信息服务、模拟仿真等专业领域要求而设计开发的高性能计算机。如图 2.4 所示的工作站类似于个人计算机但是有更强的处理能力和存储能力，故其价格通常比普通的个人计算机要贵不少。

3）视频游戏控制台

视频游戏控制台（如日本任天堂的 Wii、索尼的 PlayStation 或是微软的 Xbox）通常不被视作个人计算机，因为它们以前只是专用的游戏设备。它们只是连接到电视上，并仅使用一对游戏控制杆作为输入设备的简单数字设备。

现在的视频游戏控制台包含可以与任何高速度个人计算机相媲美的微处理器，并能够产生与高端的工作站同样高质量的图像。再加上一些附件，如键盘、DVD 播放器以及因特网连接装置等，视频游戏控制台就可以实现观看 DVD 影片、收发电子邮件和参与多人游戏等在线活动的功能。尽管有以上特征，但图 2.5 所示的视频游戏控制台仍然只适用于特定的小环境，并不能作为个人计算机的替代品。

图 2.4　工作站　　　　　　　图 2.5　视频游戏控制台

4）服务器

服务器包含多种意思。它既可以指计算机硬件，也可以指特定类型的软件，还可以指硬件与软件的结合体。但不管怎样，服务器的作用就是通过给网络（如因特网或家庭网络）上的计算机提供数据来提供"服务"。

任何向服务器请求数据的软件或数字设备（如计算机）都叫作客户端。例如，在因特网中，一台服务器可能响应客户端对网页的请求，而另一台则可能用来处理客户端与因特网之间连续的电子邮件流。服务器还可以让网络内所有客户端共享文件，或共用中央打印机。

需要指出的是，几乎所有的个人计算机、工作站、大型机或超级计算机都可以配置成服务器。特别要强调的是，服务器对硬件并没有专门的要求。不过有的计算机制造商把他们生产的专门用于网络数据存储和分配的一类计算机称为"服务器"。服务器的价格各有高低，这取决于服务器的配置，但基本上与工作站的价格相当，而略高于个人计算机的价格。尽管这种机器执行与服务器相关的任务时表现出色，但它们没有桌面计算机所包含的声卡、DVD 播放器以及其他娱乐配件，所以大多数消费者都不会考虑用它来替换个人计算机。

5）大型计算机

大型计算机（简称"大型机"）体积庞大，价格昂贵，能够同时为成百上千的用户处理数据。大型机一般应用于企业或政府部门，为大量数据提供集中式存储、处理和管理。当对可靠性、数据安全性和集中式控制要求很高时，大型机仍是最佳选择。

大型计算机的价格通常是几十万美元到一百多万美元不等。大型机的主要处理电路都安装在壁橱式的柜子里，如图 2.6 所示。加上用于存储和输出的大型外围设备，整个大型机系统占地面积非常大。

图 2.6　大型计算机

6）超级计算机

超级计算机是世界上运算速度最快的一类计算机。图 2.7 所示为我国的超级计算机"天河一号"。

图 2.7 我国超级计算机"天河一号"

由于运算速度极高，超级计算机能够承担其他计算机所不能处理的复杂任务和计算密集型问题。计算密集型问题需要用复杂的数学计算来处理大量数据。分子计算、大气模型和宇宙研究等项目都需要使用、处理和分析大量数据点。

超级计算机一般应用于密码破译、全球气象系统建模以及核炸弹模拟等。例如，一个专门为超级计算机设计的模拟实验是同时跟踪几千个飓风卷起的灰尘微粒的运动轨迹。

以前，超级计算机的设计者专注于制造专门的、速度极快的并且体积庞大的 CPU。但如今多数超级计算机的 CPU 由数千个微处理器构成。在世界上速度最快的 500 台超级计算机中，大多数都使用了微处理器技术。

3. PDA 和智能电话

手持式数字设备包括 iPod、黑莓（Blackberry）以及 Verizon 公司（美国最大的有线通信和语音通信提供商）的 LG VX9800 智能手机之类的小工具。这些设备包含许多计算机的特征，它们可以接受输入、产生输出、处理数据，并且具有一定的存储能力。但不同手持设备的可编程性与多功能性是有差别的。从技术角度来讲，这些设备可以归为计算机类，但通常只有一些被当作计算机。

1）PDA、掌上电脑

现在大多数掌上电脑的小工具都是由 PDA（Personal Digital Assistant，个人数字助理）发展来的。PDA 就是辅助个人工作的数字工具，主要提供记事、通讯录、名片交换及行程安排等功能。它使用电池供电并能握在手中使用。最初的 PDA 并没有语音通信功能，这使得它们无法进入新型移动电话市场。

掌上电脑实际上是功能加强的 PDA，添加了一些诸如移动存储、电子邮件、Web 接入、语音通信、内置摄像头和 GPS 的功能。掌上电脑也为用户提供了一系列的应用软件，但通常它们不能运行个人计算机上的全功能软件。然而它们可以运行特殊的功能降低版本的应用软件，包括文字处理、电子表格以及其他应用软件。由 PDA 发展来的掌上电脑，包括戴尔的 Axim 和惠普的 iPAQ90，如图 2.8 所示。

图 2.8 掌上电脑

2）智能电话

智能电话，通常是指具有 PDA 功能的固定网络（公共交换电话网络 PSTN）电话机。智能电话除了具有完整的固定电话功能外，通常还具有大容量的名片管理功能、来去电管理、防止电话骚扰（电话防火墙）、企业集团电话名片（内部名片）功能，以及辅助办公的许多功能，比如：日程安排、便笺、日历、计算器等功能。早期的智能电话通过拨号上网，具有一定的信息交换能力，实现了简单的发送短信、接收文字信息的功能。随着固网智能电话的发展，其处理能力也大大加强，逐渐增加了智能手机具有的许多功能。

现在的智能电话已经具有通过因特网上网的能力，具有较强的多媒体功能，可以进行网络浏览、音视频播放，还具有电子书、电子相框等多项功能。同时智能电话在辅助办公、辅助营销、娱乐等方面的功能也有了较大的加强。

图 2.9 所示的智能电话包括微处理器并且带有很多计算机特征。但它们通常不被用作计算机，因为它们源于一种带有袖珍键盘输入并且只具备很有限的可编程性的特殊用途的设备。

4. 微控制器

如图 2.10 所示，微控制器（Microcontroller Unit，MCU）是将微型计算机的主要部分集成在一个芯片上的单芯片微型计算机。微控制器诞生于 20 世纪 70 年代中期，经过 20 多年的发展，其成本越来越低，而性能越来越强大。这使其应用已经无处不在，遍及各个领域，例如电机控制、条形码阅读器/扫描器、消费类电子、游戏设备、电话、HVAC、楼宇安全与门禁控制、工业控制与自动化和白色家电（洗衣机、微波炉）等。

 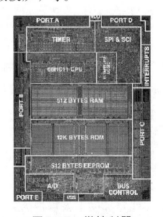

图 2.9　智能电话　　　　　　　图 2.10　微控制器

微控制器可从不同方面进行分类：根据数据总线宽度可分为 8 位、16 位和 32 位机，根据存储器结构可分为 Harvard 结构和 Von Neumann 结构，根据内嵌程序存储器的类别可分为 OTP、掩膜、EPROM/EEPROM 和闪存 Flash，根据指令结构又可分为 CISC（Complex Instruction Set Computer）和 RISC（Reduced Instruction Set Computer）微控制器。

以低温冰箱中的微控制器为例，它能够接受使用者输入的所需要的冷藏室和冷冻室内的温度，可以将这些需求温度值存储在存储器中。另外，温度传感器还会收集真实温度的输入。微控制器通过比对真实温度和需求温度，对输入数据进行处理。如果需要的话，微控制器会通过发送输出信号来启动制冷器，同时还会生成冷藏室和冷冻室的温度读数。

微控制器似乎符合用来定义计算机的输入、处理、输出和存储的标准，而且有些微控制器甚至可以通过重新编程来完成不同的任务。从技术角度来讲，微控制器可以被归为计算机一类，就如同智能电话和便携式媒体播放器那样。尽管技术上可以成立，但通常还是将微控制器定义为处理器，而不是计算机，因为实际上他们是专用的，而不是多用途的设备。

微控制器能嵌入到各种日常设备中，使机器能完成需要识别并接收环境反馈的复杂任务。当连接到无线网络时，带有嵌入式处理器的设备可以向网站、移动电话以及各种数据收集设备传播信息。带有嵌入式处理器的机器和电器在资源（如电力和水）的使用方面往往更加智能化，所以这些设备很环保。同时它是一种无形的技术，不需要使用微控制设备的人过多地适应与了解。

2.1.2 数字数据表示

计算机和其他数字设备要存储各种内容，包括文本、数字、音乐、图像、语音和视频。数字技术神奇的地方在于，这些不同的元素都能最终转化成简单的电脉冲，并以 0 和 1 的形式存储起来。

1. 数据表示基础知识

可以对数据进行如下定义：对客观事物的数量、属性、位置及其相互关系进行抽象表示，是指表示人、事件、事物以及思想的符号。例如，我们经常说"水的温度是 100 ℃，礼物的质量是 500 g，木头的长度是 2 m，大楼的高度是 100 层"。通过水、温度、100 ℃、礼物、质量、500 g、木头、长度、2 m、大楼、高度、100 层这些关键词，我们就形成了对客观世界的印象。

1）数据与信息

在日常谈话中，我们经常将"数据"和"信息"混为一谈。但是，有些计算机专业人员对它们做了明确的区分，数据就是表示人、事物、事件和思想的一组符号，当数据用人能够理解和使用的形式表现出来时它就成了信息。从技术角度上讲，数据通常供机器使用，而信息通常供人使用。

2）数据表示

数据表示是指数据存储、处理和传输的形式，例如，PDA、iPod 和计算机之类的设备以电子电路能处理的格式存储数字、文本、照片、音乐和视频。这些格式就是数字表示。数据能以数字或模拟方式表示。

模拟数据和数字数据的区别在于，模拟数据一般采用模拟信号（Analog Signal），例如用一系列连续变化的电磁波（如无线电与电视广播中的电磁波），或电压信号（如电话传输中的音频电压信号）来表示；数字数据则采用数字信号（Digital Signal），例如用一系列断续变化的电压脉冲（如我们可用恒定的正电压表示二进制数 1，用恒定的负电压表示二进制数 0），或光脉冲来表示。数字数据是指转换成离散数字（如 0 和 1 的序列）的文本、数字、图形、声音和视频，模拟数据是使用无限的数值范围进行表示的。

3）数字数据表示

假设通过灯光信号来传递信息。电灯开关能提供两种状态：开和关。可以使用"开"和"关"的序列来表示字母表中的各个字母，并可以使用 0 和 1 的序列来记录每个字母的表示，0 表示电灯关状态，1 则表示开状态。例如序列"开开关关"可以写成"1100"，可以用这个序列表示字母 A。

数字设备是电子设备，所以可以将数据想象成以光脉冲的形式在设备中流动。事实上，数字信号有两种不同的电压（如 + 5 V 和 0 V）表示。它们也可以用电话线中流动的两种不同的音调来表示。蚀刻在 CD 表面的光点和暗点，以及硬盘表面的磁微粒的正负极方向都是数字数据的形式。但如果不考虑这些具体的技术的话，数字数据都是以 0 和 1 这两个状态来表示的。

用来表示数字数据的 1 和 0 序列都是二进制数字。词语"位"就是由二进制数字（binary digit）得来的，位是指在数据的数字表示中使用的 0 或 1。

2. 数字、文本、图片、声音等的表示

数字数据由可用在算术运算中的数字组成。例如，年收入和年龄都是数字数据，自行车的价格也是数字数据，机动车辆平均每英里耗油量还是数字数据。数字设备可以用二进制数字系统（其基数为 2）来表示数字数据。

1）二进制数字系统

二进制数字系统只包括 0 和 1 两个数字。像 2 这样的数字是不会出现在这个系统中的，所以数字 2 在二进制数字系统中表示为 10（不是数字 10，而是 1 和 0 两个数字）。为什么要这样表示呢？类比来看，在人们熟悉的十进制系统中，如从 1 数到 10，在数到 9 后，所有的一位数都已经用完了，而需要使用数字"10"来表示十，"0"是占位符，"1"表示 10 个 1 组成的一组。

在二进制中，数完 1 之后就需要进位了。要表示下一个数字，就需要使用"0"作为占位符，而用"1"表示两个 1，因而在二进制中用 0、1、10 表示十进制中的 0、1、2。相关二进制对应表，如表 2.1 所示。需要理解的重点是，二进制数字系统允许数字设备使用 0 和 1 表示任意数字。

表 2.1　十进制、二进制对比表

十进制（基数为 10）	二进制（基数为 2）
0	0
1	1
2	10
3	11
4	100
5	101
6	110

十进制（基数为 10）	二进制（基数为 2）
7	111
8	1000
9	1001
10	1010
11	1011
1000	1111101000

2）词语、字母的表示

字符数据包括字母、符号，以及不用在算术运算中的数字，例如，姓名、地址和发色等。如莫尔斯电码（Morse code）用点和划来表示字母表中的字母，数字型计算机使用一系列的位来表示字母、字符和数字。

数字设备使用多种类型的编码来表示字符数据，如 ASCII，EBCDIC 和 Unicode 码。ASCII 码（American Standard Code for Information Interchange，美国信息交换标准码）用 7 位二进制数表示每个字符。例如，大写"A"的 ASCII 码为 1000001。ASCII 码为 128 个字符提供了编码，这些字符包括大小写英文字母、标点符号和数字。

扩展 ASCII 码（Extended ASCII）是 ASCII 码的扩充，它用 8 位二进制数来表示每个字符。例如，大写字母"A"的扩展 ASCII 码为 01000001。使用 8 位扩展 ASCII 码能为 256 个字符提供编码。扩展 ASCII 码所增加的字符包括加框文字、圆圈和其他图形符号。表 2.2 列出了扩展 ASCII 码字符集。

表 2.2　扩展 ASCII 码字符集

二进制	十进制	十六进制	图形	二进制	十进制	十六进制	图形	二进制	十进制	十六进制	图形
0010 0000	32	20	(空格)(sr)	0100 0000	64	40	@	0110 0000	96	60	`
0010 0001	33	21	!	0100 0001	65	41	A	0110 0001	97	61	a
0010 0010	34	22	"	0100 0010	66	42	B	0110 0010	98	62	b
0010 0011	35	23	#	0100 0011	67	43	C	0110 0011	99	63	c
0010 0100	36	24	$	0100 0100	68	44	D	0110 0100	100	64	d
0010 0101	37	25	%	0100 0101	69	45	E	0110 0101	101	65	e
0010 0110	38	26	&	0100 0110	70	46	F	0110 0110	102	66	f
0010 0111	39	27	'	0100 0111	71	47	G	0110 0111	103	67	g
0010 1000	40	28	(	0100 1000	72	48	H	0110 1000	104	68	h
0010 1001	41	29	)	0100 1001	73	49	I	0110 1001	105	69	i
0010 1010	42	2A	*	0100 1010	74	4A	J	0110 1010	106	6A	j

二进制	十进制	十六进制	图形	二进制	十进制	十六进制	图形	二进制	十进制	十六进制	图形
0010 1011	43	2B	+	0100 1011	75	4B	K	0110 1011	107	6B	k
0010 1100	44	2C	,	0100 1100	76	4C	L	0110 1100	108	6C	l
0010 1101	45	2D	-	0100 1101	77	4D	M	0110 1101	109	6D	m
0010 1110	46	2E	.	0100 1110	78	4E	N	0110 1110	110	6E	n
0010 1111	47	2F	/	0100 1111	79	4F	O	0110 1111	111	6F	o
0011 0000	48	30	0	0101 0000	80	50	P	0111 0000	112	70	p
0011 0001	49	31	1	0101 0001	81	51	Q	0111 0001	113	71	q
0011 0010	50	32	2	0101 0010	82	52	R	0111 0010	114	72	r
0011 0011	51	33	3	0101 0011	83	53	S	0111 0011	115	73	s
0011 0100	52	34	4	0101 0100	84	54	T	0111 0100	116	74	t
0011 0101	53	35	5	0101 0101	85	55	U	0111 0101	117	75	u
0011 0110	54	36	6	0101 0110	86	56	V	0111 0110	118	76	v
0011 0111	55	37	7	0101 0111	87	57	W	0111 0111	119	77	w
0011 1000	56	38	8	0101 1000	88	58	X	0111 1000	120	78	x
0011 1001	57	39	9	0101 1001	89	59	Y	0111 1001	121	79	y
0011 1010	58	3A	:	0101 1010	90	5A	Z	0111 1010	122	7A	z
0011 1011	59	3B	;	0101 1011	91	5B	[	0111 1011	123	7B	{
0011 1100	60	3C	<	0101 1100	92	5C	\	0111 1100	124	7C	|
0011 1101	61	3D	=	0101 1101	93	5D	]	0111 1101	125	7D	}
0011 1110	62	3E	>	0101 1110	94	5E	^	0111 1110	126	7E	~
0011 1111	63	3F	?	0101 1111	95	5F	_	0111 1111			

EBCDIC 码（Extended Binary-Coded Decimal Interchange Code，扩展二-十进制交换码）是 8 位扩展 ASCII 码的替代码，它通常只用在旧式的 IBM 大型计算机上。

Unicode 码用 16 位二进制数为 6 500 个字符提供了编码，这可以用来表示多种语言的字母表。例如，Unicode 码将俄罗斯古代斯拉夫语字母（Russian Cyrillic）中的大写字母"A"表示为 0000010000010000。

表 2.2 中说明了扩展 ASCII 码怎样表示不同种类的字母和符号，读者也许会惊讶于这些编码中还包括了 0，1，2，3 等数字。这些数字不是可以用二进制数字系统表示吗？实际上，计算机使用扩展 ASCII 字符码所表示的 0，1，2，3 并不是用于计算的数字。例如，通常人们不会把自己的社会保障号用在计算中，所以这些数字就被当作字符数据，并用扩展 ASCII 码来表示。同样，街道地址中的数字也是由字符编码而不是用二进制数字表示的。

3）图像、声音的表示

图像（如照片、图片、美术设计和图表）不像数字或字母表中的字母那样是小的、离散的对象。要处理图像，就必须先将图像数字化。

图像数字化是将图像转化成一系列彩色的点，每一个点的色彩都是由指派给它的二进制数来表示的。例如，如图 2.11 所示，用 0010 表示绿色的点，用 1100 表示红色的点。数字图像简单来说就是它所包含的所有点的色彩数字列表。

声音（如音乐和语音）是由声音波形的特性来区分的，可以通过蚀刻胶盘唱片的方式来创建类似的波形。从本质上讲，这是自动唱片点唱机（jukebox）和唱片播放器流行的那个时代的唱片制作方式。也可以用数字化的方式表示声音波形，这种方式是将声音采样为很多点，然后将这些点转换成数字。收集的样本越多，这些点形成的图形就越接近于完整的波形图样。图 2.12 显示了采样的过程，这就是制作数字唱片的方式。

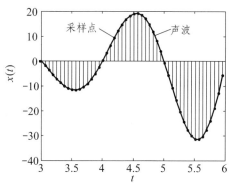

图 2.11　位图　　　　　　　　图 2.12　随机采样

4）位和字节的量化

数字设备的广告常常包含很多有关位和字节的缩写。一些关键概念可以帮助读者理解这些缩写的含义。"位"（bit）是"二进制数字"（binary digit）的缩写，而通常它还可以进一步缩写为小写字母"b"。

在老式数字设备中，位是按组处理的，并且那个时代的术语现在还在继续使用。1 个字节（byte）由 8 个位组成，通常缩写为大写字母"B"。

传输速率一般用位表示，而存储空间一般用字节表示。例如，使用网络连接的计算机与因特网之间的数据传输速度是每秒 3 兆位（3 megabits per second）。在 iPod 的广告中，读者也许注意到它能存储多达 60 GB（60 gigabytes）的音乐和视频。

3. 数字声音、位图、矢量图形和三维图形、数字视频基础知识

1）数字声音

数字声音是用在数字设备中的以二进制格式表示的音乐、语音和其他声音。声音是由物体（如小提琴弦或鼓面）振动而产生的，这种振动会引起周围空气的气压改变并产生声波。

（1）声音的数字化。

光滑、连续的声波曲线可以直接被记录在模拟设备（如唱片）上。而要以数字的方式记录声音，则需要以周期性的间隔采集声波的样本，并将其存储成数字形式的数据。图 2.13 展示了计算机如何对声波进行数字化采样。

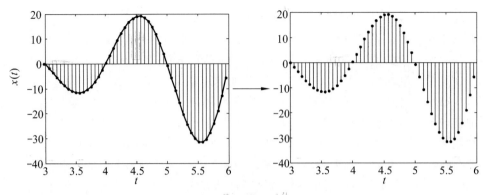

图 2.13　声波的数字化采样

（2）数字声音的质量。

采样频率是描述声音文件的音质、音调，衡量声卡、声音文件质量的标准，也称为采样速度或者采样率，定义了每秒从连续信号中提取并组成离散信号的采样个数，它用赫兹（Hz）来表示。采样频率的倒数是采样周期或叫作采样时间，它是采样之间的时间间隔。通俗的采样频率是指计算机每秒钟采集多少个声音样本。

每个声音样本的长度可以存储为 8 位（广播录制音质）或 16 位（高保真录制音质）的数字。用户在自己喜欢的音乐商店里买到的音频 CD 是以 44.1 kHz 的采样率录制的，这意味着每秒对声音进行 44 100 次采样，而且每个样本都使用了 16 位。要想获得立体声效果，又必须取出这些 16 位的样本中的两个，因此，每个样本就需要 32 位的存储空间。当以 44.1 kHz 的采样率对一首 CD 音质的立体声音乐进行采样时，长度为 1 min 的音乐需要占用约 10 MB 的存储空间。而 45 min 的音乐（一张普通唱片的长度）大概需要 450 MB。

为节省空间，一些不需要高质量声音的应用使用了较低的采样率。经常以 11 kHz（每秒 11 000 个样本）的采样率录制声音。以这个采样率录制的声音质量会低一些，但是文件大小大概仅为以 44.1 kHz 录制的同样声音的 1/4。

除了采样率之外，还可以通过音频压缩技术来减少数字音频文件的大小。音频压缩通过移除表示无关噪声和超出正常听觉频率的声音的比特（bit）来减小声音文件的大小。除此之外，常见的便携式音乐播放器通常都是使用压缩音频文件格式。

（3）计算机生成数字声音的过程。

计算机的声卡负责把存储在音频文件中的比特（bit）转换为音乐、音响效果或语音。声卡是一种包含了许多输入和输出插口的设备，还包含了音频处理电路。台式计算机的声卡通常是插入到系统单元中的 PCI 扩展插槽上，也有另一种情况，声卡电路也可能被集成到主板上。笔记本电脑很少会有独立的声卡，因为生产厂商会通过把声卡电路集成到主板上来节省空间。

通常配备声卡是为了从麦克风接收输入并将输出发送到扬声器或耳机中。为了能够处理数字音频文件，声卡中包含了专门的电路，称为数字信号处理器。它能执行三种重要的任务：当要重放数字音频文件时，它会把数字比特转换成模拟波；当录制声音时，它会把模拟波转换成数字比特；当需要的时候，它也会负责处理压缩和解压缩。

播放以数字化形式录制的声音时，来自音频文件的比特会首先从磁盘发送到微处理器，微处理器会把它们发送到计算机的声卡中；接着数字信号处理器会处理任何必要的解压缩请求，然后把数据转换成模拟波信号；最后这些信号会被发送到扬声器，如图 2.14 所示。

声卡从微处理器中接收到数据　声卡的数字信号处理器将数据解　声卡将模拟信号发
　　　　　　　　　　　　　　压缩，并将其转化成模拟信号　送给扬声器

图 2.14　声卡的工作过程

（4）数字声音的识别。

数字音频可以存储为很多种文件格式。可以通过查看文件扩展名来认出数字音频文件。表 2.3 中提供了对大部分流行的数字音频格式的概述，包括了 AAC、AIFF、MP3、RealAudio、Wave 和 WMA。

表 2.3　常见数字音频文件格式

音频格式	扩展名	优点	缺点
ACC（Advanced Audio Compression 高级音频压缩）	.aac	非常好的音质，压缩过的格式，iTunes 音乐下载站点使用此格式	文件受版本保护，并且只能在经过认可的设备上使用
AIFF（Audio Interchange File Format，音频交换文件格式）	.aif	极好的音质，浏览器不需要插件也可以支持它	音频数据未处理就被存储，未经压缩的格式，所以文件非常大
MP3	.mp3	虽然文件经过压缩，但音质不错，可在 Web 上被流化处理	需要独立的播放器或浏览器支持
RealAudio	.ra、.rx	高度压缩可产生小文件，数据可在 Web 上被流化处理	音质达不到其他格式的水准，需要播放器或插件
Wave	.wav	不错的音质，浏览器不需要插件也可以支持它	音频数据未经处理就被存储，未经压缩的格式，所以文件很大
WMA	.wma	压缩过的格式，非常好的音质，常用语音乐下载网站	文件可以受版本保护，需要 Windows Media Player 9 或更高版本的播放器

要想在计算机上播放音频文件，必须使用音频或媒体播放器软件。播放器软件往往可以支持多种音频文件格式。例如，在 Windows 环境下可以使用 Windows Media Player 来播放 Wave，AIFF 和 MP3 格式等。可以播放和录制不同音频文件格式的软件可能包含在计算机操作系统中、随声卡赠送或从 Web 上获得。

音频播放器软件通常也会包含组织和更改音频文件的功能。创建播放列表的功能是很实用的，而链接到在线音乐商店和将音乐文件传输到便携式音乐播放器之类的功能对于用户来说也是很有用的。

2) 位 图

位图图形，也称为"栅格图形"，或者简称为"位图"。想象一下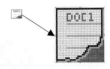
一幅由多层格子叠加在一起组成的图片。这些小格子会把图片分成许
多称为像素的单元，每个像素被赋予一个以二进制数字形式存储的颜
色。图 2.15 举例说明了位图图形的基本特征。

图 2.15　位图形式

位图图形通常用于创建实际的图像（如照片）。在动画片、计算机游戏的图像和由三维
（3D）图像软件渲染的图像中也经常使用位图。数码相机和可拍照的手机也可将照片存储为
位图。扫描仪产生的图像、作为电子邮件附件发送和接收的照片，以及大部分网页上的图像
也都是位图。位图图形的格式包括 RAW，PNG，GIF，PCX，BMP，IPEG 和 TIFF。

可以通过使用图形软件提供的工具创建位图图形，尤其是那些可以作为绘图软件的图形
软件。现在比较常见的绘图软件有 Adobe Photoshop、Jasc Paint Shop Pro 和 Microsoft Paint
（含在 Windows 中）等。这些软件提供了徒手绘图，形状填充，添加逼真阴影或设置油画、
炭笔画、水彩画等效果的工具。用户既可以通过线条画展示徒手绘图才能，也可以使用扫描
仪或者数码相机创建位图图形。

3) 矢量图

与通过把图形分成像素网格而创建出来的位图不同，矢量图形是由一组可以重建图片的
指令构成。矢量图形文件并不保存每个像素的颜色值，而是包含了计算机需要的为图像中的
每个对象创建形状、尺寸、位置和颜色等的指令。这些指令类似于制图老师给学生下达的那
些任务："画一个 2 英寸（或 112 像素）大小的圆，将这个圆放在离工作区下边缘 1 英寸，右
边缘 2 英寸的地方，并把这个圆涂成黄色。"

（1）矢量图的识别及其与位图的区别。

仅靠肉眼观察显示在屏幕上的图像很难准确判断出它是否为矢量图形。图像可能为矢量
图形的线索之一就是它具有轮廓不清楚的、类似卡通图画的画质。剪辑美术图像通常存为矢
量图形格式。但是，要想更为准确地识别出它们，用户应该去检查文件的扩展名。矢量图形
文件通常具有如.wmf，.dxt，.mgx，.eps，.pict 和.cgm 之类的文件扩展名。

矢量图形适合于大部分的线条画、标志图、简单的插图以及可能需要以不同的大小被显
示或打印的图表。与位图相比，矢量图形具有自己的一些优点和缺点。当决定某一特定项目
要使用哪种图形时，应该考虑到以下几点区别：

① 改变大小时矢量图形比位图效果更佳。

在改变矢量图形的大小时，图中的各个对象会按比例改变从而保持它们边缘的光滑。位
图图形中的外形在放大后，就可能看起来有锯齿状的边缘，然而矢量图形中的外形不管任何
大小下看起来都很光滑。

② 矢量图形占用的存储空间通常比位图少。

矢量图形所需要的存储空间反映了图像的复杂程度。每项指令都需要存储空间，所以图
形中有越多的线条、形状和填充图案，就需要越多的存储空间。

③ 矢量图形通常不如位图图像真实。

大部分的矢量图像往往具有类似卡通图画的外观，而不是那种期望从照片中获得的真
实外观。矢量图像的这种类似卡通图画的特性是由于使用了色块填充的对象。可以用于对

象的明暗处理和纹理化处理的选择被限制了，这就倾向于给予矢量图像一个轮廓不清楚的外观。

④ 在矢量图形中编辑对象比在位图图形中容易。

从某些方面来看，矢量图形就像是一幅有很多对象的拼贴画。每个对象都可以放置在别的对象之上，但是可以单独地被移动和编辑。在矢量图形中可以单独地拉长、缩短、扭曲、染色、移动或删除任何一个对象。

（2）矢量图的创建。

扫描仪和数码相机都不能生成矢量图形。建筑师和工程师有时会使用一种数字绘图板，把一幅基于纸介的线条图画转化为矢量图形。数字绘圈板（有时也被称为"二维数字转换器"）是一种设备，它提供了基于纸面绘画性质的平整表面，还提供了笔或像鼠标一样的圆盘用来点击图画中每条线条的端点，这些端点会被转换成矢量并被存储。

通常，使用矢量图形软件可"从零开始"来创建矢量图形，这些软件被称为画图软件。流行的画图软件包括 Adobe Illustrator，Macromedia Freehand 和 Corel Designer。画图软件有时与用来生成位图图形的绘图软件分别进行包装。在另一些情况下，它会以图形软件套件的形式包含在位图软件中。

矢量图形软件提供了大量的画图工具，可以使用它们来创建、放置以及使用色彩或图案填充对象。例如，可以使用圆填充工具来画一个以单色填充的圆。要创建不规则的形状时，可以通过连接一些点来描绘出这个形状的轮廓。

矢量图形软件可以帮助用户通过改变对象的大小、形状、位置或颜色等，很容易地编辑图形中的某些单独的对象，例如，创建太阳的圆形要用到的数据被记录为一个指令，如"CIRCLE 40 Y 200 150"，表示要创建一个半径为 40 像素、填充为黄色、圆心位于距屏幕左边缘 200 像素，并且距屏幕上边缘 150 像素的圆。如果把这个圆移动到了图像的右边，计算机为这个圆存储的指令可能变为"CIRCLE 40 Y 500 150"，这时距左边缘就会为 500 像素而不是 200 像素了。

4）三维图形

三维图形也被存储为一组指令，但是对三维图形来说，这些指令包含了线条的位置和长度，它们构成了线框，用于建立三维对象。线框的作用类似于弹开式帐篷的框架。正如用户会先为帐篷建立框架，然后再用尼龙帐篷布覆盖它一样，可以用表面纹理和颜色覆盖三维线框，以创建三维对象的图像。用表面颜色和纹理覆盖线框的过程被称为渲染。渲染过程，会输出一幅位图图像。如图 2.16 所示为一把伞顶的渲染过程。

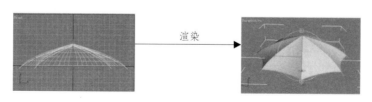

图 2.16　三维图形的渲染效果

为了增加真实感，渲染过程中可以考虑光线照射表面并可以产生阴影的方式。把光线和阴影效果加到三维图像上的技术被称为光线跟踪。在图像被渲染前，制图者可以选择一个或多个光源位置，计算机会使用一个复杂的数学算法来确定光源会如何影响渲染后的最终图像中的每个像素的颜色。这个过程可能会很费时间，即便是使用了当今最强大的个人计算机，以这种方式渲染复杂图像的过程还是可能需要几个小时。

三维图形软件可以在大部分个人计算机上运行，尽管一些工程师更乐于使用高端工作站。快速的处理器、大量的内存以及带有显存的高速显卡都能提高渲染过程的速度。要创建三维图形，需要使用三维图形软件，如 AutoCAD 或 Caligari trueSpace 等。这种软件中的常用工具可以绘制线框并可以从任何角度浏览它。它也可以提供渲染和光线跟踪工具，以及许多种类的可以应用于个别对象的表面纹理。

三维图形可以运动起来，从而产生电影特效或创建出三维计算机游戏中的有交互效果的动态人物和环境。动态特效，如大型战争场面，是通过对一组位图进行渲染创建出来的，在这些位图中的一个或多个对象被移动，或者在各次渲染之间进行别的变化。在传统的手画式动画中，首席画家负责绘制关键画面，然后一组助手负责创建每一个位于中间的图像——每秒动画需要 24 张这种图像。对于三维计算机动画来说，计算机可通过移动对象和渲染每一个需要的图像来创建中间的图像，然后所有的图像会被合成为一个单独的文件，实质上是创建了一部数字电影。

5）数字视频

视频是以足够高的速率放映的一组静态的帧，如图 2.17 所示，从而可以欺骗肉眼使之以为看到的是连续的动作。数字视频使用比特存储每个视频帧的颜色和亮度。这个过程类似于存储一组位图图像的数据，其中每个像素的颜色都由二进制数字表示。

图 2.17　一帧静态视频

与模拟视频不同，数字视频不管被复制多少次都可以保持它的画面质量。数字格式的视频可以很容易地在个人计算机上操作，电影制作的世界触手可及。

数字视频用的连续镜头可以来自摄像机、录像带、电视、DVD，甚至可以是数字视频录影设备。使用便携式摄像机和个人计算机可以把这些连续镜头编辑成为适合个人或专业多种用途的视频，如婚礼专辑、产品销售视频、培训视频、节日问候卡片视频、非营利性组织的纪录片以及视频剪贴簿等。这些视频可以存储在硬盘上或散布到 CD、DVD、录像带、存储卡或 Web 上。

数字视频可存储成包括 ASF、AVI、MOV、MPEG-4、Ogg 和 RealMedia 在内的多种文件格式。数字视频有时按照其所处的平台来进行分类。术语桌面视频是指用个人计算机创建和播放的视频。基于 Web 的视频被嵌入到网页中并且要用浏览器访问。DVD 视频是指达到视频应有长度的商用 DVD 格式。PDA 视频指那些被设计用来在 PDA 或手机屏幕上观看的小格式视频。

2.1.3 数字化处理

计算机和其他数字设备能处理数据，但它们怎么知道需要对数据进行何种处理？人们并不能看到数字设备所处理的 0 和 1 的序列，那么在设备内部发生了什么？本节将介绍控制数字设备工作的程序。虽然数字设备看起来是在完成很复杂的任务，但事实上它们执行的操作非常简单，不过它们是以光速来完成这些操作的。

1. 程序和指令集

计算机、掌上电脑以及智能电话都能处理数字数据。数据是在计算机程序或软件的控制下进行处理的，但数字电路怎么知道那些程序指令表示的是什么?下面将详细介绍程序的编写，以及数字设备与程序的协同工作。

1）计算机程序

控制数字设备的程序通常是由计算机程序员利用高级编程语言编写的。这些语言包括 C、C++、GOBOL 或 Java 等。

编程语言使用命令词汇（如 Print、For、Write、Display 以及 Get）的有限集来形成程序语句，这些语句是用来指挥处理器芯片按部就班地执行指令的。多数编程语言的重要特性是它们能用简单的工具（如文字处理软件）进行编写，而且它们很容易被程序员理解。从 1 加到 100 的简单程序如下：

```
void main()
{
        int i;
        int sum;
        for (i=0；i<=100；i++)
        {
                sum+=i;
        }
        printf("The sum=%d\n"，sum);
}
```

这种便于人们理解的程序是由程序员使用高级语言编写的，这种程序叫作源代码。源代码对于编写应用软件、处理文件和脚本来说是很重要的第一步，但数字设备不能直接处理未经数字化的文本、声音或图像，处理器是不能使用没有转换成数字格式的源代码的。

2）程序编译

将源代码转换成 0 和 1 的序列的操作可以由编译器或解释器来执行。编译器能转换单独程序组中一个程序的所有语句，并将生成的叫作目标代码的结果指令存放在新的文件中。多数归为软件一类的程序文件都包含处理器可以执行的目标代码。

与编译器不同的是，解释器在程序运行时，一次只能转换并执行一条语句。在语句被执行后，解释器会转换并执行下一条语句，并会一直执行这种操作，直到程序结束。

编译器和解释器并不是简单地将源代码中的字符转换成 0 和 1 的序列。例如，从 1 加到 100 的简单程序中有语句"for（i=0；i<=100；i++）"，但编译器并不会简单地将字母"for"转换成 ASCII 码。其实计算机还是比较精明的。

3）指令集

微处理器是硬布线式的，只能做有限的事情，例如加法、减法、计数和比较。这些预编好程序的活动集合叫作指令集。指令集不是用来执行特定任务（如文字处理或音乐播放）的，它是通用的。因此，程序员可以创造性地使用指令集，从而编制各种数字设备使用的能完成多种任务的程序。

每一条指令都拥有与之对应的 0 和 1 的序列。例如，00000100 可能对应"加"指令。机器语言是微处理器指令集的编码列表，它能由处理器的电路直接执行。而程序所使用的一系列机器语言指令叫作机器代码。

机器代码指令包括两部分：操作码和操作数。操作码是代表操作（如加、比较或跳转）的命令字。而指令的操作数则指定了需要操作的数据或数据地址。在如图 2.18 所示的指令中，操作码表示"加"，操作数是"1"，所以这条指令的意思是"加 1"。

操作码 ⟹ 00000100　　00000001 ⟸ 操作数

图 2.18　操作码和操作数

单条高级指令经常要转换成多条机器语言指令。图 2.19 展示了对应一个简单高级程序的机器语言指令的数目。

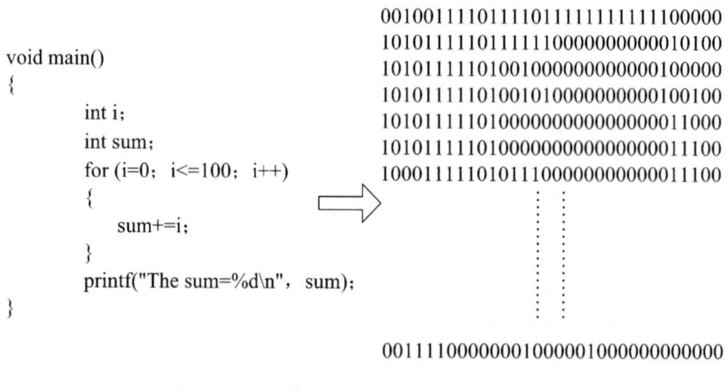

```
void main()
{
    int i;
    int sum;
    for (i=0; i<=100; i++)
    {
        sum+=i;
    }
    printf("The sum=%d\n", sum);
}
```

```
0010011110111101111111111100000
1010111110111111000000000000010100
1010111110100100000000000000100000
1010111110100101000000000000100100
1010111110100000000000000000011000
1010111110100000000000000000011100
1000111110101110000000000000011100
                ┆ ┆ ┆
0011110000000100000100000000000000
```

图 2.19　简单高级程序转化成机器语言

下面总结一下我们现在对程序和指令集所应有的了解，那就是程序员会使用编程语言编写人们能读懂的源代码，然后编译器或解释器将源代码转换成机器代码，而机器代码指令则是对应处理器指令集的一系列的 0 和 1。

2. 处 理 器 逻 辑

微处理器中包括数以英里计的精密电路，以及数以百万计的微型元件。这些元件分为很多不同类型的操作单元，如算术逻辑单元（Arithmetic Logic Unit，ALU）和控制单元。

ALU 是微处理器能够用来进行算术运算（如加法和减法）的部分。它同时也能进行逻辑运算，如比较两个数字，以判定它们是否相等。ALU 使用寄存器来存放需要处理的数据，以备计算使用。

微处理器的控制单元是用来取指令的，就像人们从壁橱或冰箱里取出每一种原料那样。数据加载到 ALU 的寄存器中，就像人们将原料加入搅拌碗中那样。最终，控制单元对 ALU 亮起绿灯，然后 ALU 就开始处理了，就像人们打开电动搅拌器开始混合曲奇饼原料那样。在微处理器控制单元和 ALU 准备执行"5 + 6"的过程中，首先控制单元取出 ADD 指令，然后将数据装载到 ALU 的寄存器中，数据在寄存器中被处理，如图 2.20 所示。

指令周期是指计算机执行单条指令的过程。指令周期的一些部分是由微处理器的控制单元执行的，而其他部分是由 ALU 执行的。图 2.21 概括了指令周期内的各种步骤。

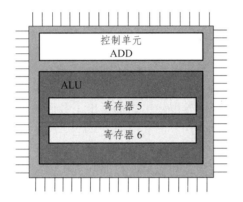
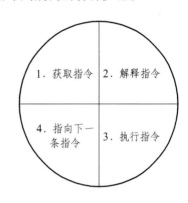

图 2.20　微处理器控制单元和 ALU 准备执行"5 + 6"运算　　图 2.21　指令周期内的四个活动

计算机用来处理特定程序的指令存放在内存中。当程序启动时，第一条指令的内存地址被放置在微处理器控制单元内的指令指针中。然后控制单元可以通过把该地址中的数据复制到它自己的指令寄存器中来获取指令。在指令寄存器中，控制单元能解释指令、收集特定的数据或是让 ALU 开始处理。图 2.22 描绘了在处理指令时控制单元获取指令、解释指令、取出指令并告诉 ALU 应该执行哪些操作的过程。

ALU 是负责处理算术及逻辑运算的。它利用寄存器存放将要处理的数据。当接收到控制器的"开始"信号时，ALU 就可处理这些数据，并将结果暂时存放在累加器中。之后这些数据便可以从累加器发送到内存中，或用于进一步处理，如图 2.23 所示。

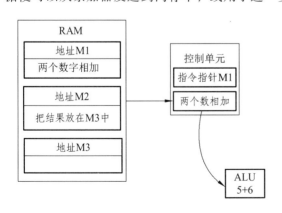
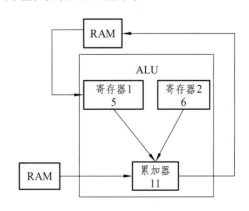

图 2.22　处理指令时控制单元的作用　　　　图 2.23　计算过程中 ALU 的工作

在计算机执行完一条指令后,控制单元的指令指针会增加,指向下一条指令内存地址,然后指令周期又一次开始。

用来玩三维动作游戏的计算机和用来输入电子邮件信息的计算机有着相同的指令集。所有复杂的游戏行为(如追踪角色、生成声音以及显示不断变化的图形)需要使用标准指令集来完成。计算机要能跟上运动图像的话,就需要速度很快的处理器,它要远比处理电子邮件的计算机的处理器快。

2.2 物联网体系与标准

2.2.1 框架结构

在物联网蓬勃发展的同时,相关统一协议的制定正在迅速推进,无论是美国、欧盟、日本、中国等物联网积极推进者,还是国际电信联盟等国际组织都提出了自己的协议方案,都力图使其上升为国际标准,但是目前还没有世界公认的物联网通用规范协议。整体上,物联网分为软件、硬件两大部分。软件部分即物联网的应用服务层,包括应用、支撑两部分。硬件部分分为网络传输层和感知控制层,分别对应传输部分、感知部分。软件部分大都基于互联网的 TCP/IP 通信协议,而硬件部分则有 GPRS、传感器等通信协议。物联网技术体系框架如表 2.4 所示。

表 2.4 物联网技术体系框架

层次 涉及内容	感知控制层	网络传输层	引用服务层
主要技术	EPC 编码和 RFID 技术	无线传感器网络,PLC,蓝牙,Wi-Fi,现场总线	云计算技术,数据融合与智能技术,中间件技术
知识点	EPC 编码的标准和 RFID 的工作原理	数据传输方式,算法,原理	云连接,云安全,云存储,知识表示和智能决策
知识单元	产品编码标准,RFID 标签,阅读器,天线,中间件	组网技术,定位技术,时间同步技术,路由协议,MAC 协议	数据库技术,智能技术,信息安全技术
知识体系	产品的辨识,产品信息读取、处理和管理	技术框架,通信协议,技术标准	云计算系统,人工智能系统,分布智能系统
软件	RFID 中间件(产品信息转换软件、数据库等)	NS2,IAR,KEIL,Wave	数据库系统,中间件平台,云计算平台
硬件	RFID 应答器,阅读器,天线组成的 RFID 系统	CC2430,EM250,JENNIC LTD,FREESCALE BEE	PC 和各种嵌入式终端
相关课程	编码理论,通信原理,数据库,电子电路	无线传感器网络,通信技术,蓝牙技术,现场总线等	微机原理与操作系统,计算机网络,数据库技术,信息安全

物联网作为一种形式多样的聚合性复杂系统，涉及信息技术自上而下的每一个层面，其体系结构分为感知控制层、网络传输层、应用服务层三个层面，如图 2.24 所示。其中，公共技术不属于物联网技术的某个特定层面，而是与物联网技术架构的三层都有关系，包括标识与解析、安全技术、网络管理和服务质量管理。

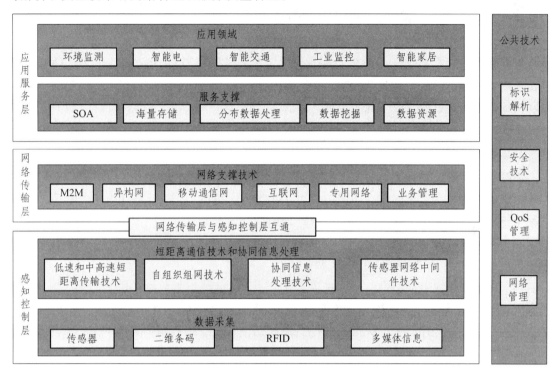

图 2.24　物联网体系框架

感知控制层由数据采集子层、短距离通信技术和协同信息处理子层组成。数据采集子层通过各种类型的传感器获取物理世界中发生的物理事件和数据信息，例如各种物理量、标识、音频和视频多媒体数据。物联网的数据采集涉及传感器、RFID、多媒体信息采集、二维码和实时定位技术。短距离通信技术和协同信息处理子层将采集到的数据在局部范围内进行协同处理，以提高信息的精度，降低信息冗余度，并通过具有自组织能力的短距离传感网接入广域承载网络。感知层中间件技术旨在解决感知层数据域多种应用平台间的兼容性问题，包括代码管理、服务管理、状态管理、设备管理、时间同步、定位等。在有些应用中还需要通过执行器或其他智能终端对感知结果做出反应，实现智能控制。

网络传输层将来自感知层的各类信息通过基础承载网络传输到应用层。基础承载网络包括移动通信网、互联网、卫星网、广电网、行业专网及形成的融合网等。根据应用需求，可作为透明传送的网络层，也可升级以满足未来不同内容传输的要求。经过十余年的快速发展，移动通信、互联网等技术已比较成熟，在物联网的早期阶段基本能够满足物联网中数据传输的需要。

应用服务层主要将物联网技术与行业专业系统相结合，实现广泛的物物互联的应用解决方案，主要包括业务中间件和行业应用领域。其中，物联网服务支撑子层用于支撑跨行业、跨应用、跨系统之间的信息协同、共享、互通的功能。物联网应用服务子层包括智能交通、智能医疗、智能家居、智能物流、智能电力等行业应用。

2.2.2 标准体系

物联网早在 1999 年就已经被提出来，但是发展较为缓慢，时断时续。除技术基础的因素外，其主要原因在于物联网的体系不明、标准不清，致使人们认识模糊、过于笼统，未能进行针对性的研究、开发，而物联网自身的技术高度集成，学科复杂交叉，综合应用广泛等特点，又给物联网标准的创立增加很大难度。

目前物联网没有形成统一标准，各个企业、行业都根据自己的特长定制标准，并根据自己企业或行业标准进行产品生产。这为物联网形成统一的端到端标准体系制造了很大的障碍。物联网标准的制定，应从以下几个方面入手：

1. 从物联网标准化对象角度分析

物联网标准涉及的标准化对象可以是相对独立、完整、具有特定功能的实体，也可以是具体的服务内容，可大至网络、系统，也可小至设备、接口、协议。各个部分根据需要，可以制定技术要求类标准和测试方法类标准，如图 2.25 所示。

2. 从物联网学术研究角度分析

从物联网学术研究的角度分析，标准体系的建立应遵照全面成套、层次恰当、划分明确的原则。物联网标准体系可以根据物联网技术体系的框架进行划分，即分为网络传输层标准、感知控制层标准、应用服务层标准及共性支撑标准，如表 2.5 所示。

表 2.5　物联网标准体系

	应用服务层标准	共性支撑标准
物联网标准体系	网络传输层标准	
	感知控制层标准	

下面具体分析物联网三个层次的标准以及共性支撑标准。

物联网应用服务层标准涉及的领域广阔，门类众多，并且应用子集涉及行业复杂，服务支撑子层和业务中间件子层在国际上尚处于标准化研究阶段，还未制定出具体的技术标准。应用服务层标准分类如表 2.6 所示。

表 2.6　应用服务层标准分类

	行业应用类标准	智能交通、智能电力、智能环境等相关系列标准
应用服务层标准	公众应用类标准	智能家居总体技术标准、智能家居联网技术标准、智能家居设备控制协议技术标准等
	应用中间件平台标准	物联网信息开放控制平台基本能力标准、物联网信息开放控制平台总体功能架构标准、信息服务发现平台标准、信息处理和策略平台标准等

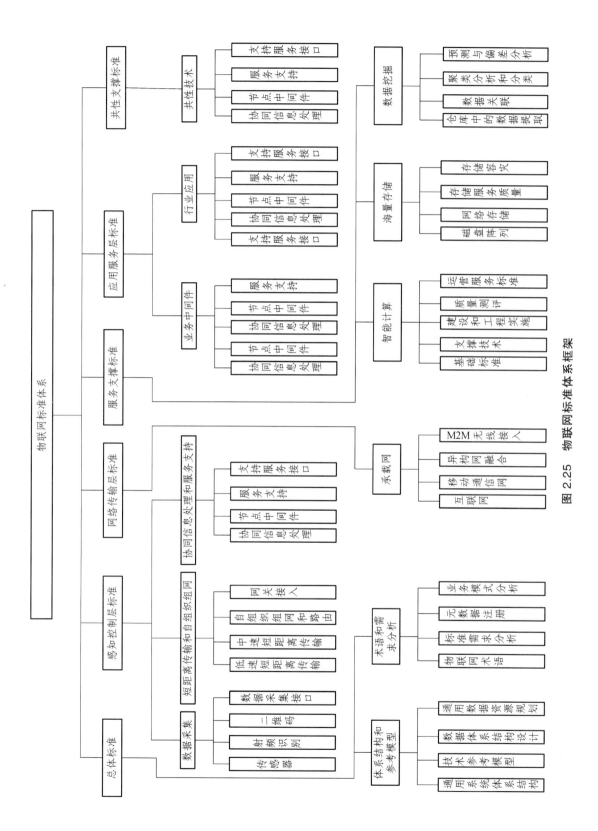

图 2.25 物联网标准体系框架

41

物联网网络传输层标准包括互联网相关标准、移动通信网相关标准、M2M 标准和异构融合标准等，如表 2.7 所示。

表 2.7　网络传输层标准分类

网络传输层标准	物物通信无线接入标准	面向物物通信增强系统设备与接口的技术和测试标准等
	电信网增强标准	面向物物通信针对移动核心网络增强的技术标准等
	网络资源虚拟化标准	网络资源虚拟化调用技术标准、网络资源虚拟化的管理技术标准、网络虚拟化核心设备技术和测试标准等
	环境感知标准	认知无线电系统的技术标准，包括关键技术、未来应用、频谱管理的标准等
	异构网融合标准	不同无线接入网层面融合标准、不同无线接入技术在核心网层面融合标准等

物联网感知控制层标准包括数据采集技术标准、自组织网和协同信息处理技术标准等，如表 2.8 所示。其中 RFID 技术标准、二维码技术及 IEEE 802.15 系列标准应用最广。

表 2.8　感知控制层标准分类

感知控制层标准	短距离无线通信相关标准	基于 NFC 技术的接口和协议标准、低速物理层和 MAC 层增强技术标准、基于 ZigBee 的网络层和应用层标准等
	RFID 相关标准	空中接口技术标准、数据结构技术标准、一致性测试标准等
	无线传感器网相关标准	传感器到通信模块接口技术标准、节点设备技术标准等

共性支撑标准分别规范了物联网中物体标识的唯一性和解析方法，涉及各行业和社会生活的安全隐私解决方法、物联网的系统管理和服务质量问题等，如表 2.9 所示。

表 2.9　共性标准内容

共性支撑标准	网络架构	物联网总体框架标准等
	标识解析	物联网标识、解析与寻址体系标准等
	网络管理	物联网络管理平台标准、物联网络延伸网终端远程管理技术标准等
	安　全	物联网安全防护系列标准、物联网安全防护评估测试标准等

物联网技术内容众多，所涉及的标准组织也较多，不同的标准组织基本上都按照各自的体系进行研究，采用的概念也各不相同。物联网覆盖的技术领域非常广泛，涉及总体架构、

感知技术、通信网络技术、应用技术等各个方面。物联网标准组织有的从 M2M 通信的角度进行研究，有的从泛在网角度进行研究，有的从互联网角度进行研究，有的专注于传感网的技术研究，有的专注移动网络技术的研究，有的专注于总体架构的研究。目前介入物联网领域的主要国际标准组织有 IEEE、ISO、ETSI、ITU-T、3GPP、3GPP2 等，具体研究方向和进展如表 2.10 所示。

表 2.10　物联网标准研究组织及进展

ITU-T（国际电信联盟）	2005 年开始进行泛在网的研究，研究内容主要集中在泛在网总体框架、标识及应用三个方面。对于泛在网的研究已经从需求阶段逐渐进入到框架研究阶段，但研究的框架模型还处在高层层面；在标识研究方面和 ISO（国际标准化组织）合作，主推基于对象标识的解析体系；在泛在网应用方面已经逐步展开了对健康和车载方面的研究
ETSI（欧洲电信标准化协会）	采用 M2M 的概念进行总体架构方面的研究；相关工作的进展非常迅速，是在物联网总体架构方面研究得比较深入和系统的标准组织，也是目前在总体架构方面最有影响力的标准组织。主要研究目标是从端到端的全景角度研究机器对机器通信，并与 ETSI 内 NGN 的研究及 3GPP 已有的研究展开协同工作
3GPP 和 3GPP2（第三代合作伙伴计划）	采用 M2M 的概念进行研究；作为移动网络技术的主要标准组织，3GPP 和 3GPP2 关注的重点在于物联网网络能力增强方面，是在网络层方面开展研究的主要标准组织，主要从移动网络出发，研究 M2M 应用对网络的影响，包括网络优化技术等。3GPP 对 M2M 的研究在 2009 年开始加速，目前基本完成了需求分析，已转入网络架构和技术框架的研究
IEEE（美国电气及电子工程师协会）	主要研究在物联网的感知层领域，目前无线传感网领域用得比较多的 ZigBee 技术就基于 IEEE 802.15.14 标准。在 IEEE 802.15 工作组内有 5 个任务组，分别制定适合不同应用的标准。这些标准在传输速率、功耗和支持的服务等方面存在差异，其中中国参与了 IEEE 802.15.4 系列标准的制定工作，并且 IEEE 802.15.4c 和 IEEE 802.15.4e 主要由中国起草
WGSN（传感器网络标准工作组）	2009 年 12 月成立，主要研究偏重传感器网络层面。其宗旨是促进中国传感器网络的技术研究和产业化的迅速发展，加快开展标准化工作，认真研究国际标准和国际上的先进标准，积极参与国际标准化工作，建立和不断完善传感网标准化体系，进一步提高中国传感网技术水平
CCSA（中国通信标准化协会）	2002 年 12 月成立，研究偏重通信网络和应用层面，主要任务是为了更好地开展通信标准研究工作，把通信运营企业、制造企业、研究单位、大学等关心标准的企事业单位组织起来，进行标准的协调、把关。2009 年 11 月，CCSA 新成立了泛在网技术工作委员会（即 TC10），专门从事物联网相关的研究工作

　　总的来说，物联网标准工作还处于起步阶段，目前各标准组织自成体系，标准内容涉及架构、传感、编码、数据处理、应用等而不尽相同。各标准组织都比较重视应用方面标准的制定。在智能测量、城市自动化、汽车应用、消费电子应用等领域均有相当数量的标准正在制定中，这与传统的计算机和通信领域的标准体系有很大不同（传统的计算机和通信领域标准体系一般不涉及具体的应用标准）。

2.3 感知控制层

物联网与传统网络的主要区别在于，物联网扩大了传统网络的通信范围，即物联网不仅仅局限于人与人之间的通信，还扩展到人与物、物与物之间的通信。本节将针对在物联网具体实现过程中，如何完成对物的感知这一关键环节，对感知层及其关键技术进行介绍。

2.3.1 感知层功能

物联网在传统网络的基础上，从原有网络用户终端向"下"延伸和扩展，扩大通信的对象范围，即通信不仅仅局限于人与人之间的通信，还扩展到人与现实世界的各种物体之间的通信。

这里的"物"并不是自然物品，而是要满足一定的条件才能够被纳入物联网的范围，例如有相应的信息接收器和发送器、数据传输通路、数据处理芯片、操作系统、存储空间等，遵循物联网的通信协议，在物联网中有可被识别的标识。可以看到现实世界的物品未必能满足这些要求，这就需要特定的物联网设备的帮助才能使其满足以上要求，并加入物联网。物联网设备具体来说就是嵌入式系统、传感器、RFID等。

物联网感知层解决的就是人类世界和物理世界的数据获取问题，包括各类物理量、标识、音频、视频数据。感知层处于三层架构的最底层，是物联网发展和应用的基础，具有物联网全面感知的核心能力。作为物联网的最基本一层，感知层具有十分重要的作用。

感知层一般包括数据采集和数据短距离传输两部分，即先通过传感器、摄像头等设备采集外部物理世界的数据，再通过蓝牙、红外、ZigBee、工业现场总线等短距离有线或无线传输技术进行协同工作或者传递数据到网关设备；也可以只有数据的短距离传输这一部分，特别是在仅传递物品的识别码的情况下。实际上，感知层这两个部分有时很难明确区分开。

2.3.2 感知层关键技术

感知层所需要的关键技术包括检测技术、中低速无线或有线短距离传输技术等。具体来说，感知层综合了传感器技术、嵌入式计算技术、智能组网技术、无线通信技术、分布式信息处理技术等，能够通过各类集成化的微型传感器的协作实时监测、感知和采集各种环境或监测对象的信息。通过嵌入式系统对信息进行处理，并通过随机自组织无线通信网络以多跳中继方式将所感知信息传送到接入层的基站节点和接入网关，最终到达用户终端，从而真正实现"无处不在"的物联网的理念。

本节将对感知层涉及的主要技术，即传感器技术、物品标识技术（RFID和二维码）以及短距离无线传输技术（ZigBee和蓝牙）进行概述。

1. 传感器技术

人是通过视觉、嗅觉、听觉及触觉等感觉来感知外界的信息，感知的信息输入大脑进行分析判断和处理，大脑再指挥人做出相应的动作，这是人类认识世界和改造世界的最基本的能力。但是通过人的五官感知外界的信息非常有限，例如，人无法利用触觉来感知超过几十甚至上千度的温度，而且也不可能辨别温度的微小变化，这就需要电子设备的帮助。同样，利用电子仪器特别像计算机控制的自动化装置来代替人的劳动时，计算机类似于人的大脑，而仅有大脑而没有感知外界信息的"五官"显然是不够的，计算机还需要它们的"五官"——传感器。

传感器是一种检测装置，能感受到被测的信息，并能将检测到的信息按一定规律变换成为电信号或其他所需形式的信息输出，以满足信息的传输、处理、存储、显示、记录和控制等要求。它是实现自动检测和自动控制的首要环节。在物联网系统中，对各种参量进行信息采集和简单加工处理的设备，被称为物联网传感器。传感器可以独立存在，也可以与其他设备以一体方式呈现，但无论哪种方式，它都是物联网中的感知和输入部分。在未来的物联网中，传感器及其组成的传感器网络将在数据采集前端发挥重要的作用。

传感器的分类方法多种多样，比较常用的有按传感器的物理量、工作原理、输出信号的性质这3种方式来分类。此外，按照是否具有信息处理功能来分类的意义越来越重要，特别是在未来的物联网时代。按照这种分类方式，传感器可分为一般传感器和智能传感器。一般传感器采集的信息需要计算机进行处理；智能传感器带有微处理器，本身具有采集、处理、交换信息的能力，具备数据精度高、可靠性高、稳定性高、信噪比高、分辨力高、自适应性强、价格性能比低等特点。

传感器是摄取信息的关键器件，它是物联网中不可缺少的信息采集手段，也是采用微电子技术改造传统产业的重要方法，对提高经济效益、科学研究与生产技术的水平有着举足轻重的作用。传感器技术水平高低不但直接影响信息技术水平，而且影响信息技术的发展与应用。目前，传感器技术已渗透到科学和国民经济的各个领域，在工农业生产、科学研究及改善人民生活等方面，起着越来越重要的作用。

2. RFID 技术

RFID（Radio Frequency Identification，射频识别）是20世纪90年代开始兴起的一种自动识别技术，它利用射频信号通过空间电磁耦合实现无接触信息传递并通过所传递的信息实现物体识别。RFID既可以看作是一种设备标识技术，也可以看作是短距离传输技术。

RFID是一种能够让物品"开口说话"的技术，也是物联网感知层的一个关键技术。在对物联网的构想中，RFID标签中存储着规范而具有互用性的信息，通过有线或无线的方式把它们自动采集到中央信息系统，实现物品（商品）的识别，进而通过开放式的计算机网络实现信息交换和共享，实现对物品的"透明"管理。

RFID具有无须接触、自动化程度高、可靠耐用、识别速度快、适应各种工作环境、可实现高速和多标签同时识别等优势，可广泛用于多个领域，如物流和供应链管理、门禁安防系统、道路自动收费、航空行李处理、文档追踪/图书馆管理、电子支付、生产制造和装配、物品监视、汽车监控、动物身份标识等。以简单RFID系统为基础，结合已有的网络技术、数据库技术、中间件技术等，构筑一个由大量联网的读写器和无数移动的标签组成的、比Internet更为庞大的物联网，已成为RFID技术发展的趋势。

3. 二维码技术

二维码（2-dimensional bar code）技术是物联网感知层实现过程中最基本和关键的技术之

一。二维码也叫二维条形码或二维条形码，是用某种特定的几何形体按一定规律在平面上分布（黑白相间）的图形来记录信息的应用技术。

与一维条形码相比，二维码有着明显的优势，归纳起来主要有以下几个方面：数据容量更大，二维码能够在横向和纵向两个方位同时表达信息，因此能在很小的面积内表达大量的信息；超越了字母数字的限制；条形码相对尺寸小；具有抗损毁能力。此外，二维码还可以引入保密措施，其保密性较一维码要强很多。二维码如图 2.26 所示。

（a）Code One　　　（b）Data Matrix　　　（c）Maxicode

（d）四一七条码　　　（e）四九码　　　（f）16K 码

图 2.26　二维码示例

与 RFID 相比，二维码最大的优势在于成本较低。一条二维码的成本仅为几分钱，而 RFID 标签因其芯片成本较高，制造工艺复杂，价格较高。表 2.11 对这两种标识技术进行了比较。

表 2.11　RFID 与条形码的比较

参　数	条形码	RFID 电子标签
典型的数据量/字节	1～100	16～64K
数据密度	小	很　高
机器阅读的可读性	好	好
个人阅读的可读性	受制约	不可能
受污染/潮湿影响	很严重	无影响
受光遮盖影响	全部失效	无影响
受议程和位置影响	很　小	无影响
用坏/磨损	有条件	无影响
购置费/电子阅读设备	很　少	一　般
工作费用（如打印机）	很　少	无
未经准许的复制和修改	容　易	不可能
阅读速度（包括数据形体的使用）	低（4 s）	很快（0.5 s）
数据形体与阅读器之间的最大距离	0～50 cm	0～5 m（微波）

4. ZigBee

ZigBee 是一种短距离、低功耗的无线传输技术，是一种介于无线标记技术和蓝牙之间的技术，它是 IEEE 802.15.4 协议的代名词。ZigBee 的名字来源于蜂群使用的赖以生存和发展的通信方式，即蜜蜂靠飞翔和"嗡嗡"（Zig）地抖动翅膀与同伴传递新发现的食物源的位置、距离和方向等信息，也就是说蜜蜂依靠这样的方式构成了群体中的通信网络。

ZigBee 采用分组交换和跳频技术，并且可使用 3 个频段，分别是 2.4 GHz 的公共通用频段、欧洲的 868 MHz 频段和美国的 915 MHz 频段。ZigBee 主要应用在短距离范围并且数据传输速率不高的各种电子设备之间。与蓝牙相比，ZigBee 更简单、速率更慢、功率及费用也更低。同时，由于 ZigBee 技术的低速率和通信范围较小的特点，也决定了 ZigBee 技术只适合于承载数据流量较小的业务。

ZigBee 技术具有成本低、组网灵活等特点，可以嵌入各种设备，在物联网中发挥重要作用。其目标市场主要有 PC 外设（鼠标、键盘、游戏操控杆），消费类电子设备（电视机、CD、VCD、DVD 等设备上的遥控装置），家庭内智能控制（照明、煤气计量控制及报警等），玩具（电子宠物），医护（监视器和传感器），工控（监视器、传感器和自动控制设备）等非常广阔的领域。

5. 蓝 牙

蓝牙（Bluetooth）是一种无线数据与话音通信的开放性全球规范，和 ZigBee 一样，也是一种短距离的无线传输技术。其实质内容是为固定设备或移动设备之间的通信环境建立通用的短距离无线接口，将通信技术与计算机技术进一步结合起来，是各种设备在无电线或电缆相互连接的情况下，能在短距离范围内实现相互通信或操作的一种技术。

蓝牙采用高速跳频（Frequency Hopping）和时分多址（Time Division Multiple Access，TDMA）等先进技术，支持点对点及点对多点通信。其传输频段为全球公共通用的 2.4 GHz 频段，能提供 1 Mbit/s 的传输速率和 10 m 的传输距离，并采用时分双工传输方案实现全双工传输。

蓝牙除具有和 ZigBee 一样可以全球范围适用、功耗低、成本低、抗干扰能力强等特点外，还有许多它自己的特点。

（1）同时可传输话音和数据。蓝牙采用电路交换和分组交换技术，支持异步数据信道、三路话音信道以及异步数据与同步话音同时传输的信道。

（2）可以建立临时性的对等连接（Ad Hoc Connection）。

（3）开放的接口标准。为了推广蓝牙技术的使用，蓝牙技术联盟（Bluetooth SIG）将蓝牙的技术标准全部公开，全世界范围内的任何单位和个人都可以进行蓝牙产品的开发，只要最终通过 Bluetooth SIG 的蓝牙产品兼容性测试，就可以推向市场。

蓝牙作为一种电缆替代技术，主要有以下 3 类应用：话音/数据接入、外围设备互连和个人局域网（PAN）。在物联网的感知层，主要是用于数据接入。蓝牙技术有效地简化了移动通信终端设备之间的通信，也能够成功地简化设备与因特网之间的通信，从而使数据传输变得更加迅速高效，为无线通信拓宽了道路。ZigBee 和蓝牙是物联网感知层典型的短距离传输技术。

2.4　网络层

物联网是什么？我们经常会说是 RFID，但这只是感知。其实感知的技术已经有了，虽然说未必成熟，但是开发起来并不很难。物联网的价值在什么地方？主要在于网，而不在于物。感知只是第一步，感知的信息。如果没有一个庞大的网络体系进行管理和整合，那这个网络就没有意义。本节将对物联网架构中的网络层进行介绍。

2.4.1　网络层功能

物联网网络层是在现有网络的基础上建立起来的。它与目前主流的移动通信网、国际互联网、企业内部网、各类专网等网络一样，主要承担着数据传输的功能，特别是当三网融合后，有线电视网也能承担数据传输的功能。

在物联网中，要求网络层能够把感知层感知到的数据进行无障碍、高可靠性、高安全性地传送，它解决的是感知层所获得的数据在一定范围内，尤其是远距离的传输问题。同时，物联网网络层将承担比现有网络更大的数据量和面临更高的服务质量要求，所以现有网络尚不能满足物联网的需求，这就意味着物联网需要对现有网络进行融合和扩展，利用新技术以实现更加广泛和高效的互联功能。

由于广域通信网络在早期物联网发展中的缺位，早期的物联网应用往往在部署范围、应用领域等诸多方面有所局限，终端之间以及终端与后台软件之间都难以开展协同。随着物联网发展，建立端到端的全局网络将成为必须。

2.4.2　网络层关键技术

由于物联网网络层是建立在 Internet 和移动通信网等现有网络基础上的，除具有目前已经比较成熟的如远距离有线、无线通信技术和网络技术外，为满足"物物相连"的需求，物联网网络层将综合使用 IPv6、2G/3G、Wi-Fi 等通信技术，实现有线与无线的结合、宽带与窄带的结合、感知网与通信网的结合。同时，网络层中的感知数据管理与处理技术是实现以数据为中心的物联网的核心技术。感知数据管理与处理技术包括物联网数据的存储、查询、分析、挖掘、理解以及基于感知数据决策和行为的技术。

本节将对物联网依托的 Internet、移动通信网和无线传感器网络三种主要网络形态以及涉及的 IPv6、Wi-Fi 等关键技术进行介绍。

1. Internet

Internet 是以相互交流信息资源为目的，基于一些共同的协议，并通过许多路由器和公共互联网连接而成，它是一个信息资源和资源共享的集合。Internet 采用了目前最流行的客户机/服务器工作模式，凡是使用 TCP/IP 协议，并能与 Internet 中任意主机进行通信的计算机，无论是何种类型、采用何种操作系统，均可看成是 Internet 的一部分，可见 Internet 覆盖范围之广。物联网也被认为是 Internet 的进一步延伸。

Internet 将作为物联网主要的传输网络之一，然而为了让 Internet 适应物联网大数据量和多终端的要求，业界正在发展一系列新技术。其中，由于 Internet 中用 IP 地址对节点进行标识，而目前的 IPv4 资源空间耗竭，已经无法提供更多的 IP 地址，所以 IPv6 以其近乎无限的地址空间将在物联网中发挥重大作用。引入 IPv6 技术，使网络不仅可以为人类服务，还可以服务于众多硬件设备，如家用电器、传感器、远程照相机、汽车等，它将使物联网深入社会每个角落。

2. 移动通信网

移动通信是移动体之间的通信，或移动体与固定体之间的通信。通过有线或无线介质将这些物体连接起来进行通信的网络就是移动通信网。

移动通信网由无线接入网、核心网和骨干网三部分组成。无线接入网主要为移动终端提供接入网络服务，核心网和骨干网主要为各种业务提供交换和传输服务。从通信技术层面看，移动通信网的基本技术可分为传输技术和交换技术两大类。

在物联网中，终端需要以有线或无线方式连接起来，发送或者接收各类数据，同时应考虑到终端连接方便性、信息基础设施的可用性（不是所有地方都有方便的固定接入能力）以及某些应用场景本身需要监控的目标就是在移动状态下。因此，移动通信网络以其覆盖广、建设成本低、部署方便、终端具备移动性等特点将成为物联网重要的接入手段和传输载体，为人与人之间通信、人与网络之间的通信、物与物之间的通信提供服务。

在移动通信网中，当前比较热门的接入技术有 3G、Wi-Fi 和 WiMAX。在移动通信网中，3G 是指第三代支持高速数据传输的蜂窝移动通信技术。3G 网络则综合了蜂窝、无绳、集群、移动数据、卫星等各种移动通信系统的功能，与固定电信网的业务兼容，能同时提供话音和数据业务。3G 的目标是实现所有地区（城区与野外）的无缝覆盖，从而使用户在任何地方均可以使用系统所提供的各种服务。3G 包括三种主要国际标准：CDMA2000，WCDMA，TD-SCDMA。其中 TD-SCDMA 是第一个由中国提出的，以我国知识产权为主的、被国际上广泛接受和认可的无线通信国际标准。

Wi-Fi（Wireless Fidelity，无线保真技术），传输距离有几百米，可实现各种便携设备（手机、笔记本电脑、PDA 等）在局部区域内的高速无线连接或接入局域网。Wi-Fi 是由接入点AP（Access Point）和无线网卡组成的无线网络。主流的 Wi-Fi 技术无线标准有 IEEE 802.11b及 IEEE 802.11g 两种，分别可以提供 11Mbit/s 和 54Mbit/s 两种传输速率。

WiMAX（World Wide Interoperability for Microwave Access，全球微波接入互操作性），是一种城域网（MAN）无线接入技术，是针对微波频段提出的一种空中接口标准，其信号传输半径可以达到 50 km，基本上能覆盖到城郊。正是由于这种远距离传输特性，WiMAX 不仅能解决无线接入问题，还能作为有线网络接入（有线电视、DSL）的无线扩展，方便地实现边远地区的网络连接。

3. 无线传感器网络

无线传感器网络的基本功能是将一系列空间分散的传感器单元通过自组织的无线网络进行连接，从而将各自采集的数据通过无线网络进行传输汇总，以实现对空间分散范围内的物理或环境状况的协作监控，并根据这些信息进行相应的分析和处理。

无线传感器网络技术贯穿物联网的三个层面，是结合了计算机、通信、传感器三项技术的一门新兴技术，具有较大范围、低成本、高密度、灵活布设、实时采集、全天候工作的优势，且对物联网其他产业具有显著带动作用。本书更侧重于无线传感器网络传输方面的功能，所以放在网络层介绍。

如果说 Internet 构成了逻辑上的虚拟数字世界，改变了人与人之间的沟通方式，那么无线传感器网络就是将逻辑上的数字世界与客观上的物理世界融合在一起，改变人类与自然界的交互方式。而传感器网络是集成了监测、控制以及无线通信的网络系统，相比传统网络，其特点是：

（1）节点数目更为庞大，节点分布更为密集。

（2）由于环境影响和存在能量耗尽问题，节点更容易出现故障。

（3）环境干扰和节点故障易造成网络拓扑结构的变化。

（4）通常情况下，大多数传感器节点是固定不动的。

（5）传感器节点具有的能量、处理能力、存储能力和通信能力等都十分有限。

因此，传感器网络的首要设计目标是能源的高效利用，这也是传感器网络和传统网络最重要的区别之一，涉及节能、定位、时间同步等关键技术。

2.5　应用层

物联网的最终目的是把感知和传输来的信息更好地利用，甚至有学者认为，物联网本身就是一种应用，可见应用在物联网中的地位。本节将介绍物联网架构中处于关键地位的应用层及其关键技术。

2.5.1　应用层功能

应用是物联网发展的驱动力和目的。应用层的主要功能是把感知和传输来的信息进行分析和处理，做出正确的控制和决策，实现智能化的管理、应用和服务。这一层解决的是信息处理和人机界面的问题。

具体地讲，应用层将网络层传输来的数据通过各类信息系统进行处理，并通过各种设备与人进行交互。这一层也可按形态直观地划分为两个子层：一个是应用程序层，另一个是终端设备层。应用程序层进行数据处理，完成跨行业、跨应用、跨系统之间的信息协同、共享、互通的功能，包括电力、医疗、银行、交通、环保、物流、工业、农业、城市管理、家居生活等，可用于政府、企业、社会组织、家庭、个人等，这正是物联网作为深度信息化网络的重要体现。而终端设备层主要是提供人机界面。物联网虽然是"物物相连的网"，但最终是要以人为本的，最终还是需要人的操作与控制，不过这里的人机界面已远远超出现在人与计算机交互的概念，而是泛指与应用程序相连的各种设备与人的交互。

物联网的应用可分为监控型（物流监控、污染监控），查询型（智能检索、远程抄表），控制性（智能交通、智能家居、路灯控制），扫描型（手机钱包、高速公路不停车收费）等。目前，软件开发、智能控制技术发展迅速，应用层技术将会为用户提供丰富多彩的物联网应用。同时，各种行业和家庭应用的开发将会推动物联网的普及，也给整个物联网产业链带来利润。

2.5.2 应用层关键技术

物联网应用层能够为用户提供丰富多彩的业务体验，然而，如何合理高效地处理从网络层传来的海量数据，并从中提取有效信息，是物联网应用层要解决的一个关键问题。本节将对应用层的 M2M 技术、用于处理海量数据的云计算技术等关键技术进行介绍。

1. M2M

M2M 是 Machine to Machine（机器对机器）的缩写，根据不同应用场景，往往也被解释为 Man to Machine（人对机器），Machine to Man（机器对人），Mobile to Machine（移动网络对机器），Machine to Mobile（机器对移动网络）。Machine 一般特指人造的机器设备，而物联网（The Internet of Things）中的 Things 则是指更抽象的物体，范围也更广。例如，树木和动物属于 Things，可以被感知、被标记，属于物联网的研究范畴，但它们不是 Machine，不是人造的事物；冰箱则属于 Machine，同时也是一种 Things。所以，M2M 可以看作是物联网的子集或应用。

M2M 是现阶段物联网普遍的应用形式，是实现物联网的第一步。M2M 业务现阶段通过结合通信技术、自动控制技术和软件智能处理技术，实现对机器设备信息的自动获取和自动控制。这个阶段通信的对象主要是机器设备，尚未扩展到任何物品；在通信过程中，也以使用离散的终端节点为主。并且，M2M 的平台也不等于物联网运营的平台，它只解决了物与物的通信，解决不了物联网智能化的应用。所以，随着软件的发展，特别是应用软件的发展和中间件软件的发展，M2M 平台可以逐渐过渡到物联网的应用平台上。

M2M 将多种不同类型的通信技术有机地结合在一起，将数据从一台终端传送到另一台终端，也就是机器与机器的对话。M2M 技术综合了数据采集、GPS、远程监控、电信、工业控制等技术，可以在安全监测、自动抄表、机械服务、维修业务、自动售货机、公共交通系统、车队管理、工业流程自动化、电动机械、城市信息化等环境中运行并提供广泛的应用和解决方案。

M2M 技术的目标就是使所有机器设备都具备联网和通信能力，其核心理念就是"网络一切（Network Everything）"。随着科学技术的发展，越来越多的设备具有了通信和联网能力，"网络一切"逐步变为现实。M2M 技术具有非常重要的意义，有着广阔的市场和应用，将会推动社会生产方式和生活方式的新一轮变革。

2. 云 计 算

云计算（Cloud Computing）是分布式计算（Distributed Computing），并行计算（Parallel Computing）和网格计算（Grid Computing）的发展，或者说是这些计算机科学概念的商业实现。云计算通过共享基础资源（硬件、平台、软件）的方法，将巨大的系统池连接在一起以提供各种 IT 服务，这样企业与个人用户无须再投入昂贵的硬件购置成本，只需要通过互联网来租赁计算力等资源。用户可以在多种场合，利用各类终端，通过互联网接入云计算平台来共享资源。

云计算涵盖的业务范围，一般有狭义和广义之分。狭义云计算指 IT 基础设施的交付和使用模式，通过网络以按需、易扩展的方式获得所需的资源（硬件、平台、软件）。提供资源的网络被称为"云"。"云"中的资源在使用者看来是可以无限扩展的，并且可以随时获取、按需使用、随时扩展、按使用付费。这种特性经常被称为像水电一样使用的 IT 基础设施。广义云计算指服务的交付和使用模式，通过网络以按需、易扩展的方式获得所需的服务。这种服务可以是 IT 和软件、互联网相关的，也可以使用任意其他的服务。

云计算由于具有强大的处理能力、存储能力，很宽的带宽和极高的性价比，可以有效用于物联网应用和业务，也是应用层能提供众多服务的基础。它可以为各种不同的物联网应用提供统一的服务交付平台，可以为物联网应用提供海量的计算和存储资源，还可以提供统一的数据存储格式和数据处理方法。利用云计算大大简化了应用的交付过程，降低交付成本，并能提高处理效率。同时，物联网也将成为云计算最大的用户，促使云计算取得更大的商业成功。

3. 人工智能

人工智能（Artificial Intelligence）是研究使各种机器模拟人的某些思维过程和智能行为（如学习、推理、思考、规划等），使人类的智能得以物化与延伸的一门学科。目前对人工智能的定义大多可划分为 4 类，即机器"像人一样思考"，"像人一样行动"，"理性地思考"和"理性地行动"。人工智能企图了解智能的实质，并生产出一种新的能以与人类智能相似的方式做出反应的智能机器。该领域的研究包括机器人、语言识别、图像识别、自然语言处理和专家系统等。目前主要的方法有神经网络、进化计算和粒度计算 3 种。在物联网中，人工智能技术主要负责分析物品所承载的信息内容，从而实现计算机自动处理。

人工智能技术的优点在于：大大改善操作者作业环境，减轻工作强度；提高了作业质量和工作效率；一些危险场合或重点施工应用得到解决；环保、节能；提高了机器的自动化程度及智能化水平；提高了设备的可靠性，降低了维护成本；故障诊断实现了智能化等。

4. 数据挖掘

数据挖掘（Data Mining）是从大量的、不完全的、有噪声的、模糊的及随机的实际应用数据中，挖掘出隐含的、未知的、对决策有潜在价值的数据的过程。数据挖掘主要基于人工智能、机器学习、模式识别、统计学、数据库、可视化技术等，高度自动化地分析数据，做出归纳性的推理。它一般分为描述型数据挖掘和预测型数据挖掘两种：描述型数据挖掘包括数据总结、聚类及关联分析等，预测型数据挖掘包括分类、回归及时间序列分析等。通过对数据的统计、分析、综合、归纳和推理，揭示事件间的相互关系，预测未来的发展趋势，为决策者提供决策依据。

在物联网中，数据挖掘只是一个代表性概念，它是一些能够实现物联网"智能化"、"智慧化"的分析技术和应用的统称。细分起来，包括数据挖掘和数据仓库（Data Warehousing）、决策支持（Decision Support）、商业智能（Business Intelligence）、报表（Reporting）、ETL（数据抽取、转换和清洗等），在线数据分析，平衡计分卡（Balanced Scoreboard）等技术和应用。

5. 中间件

中间件是为了实现每个小的应用环境或系统的标准化以及它们之间的通信，在后台应用软件和读写器之间设置的一个通用的平台和接口。在许多物联网体系架构中，经常把中间件单独划分一层，位于感知层与网络层或网络层与应用层之间。本书参照当前比较通用的物联网架构，将中间件划分到应用层。在物联网中，中间件作为其软件部分，有着举足轻重的地位。物联网中间件是在物联网中采用中间件技术，以实现多个系统或多种技术之间的资源共享，最终组成一个资源丰富、功能强大的服务系统，最大限度地发挥物联网系统的作用。具体来说，物联网中间件的主要作用在于将实体对象转换为信息环境下的虚拟对象，因此数据处理是中间件最重要的功能。同时，中间件具有数据的搜集、过滤、整合与传递等特性，以便将正确的对象信息传到后端的应用系统。

目前主流的中间件包括 ASPIRE 和 Hydra。ASPIRE 旨在将 RFID 应用渗透到中小型企业。为了达到这样的目的，ASPIRE 完全改变了现有的 RFID 应用开发模式，它引入并推进一种完全开放的中间件，同时完全有能力支持原有模式中核心部分的开发。ASPIRE 的解决办法是完全开源和免版权费用，这大大降低了总的开发成本。Hydra 中间件特别方便于实现环境感知行为和在资源受限设备中处理数据的持久性问题。Hydra 项目第一个的产品是为了开发基于面向服务结构的中间件，第二个产品是为了能基于 Hydra 中间件生产出可以简化开发过程的工具，即供开发者使用的软件或者设备开发套装。

物联网中间件的实现依托于中间件关键技术的支持，这些关键技术包括 Web 服务、嵌入式 Web、Semantic Web 技术、上下文感知技术、嵌入式设备及 Web of Things 等。

第3章 物联网感知层技术

物联网具有"千面"的美称，通过物联网的不同应用和实施形式，实现在行业领域的包罗万象，使信息世界和物理世界之间形成统一。对于物联网的"千面"，感知层完成对物理世界的"点"的感知，通过多种识别、感知技术，采用自动生成方式，形成物联网系统对物理世界的触手。

感知识别技术是物联网的核心技术，是联系物理世界和信息世界的纽带。感知层通过射频识别、传感器、定位系统等完成物联网系统中"点"数据获取。同时，IC卡、智能卡、个人数字助理等各种智能电子产品也可以用来人工生成信息。通过感知识别，物联网系统实现对物理世界数据的采集和初步处理。

3.1 条形码技术

为了提高计算机识别的效率，增强其灵活性和准确性，使人们摆脱繁杂的统计识别工作，传统条形码、二维条形码、无线射频识别技术先后问世。虽然它们各有千秋，但无论哪一项技术都是为了及时获取物品的各种信息并且进行快速、准确的处理。下面对传统条形码和二维条形码进行简要介绍。

3.1.1 传统条形码

1. 什么是条形码

条形码（barcode）是将宽度不等的多个黑条和空白，按照一定的编码规则排列，用以表达一组信息的图形标识符，如图3.1所示常见的条形码是由反射率相差很大的黑条（简称条）和白条（简称空）排成的平行线图案。条形码可以标出物品的生产国、制造厂家，商品名称、生产日期，图书分类号，邮件起止地点、类别、日期等许多信息，因而在商品流通、图书管理、邮政管理、银行系统等许多领域都得到广泛的应用。

图 3.1 条形码

2. 条形码的识别原理

要将按照一定规则编译出来的条形码转换成有意义的信息，需要经历扫描和译码两个过程。物体的颜色是由其反射光的类型决定的，白色物体能反射各种波长的可见光，黑色物体则吸收各种波长的可见光，所以当条形码扫描器光源发出的光在条形码上反射后，反射光照射到条形码扫描器内部的光电转换器上，光电转换器根据强弱不同的反射光信号，转换成相应的电信号。根据原理的差异，扫描器可以分为光笔、CCD（Charge-coupled Device，电荷耦合元件）、激光三种。电信号输出到条形码扫描器的放大电路增强信号之后，再送到整形电路将模拟信号转换成数字信号。白条、黑条的宽度不同，相应的电信号持续时间长短也不同。然后译码器通过测量脉冲数字电信号0，1的数目来判别条和空的数目，通过测量0，1信号持续的时间来判别条和空的宽度。此时所得到的数据仍然是杂乱无章的，要知道条形码所包含的信息，则需根据对应的编码规则（例如 EAN-8 码），将条形符号换成相应的数字、字符信息。最后，由计算机系统进行数据处理与管理，物品的详细信息便被识别了。

条形码的扫描需要用到扫描仪，如图 3.2 所示。扫描仪利用自身光源照射条形码，再利用光电转换器接收反射的光线，将反射光线的明暗转换成数字信号。

不论是采取何种规则印制的条形码，都由静区、起始字符、数据字符与终止字符组成。有些条形码在数据字符与终止字符之间还有校验字符。它们的作用如下：

（1）静区：顾名思义，不携带任何信息的区域，起提示作用。

图 3.2　条形码扫描仪

（2）起始字符：第一位字符，具有特殊结构，当扫描仪读取到该字符时，便开始正式读取代码。

（3）数据字符：条形码的主要内容。

（4）校验字符：用于检验读取到的数据是否正确。不同编码规则可能会有不同的校验规则。

（5）终止字符：最后一位字符，同样具有特殊结构，用于告知代码扫描完毕，同时还起到进行校验计算的作用。

为了方便双向扫描，起止字符具有不对称结构。因此，扫描仪扫描时可以自动对条形码信息进行重新排列。

条形码扫描仪有光笔、CCD、激光三种：

（1）光笔：最原始的扫描方式，需要手动移动光笔，并且光笔笔尖部分需要与条形码直接接触。

（2）CCD：以 CCD 作为光电转换器，LED 作为发光光源的扫描仪。在一定范围内，可以实现自动扫描，并且可以阅读各种材料、不平表面上的条形码，成本也较为低廉；但是与激光式相比，扫描距离较短。

（3）激光：以激光作为发光源的扫描仪。它又可分为线型、全角度等几种。

① 线型：多用于手持式扫描仪，扫描范围远，准确性高。

② 全角度：多为卧式，自动化程度高，在各种方向上都可以自动读取条形码。

3. 条形码的优越性

（1）可靠性强。条形码的读取准确率远远超过人工记录，平均每15 000个字符才会出现一个错误。

（2）效率高。条形码的读取速度很快，相当于每秒 40 个字符。

（3）成本低。与其他自动化识别技术相比较，条形码技术仅仅需要一小张贴纸和构造相对简单的光学扫描仪，成本相当低廉。

（4）易于制作。条形码的编写很简单，制作也仅仅需要印刷，被称作"可印刷的计算机语言"。

（5）易于操作。条形码识别设备的构造简单，使用方便。

（6）灵活实用。条形码符号可以利用键盘手工输入，也可以和有关设备组成识别系统实现自动化识别，还可和其他控制设备联系起来实现整个系统的自动化管理。

4. 条形码的发展历史

1949 年，美国人乔·伍德兰德（Joe Wood Land）和伯尼·西尔沃（Berny Silver）申请了用于食品自动识别领域的环形条形码（公牛眼）。

1963 年，在《控制工程》杂志上刊登了描述各种条形码技术的文章。

1967 年，美国辛辛那提的一家 KROGER 超市首先使用条形码扫描器。

1969 年，比利时邮政业采用荧光条形码表示信函投递点的邮政编码。

1970 年，美国成立 UCC（统一编码协会）；美国邮政局采用长短形条形码表示信函的邮政编码。

1971 年，欧洲的一些图书馆采用 Plessey 码。

1972 年，美国人蒙那奇·马金（Monarch Marking）研制出库德巴码；交叉 25 码被开发出来。

1973 年，美国 UCC 在 IBM 公司的条形码系统基础上建立了 UPC 码系统，并且实现了该码制标准化。

1974 年，美国 Intermec 公司的戴维·阿利尔（Davide Allair）博士研制出 39 码。

1977 年，欧洲共同体在 UPC-A 码基础上制定出欧洲物品编码 EAN-13 码和 EAN-8 码，签署了《欧洲物品编码协议备忘录》，并且成立了欧洲物品编码协会（European Article Number Association，EAN）。

1978 年，日本在 EAN 的基础上开发出 JAN 码。

1980 年，美国国防部采纳 39 码作为军事编码。

1981 年，欧洲物品编码协会改组为国际物品编码协会（IAN）；实现自动识别的条形码译码技术；128 码被推荐使用。

1982 年，手持式激光条形码扫描器实用化；美国军用标准 military 标准 1189 被采纳；93 码开始使用。

1983 年，美国制定了 ANSI 标准 MH10.8M，包括交叉 25 码、39 码和库德巴码。

1987 年，美国人戴维·阿利尔博士提出 49 码。

1988 年，可见激光二极管研制成功；美国的 Ted Willians 提出适合激光系统识读的 16K 码。

2005 年，EAN 更名为 GS1。

3.1.2 二维条形码

1. 二维条形码的起源

近年来，随着资料自动收集技术的发展，用条形码符号表示更多资讯的要求与日俱增，而一维条形码最大资料长度通常不超过 15 个字元，故多用于存放关键索引值（Key），仅可作为一种资料标识，不能对产品进行描述，而需通过网路到资料库抓取更多的资料项目，因此，在缺乏网路或资料库的状况下，一维条形码便失去意义。此外一维条形码有一个明显的缺点，即垂直方向不携带资料，故资料密度偏低。当初这样设计有两个目的：① 为了保证局部损坏的条形码仍可正确辨识；② 使扫描容易完成。

既要提高资料密度，又要在一个固定面积上印出所需资料，可用两种方法来解决：① 在一维条形码的基础上向二维条形码方向扩展；② 利用图像识别原理，采用新的几何形体和结构设计出二维条形码。前者发展出堆叠式（Stacked）二维条形码，如图 3.3（a）所示；后者则发展出矩阵式（Matrix）二维条形码，如图 3.3（b）所示。它们是现今二维条形码的两大类型。

（a）堆叠式二维条形码　　　　　（b）矩阵式二维条形码

图 3.3　二维条形码

1）堆叠式二维条形码

堆叠式二维条形码又称堆积式二维条形码或层排式二维条形码，其编码原理是在一维条形码基础之上，按需要堆积成两行或多行。它在编码设计、校验原理、识读方式等方面继承了一维条形码的一些特点，识读设备与条形码印刷与一维条形码技术兼容。但由于行数的增加，需要对行进行判定，其译码算法与软件也不完全同于一维条形码。有代表性的行排式二维条形码有：Code 16K，Code 49，PDF417 等。

2）矩阵式二维条形码

短阵式二维条形码又称棋盘式二维条形码，它是在一个矩形空间通过黑、白像素在矩阵中的不同分布进行编码。在矩阵相应元素位置上，用点（方点、圆点或其他形状）的出现表示二进制"1"，点的不出现表示二进制的"0"，点的排列组合确定了矩阵式二维条形码所代表的意义。矩阵式二维条形码是建立在计算机图像处理技术、组合编码原理等基础上的一种新型图形符号自动识读处理码制。具有代表性的矩阵式二维条形码有：Code One，Maxi Code，QR Code，Data Matrix 等。

2. 二维条形码的识别原理

二维条形码的识别有两种方法：① 通过线型扫描器逐层扫描进行解码；② 通过照相和

图像处理对二维条形码进行解码。对于堆叠式二维条形码，可以采用上述两种方法识读，但对于绝大多数矩阵式二维条形码则必须用照相方法识读，例如使用面型 CCD 扫描器。

用线型扫描器如线型 CCD、激光枪对二维条形码进行辨识时，如何防止垂直方向的资料漏读是关键，因为在识别二维条形码符号时，扫描线往往不会与水平方向平行。解决这个问题的方法之一是必须保证条形码的每一层至少有一条扫描线完全穿过，否则解码程序不识读。这种方法简化了处理过程，却降低了资料密度，因为每层必须要有足够的高度来确保扫描线完全穿过，如图 3.4 所示。我们所提到的二维条形码中，Code 49，Code 16K 的识别即是如此。

图 3.4　二维条形码的识别
（每层至少有一条扫描线通过）

二维条形码的识读设备依识读原理的不同可分为：

（1）线性 CCD 和线性图像式识读器（Linear Imager）。

可识读一维条形码和线性堆叠式二维码（如 PDF417），在识读二维码时需要沿条形码的垂直方向扫过整个条形码，我们称为"扫动式识读"。这类产品比较便宜。

（2）带光栅的激光识读器。

可识读一维条形码和线性堆叠式二维码。识读二维码时将光线对准条形码，由光栅元件完成垂直扫描，不需要手工扫动。

（3）图像式识读器（Image Reader）。

采用面阵 CCD 摄像方式将条形码图像摄取后进行分析和解码，可识读一维条形码和所有类型的二维条形码。

另外，二维条形码的识读设备依工作方式的不同还可以分为：手持式、固定式和平版扫描式。

二维条形码的识读设备对于二维条形码的识读会有一些限制，但是均能识别一维条形码。

3. 二维条形码的特点

（1）高密度编码，信息容量大。可容纳多达 1 850 个大写字母，或 2 710 个数字，或 1 108 个字节，或 500 多个汉字，比普通条形码信息容量高几十倍。

（2）编码范围广。该条形码可以把图片、声音、文字、签字、指纹等可以数字化的信息进行编码，用条形码表示出来；可以表示多种语言文字；可表示图像数据。

（3）容错能力强。具有纠错功能，这使得二维条形码因穿孔、污损等引起局部损坏时，照样可以得到正确识读，损毁面积达 50% 仍可恢复信息。

（4）译码可靠性高。它比普通条形码译码错误率（百万分之二）要低得多，误码率不超过千万分之一。

（5）可引入加密措施，保密性、防伪性好。

（6）成本低，易制作，持久耐用。

（7）条形码符号形状、尺寸、比例可变。

（8）二维条形码可以使用激光或 CCD 阅读器识读。

4. 二维条形码的简单应用

二维条形码跟以往的一维条形码一样，在商业活动中应用广泛，特别是在高科技行业、储存运输业、批发零售业等需要对物品进行廉价快捷的标示信息的行业用途广泛。在日本等一些国家和地区，像 QR Code 码一样容易生成及读取的条形码已经成为生活中快捷便利的信息交流方式。在一些国家，已经采用 PDF417 码作为身份识别的标签，并直接印制在身份识别的证件上，以便快速读取。在我国台湾二维条码则被用作综合所得税的报税方式之一，将报税资料印在二维条形码内，节省税务机关输入资料的时间。我国的火车票票面上也均印有防伪二维条形码，如图 3.5 所示。

在 2012 年春节期间，我国的一家线上支付平台支付宝实现了通过二维码进行银行卡转账和送红包的功能，允许用户在支付宝平台在线生产、制作"电子红包"二维码。其包含了转账金额、收款人和祝福语等信息，并通过互联网发送至收款人，收款人使用相关设备扫描二维码后，账款就可以成功地转入其银行账户中。

图 3.5　二维条形码在我国
火车票上的应用

3.1.3　物品编码

1970 年，美国开始使用商品条形码。商品条形码的出现引发了商业界的一次革命，给商业带来了便捷和效益，现在条形码已应用于经济的各个领域。伴随着经济全球化进程的加快，需要对全球每个商品进行编码和管理，条形码满足不了这样的要求，电子产品编码由此产生，将在 3.2.5 节进行介绍。

1. 商品条形码

条形码由 EAN 和 UCC 负责编制，目前已经成为全球通用的商务语言。条形码主要分为以下 6 种，其中常用的为 GTIN 和 SSCC 两种。

（1）全球贸易项目代码（Global Trade Item Number，GTIN）。GTIN 是为全球贸易提供唯一标识的一种代码，由 14 位数字构成，是 EAN 与 UCC 的统一代码。GTIN 码贴在箱或盒上，与资料库中的交易信息相对应，在供应链的各个阶段可流通与读取。

GTIN 有 4 种不同的编码结构，分别为 EAN/UCC-14，EAN/UCC-13（即 EAN13 码），EAN/UCC-8（即 EAN8 码）和 UCC-12。后 3 种结构通过补零可以表示成 14 位数字的代码结构。

（2）系列货运包装箱代码（Serial Shipping Container Code，SSCC）。SCCC 是系列货运包装箱代码，是为了便于运输和仓储而建立的临时性组合包装代码，在供应链中需要对其进行个体的跟踪与管理。SSCC 能使物流单元的实际流动被跟踪和自动记录，可广泛用于运输行程安排和自动收货等。

（3）全球位置标识代码（GLN）。GLN 可以用来标识实体（货物、纸张信息、电子信息）、位置（物理的或职能的）或具有地址的任何团体。

（4）全球可回收资产标识代码（GRAI）。

（5）全球单个资产标识代码（GIAI）。

（6）全球服务标识代码（GSRN）。

2. 商品条形码编码

物品信息数据采集的方法很多，主要可以分为条形码扫描识别和 RFID 两种。商品条形码是将表示商品信息的数字代码转换成一组规则排列的平行线条，它所表示的信息就是国际通用的商品条形码。商品条形码是商品的"身份证"，是商品流通于国际市场的"通用语言"。

商品条形码的编码遵循唯一性原则，以保证商品条形码在全世界范围内不重复，即一个商品项目只能有一个代码，或者说一个代码只能标识一种商品项目、不同规格、不同包装、不同品种、不同价格和不同颜色的商品，只能使用不同的商品代码。

1）EAN 条形码

EAN 条形码是国际物品编码协会制定的一种商品用条形码，通用于全世界。EAN 条形码有标准版（EAN-13）和缩短版（EAN-8）两种，标准版用 13 位数字表示，又称为 EAN-13 码，缩短版用 8 位数字表示，又称为 EAN-8 码。EAN 条形码目前已用于全球 90 多个国家和地区，我国于 1991 年加入 EAN 组织。

图书和期刊作为特殊的商品，也采用了 EAN-13 码，分别表示为 ISBN 和 ISSN，前缀 978 被用于图书号 ISBN，前缀 977 被用于期刊号 ISSN。我国图书被分配使用 7 开头的 ISBN 号，因此我国出版社出版的图书 ISBN 码全部为 9787 开头。

EAN-13 条形码一般由前缀部分、制造厂商代码、商品代码和校验码组成。条形码中的前缀码用来标识国家或地区，赋码权在国际物品编码协会，如 690-692 代表中国大陆。

我国由国家物品编码中心赋予制造厂商代码。商品代码是用来标识商品的代码，赋码权由产品生产企业自己行使。条形码最后 1 位为校验码，用来校验商品条形码中左起第 1~12 位数字代码的正确性。

在编制商品项目代码时，厂商必须遵守商品编码的基本原则，即一个代码只标识一个商品项目，不同的商品项目必须编制不同的代码，以保证商品项目与其标识代码一一对应。我国 EAN-13 条形码，当前缀码为"650"时，第 4 到 7 位数字为厂商代码，第 8 到 12 位数字为商品项目代码，第 13 位数字为校验码，条形码的编码容量为 10 000 个厂商，每个厂商有 100 000 个商品项目编码容量，总计有 1 000 000 000 个商品项目的编码容量。EAN-13 条形码全球有 1 000 个国家前缀码容量，因此 EAN-13 条形码全球总计有 1 000 000 000 000 个商品项目的编码容量。EAN-13 条形码最多允许存在的商品项目总数如表 3.1 所示。

表 3.1 EAN-13 条形码最多允许存在的商品项目总数

	位数	允许存在的最大数字
国家前缀码	3	1000
厂商代码	4	10000
商品项目代码	5	100000
校验码	1	
最多允许存在的项目总数		1000000000000

2）UPC 条形码

1970 年，美国超级市场委员会制定了通用商品代码 UPC，美国统一编码委员会 UCC 于 1973 年建立了 UPC 条形码系统，并全面实现了该码制的标准化。UPC 条形码已成功应用于商业流通领域中，对条形码的应用和普及起到了极大的推动作用，现在 UPC 条形码主要在美国和加拿大使用，我们在美国进口的商品上可以看到，中国产品出口到北美时也需要申请 UPC 条形码。

UPC 码的使用成功促进了欧洲编码系统（EAN）的产生。到 1981 年，ENA 已发展成为一个国际性的组织，且 EAN 码与 UCC 码兼容。EAN/UCC 码作为一种消费单元代码，被用于在全球范围内唯一标识一种商品。

3.2　RFID 技术

RFID 系统是利用射频信号通过空间耦合实现无接触信息传递，并通过所传递的信息达到自动识别的目的。

3.2.1　RFID 概述

RFID 是一种通信技术，可通过无线电信号来识别特定目标并读写相关数据，而无须在识别系统与特定目标之间建立机械或光学接触。

RFID 是一项易于操控、简单实用且特别适合用于自动化控制的应用技术。该识别工作无须人工干预，既可支持只读工作模式也可支持读写工作模式，且无须接触或瞄准。RFID 可以在各种环境下工作，短距离射频产品就具有不怕油渍、灰尘等特点；长距离射频产品则多用于交通领域，识别距离可达几十米，如自动收费或识别车辆身份等。

RFID 的应用非常广泛，目前的典型应用有动物芯片、汽车芯片防盗器、门禁管制、停车场管制、生产自动化、物料管理等。

RFID 技术所具备的独特优越性是其他识别技术无法比拟的，主要表现在以下几个方面：

（1）读取方便快捷：数据的读取无须光源，甚至可以透过外包装来进行；有效识别距离更长，采用自带电池的主动标签时，有效识别距离可达到 30 m。

（2）识别速度快：标签一进入磁场，阅读器就可以即时读取其中的信息，而且能够同时处理多个标签，实现批量识别。

（3）数据容量大：数据容量最大的二维条形码（PDF4J7），最多也只能存储 2 725 个数字，若包含字母，存储量则会更少；RFID 标签可以根据用户的需要扩充到数万个数字。

（4）使用寿命长，应用范围广：RFID 基于无线电通信方式，它可以应用于粉尘、油污等高污染环境和放射性环境，而且其封闭式包装使得寿命大大超过印刷的条形码。

（5）标签可动态更改：利用编程器可以向电子标签写入数据，从而赋予 RFID 标签交互式便携数据文件的功能，而且写入时间比打印条形码更短。

（6）更好的安全性：RFID 电子标签不仅可以嵌入或附着在不同形状、类型的产品上，而且可以为标签数据的读写设置密码保护，从而具有更高的安全性。

（7）动态实时通信：标签以每秒 50～100 次的频率与阅读器通信，所以只要 RFID 标签所附着的物体出现在解读器的有效识别范围内，就可以对其位置进行动态追踪和监控。

3.2.2　RFID 系统结构

RFID 技术作为非接触的自动识别技术，其基本原理是利用射频信号和空间耦合（电感或电磁耦合）或雷达反射的传输特性，实现对被识别物体的自动识别。

RFID 系统的基本结构包括电子标签、阅读器（读写器）和计算机系统三部分。

电子标签是 RFID 系统的数据载体，它由标签天线和标签专用芯片组成。依据电子标签供电方式的不同，它可以分为有源电子标签（Active tag）、无源电子标签（Passive tag）和半无源电子标（Semi-passive Tag）。有源电子标签有内装电池，无源射频标签没有内装电池，半无源电子标签部分依靠电池工作。

电子标签依据频率的不同分为低频电子标签、高频电子标签、超高频电子标签和微波电子标签。依据其封装形式的不同可分为信用卡标签、线形标签、纸状标签、玻璃管标签、圆形标签及特殊用途的异形标签等。

RFID 阅读器（读写器）通过天线与 RFID 电子标签进行无线通信，可以实现对标签识别码和内存数据的读出或写入操作。典型的阅读器包含有高频模块（发送器和接收器）、控制单元以及阅读器天线。

一个典型的射频识别系统由电子标签、阅读器（或读写器）以及计算机数据处理系统等部分组成，如图 3.6 所示，依次介绍如下：

（1）读写器：读取（或写入）标签信息的设备，可设计为手持式或固定式。图 3.7 所示为手持式 RFID 和固定式 RFID 阅读器。

（2）天线（Antenna）：用于在标签和阅读器间传递射频信号，如图 3.8 所示。

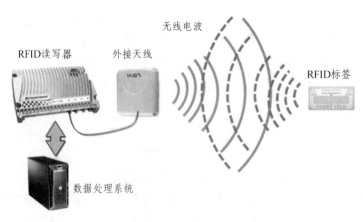

图 3.6　射频识别系统

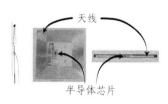

（a）手持式　　　　　（b）固定式

图 3.7　RFID 阅读器　　　　　　　　　图 3.8　天　线

（3）标签（Tag）：也称应答器，由耦合元件及芯片组成，附着在物体上标识目标对象。每个标签都有一个全球唯一的 ID 号码 UID。UID 是在制作芯片时写入 ROM 中的，无法修改。用户数据区供用户存放数据，可以进行读写、覆盖、增加等操作。阅读器对标签的操作有三类：① 识别（Identify）——读取 UID；② 读取（Read）——读取用户数据；③ 写入（Write）——写入用户数据。标签样式如图 3.9 所示。

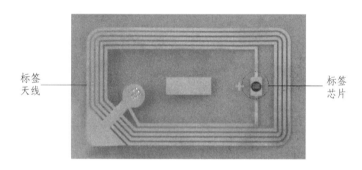

图 3.9　RFID 电子标签

（4）计算机系统：主要任务是根据逻辑运算判断该标签的合法性。简单的 RFID 系统只有一个读写器，每次只对一个标签进行操作，如公交票务系统。而复杂的 RFID 系统需要同时处理多个读写，每个读写可同时处理多个标签。此时，需要计算机网络来完成传输交换，还需要对应的软件系统完成数据处理。

3.2.3　工作原理

1. 基本原理

RFID 系统的基本工作原理并不复杂，通常是：标签进入磁场后接收解读器发出的射频信号，凭借感应电流所获得的能量发送出存储在芯片中的产品信息（Passive Tag，无源标签或被动标签），或者主动发送某一频率的信号（Active Tag，有源标签或主动标签）；解读器读取信息并解码后，送至中央信息系统进行有关数据处理。

从 RFID 阅读器与电子标签之间的通信及能量感应方式来看，大致可以分成感应耦合（Inductive Coupling）及后向散射耦合（Backscatter Coupling）两种。一般低频的 RFID 系统大都采用第一种方式，而较高频 RFID 系统大多采用第二种方式。

阅读器根据其结构和使用的技术不同可以分为读和读写装置，是 RFID 系统的信息控制和处理中心。阅读器通常由耦合模块、收发模块、控制模块和接口单元组成。阅读器和标签之间一般采用半双工通信方式进行信息交换，同时阅读器通过耦合给无源应答器提供能量和时序。在实际应用中，可进一步通过 Ethernet 或 WLAN 等实现对物体识别信息的采集、处理及远程传送等管理功能。

2. RFID 系统工作流程

RFID 系统利用无线射频方式，在读写器和电子标签之间进行非接触双向数据传输，以达到目标识别和数据交换的目的。RFID 系统的一般工作流程如下：

（1）读写器通过发射天线发送一定频率的射频信号。

（2）当电子标签进入读写器天线工作区时，电子标签天线产生足够的感应电流，电子标签获得能量激活。

（3）电子标签将自身信息通过内置天线发送出去。

（4）读写器天线接收到从电子标签发送来的载波信号。

（5）读写器天线将载波信号传送到读写器。

（6）读写器对接收信号进行解调和解码，然后送到系统高层进行相关处理。

（7）系统高层根据逻辑运算判断该电子标签的合法性。

（8）系统高层针对不同的设定做出相应的处理，发出指令信号控制执行机构动作。

根据 RFID 系统的工作流程可知，电子标签由天线、射频模块、控制模块和存储模块构成，读写器由天线、射频模块、读写模块、时钟和电源构成。系统的结构框图如图 3.10 所示。

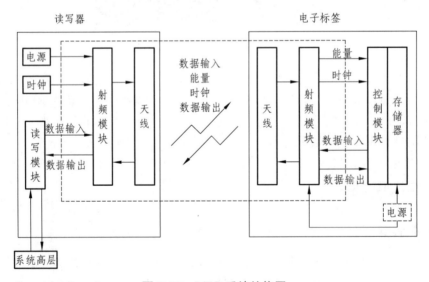

图 3.10　RFID 系统结构图

3. RFID 系统工作频率

从应用的角度来说，射频标签的工作频率也就是 RFID 系统的工作频率。射频标签的工作频率不仅决定着 RFID 系统工作原理（电感耦合或电磁耦合）、识别距离，还决定着射频标签及读写器实现的难易程度和设备的成本。

工作在不同频段或频点上的射频标签具有不同的特点。射频识别应用占据的频段或频点在国际上有公认的划分，即位于ISM波段之中。典型的工作频率有：125 kHz，133 kHz，13.56 MHz，27.12 MHz，433 MHz，902～928 MHz、2.45 GHz、5.8 GHz等。

1）低频段射频标签

低频段射频标签，简称低频标签。其工作频率范围为30～300 kHz。典型工作频率有125 kHz，133 kHz。低频标签一般为无源标签，其工作能量通过电感耦合方式从阅读器耦合线圈的辐射近场中获得。低频标签与阅读器之间传送数据时，必须位于阅读器天线辐射的近场区内。低频标签的阅读距离一般情况下小于1 m。

低频标签的典型应用有：动物识别、容器识别、工具识别、电子闭锁防盗（带有内置应答器的汽车钥匙）等。与低频标签相关的国际标准有：ISO 1784/11785（用于动物识别），ISO 18000-2（125～135 kHz）。低频标签有多种外观形式，应用于动物识别的低频标签外观有：项圈式、耳牌式、注射式、药丸式等。所应用的动物有牛、信鸽等。

低频标签的优势主要体现在：标签芯片一般采用普通的CMOS工艺，具有省电、廉价的特点；工作频率不受无线电频率管制约束；可以穿透水、有机组织、木材等；非常适合近距离的、低速度的、数据量要求较少的识别应用（如动物识别）等。

低频标签的劣势主要体现在：标签存储数据量较少；只能适合低速、近距离识别应用；与高频标签相比，标签天线匝数更多，成本更高一些。

2）中高频段射频标签

中高频段射频标签的工作频率一般为3～30 MHz，典型工作频率为13.56 MHz。该频段的射频标签，从射频识别应用角度来说，其工作原理与低频标签完全相同，即采用电感耦合方式工作，所以易将其归为低频标签一类中。但是根据无线电频段的一般划分，其工作频段又称为高频，所以也常将其称为高频标签。鉴于该频段的射频标签可能是实际应用中最多的一种射频标签，因而只要将高、低理解成一个相对的概念，则不会在此造成理解上的混乱。为了便于叙述，将其称为中频标签。

中频标签一般采用无源方式，其工作能量同低频标签一样，也是通过电感（磁）耦合方式从阅读器耦合线圈的辐射近场中获得。标签与阅读器进行数据交换时，必须位于阅读器天线辐射的近场区内。中频标签的阅读距离一般情况下也小于1 m。

中频标签可方便地做成卡片状，其典型应用包括：电子车票、电子身份证、电子闭锁防盗（电子遥控门锁控制器）等。相关的国际标准有：ISO 14443、ISO 15693、ISO 18000-3（13.56 MHz）等。

中频标签的基本特点与低频标准相似。由于其工作频率的提高，可以选用较高的数据传输速率。

3）超高频与微波频段射频标签

超高频与微波频段的射频标签，简称微波射频标签。其典型工作频率为：433.92 MHz，862（902）～928 MHz，2.45 GHz，5.8 GHz。微波射频标签可分为有源标签与无源标签两类。工作时射频标签位于阅读器天线辐射场的远区场内，标签与阅读器之间的耦合方式为电磁耦合方式。阅读器天线辐射场为无源标签提供射频能量，将有源标签唤醒。相应的射频识别系统阅读距离一般大于 1 m，典型情况为 4 ~ 6 m，最大可超过 10 m。阅读器天线一般为定向天线，只有在阅读器天线定向波束范围内的射频标签才可被读写。

由于阅读距离的增加，应用中有可能在阅读区域中同时出现多个射频标签的情况，从而提出了多标签同时读取的需求，进而这种需求发展成为一种潮流。目前，先进的射频识别系统均将多标签识读作为系统的一个重要特征。

以目前的技术水平来说，无源微波射频标签比较成功的产品相对集中在 902 ~ 928 MHz 工作频段上。2.45 GHz 和 5.8 GHz 射频识别系统多以半无源微波射频标签产品面世。半无源标签一般采用纽扣电池供电，具有较远的阅读距离。

微波射频标签的典型特点主要集中在是否无源、无线读写距离、是否支持多标签读写、是否适合高速识别应用、读写器的发射功率容限、射频标签及读写器的价格等方面。典型的微波射频标签的识读距离为 3 ~ 5 m，个别可达 10 m 或超过 10 m。对于可无线写的射频标签而言，通常情况下，写入距离要小于识读距离，其原因在于写入要求更高的能量。

微波射频标签的数据存储容量一般限定在 2 Kb 以内，更大的存储容量似乎没有太大的意义。从技术及应用的角度来说，微波射频标签并不适合作为大量数据的载体，其主要功能在于标识物品并完成无接触的识别过程。其典型的数据容量有：1 Kb，128 b，64 b 等。由 Auto-ID Center 制定的电子产品代码 EPC 的容量为：90 b。

微波射频标签的典型应用包括移动车辆识别、电子身份证、仓储物流应用、电子闭锁防盗（电子遥控门锁控制器）等。相关的国际标准有：ISO 10374，ISO 18000-4（2.45 GHz）、ISO 18000-5（5.8 GHz），ISO 18000-6（860 ~ 930 MHz），ISO 18000-7（433.92 MHz），ANSI NCITS256-1999 等。

4. RFID 天线

RFID 天线的作用是在标签和读取器间传递射频信号。

在射频装置中，工作频率增加到微波区域的时候，天线与标签芯片之间的匹配问题变得更加严峻。天线的目标是传输最大能量给标签芯片，这需要仔细地设计天线和自由空间以及与其相连的标签匹配。

天线的要求：足够小，以至于能够贴到需要的物品上；有全向或半球覆盖的方向性；提供可能的最大信号给标签芯片；无论物品在什么方向，天线的极化都能与读卡机的询问信号相匹配；具有鲁棒性；非常便宜。选择天线主要考虑天线的类型、阻抗、应用到物品上的 RF 性能，以及在有其他物品围绕贴标签物品时的 RF 性能。

全向天线应该避免在标签中使用，一般使用方向性天线，因为它具有更少的辐射模式和返回损耗的干扰。天线类型的选择必须使它的阻抗与自由空间和 ASIC 匹配。

5. 电子标签耦合

RFID 系统中，射频标签与读写器之间的作用距离是 RFID 系统应用中的一个重要问题。通常情况下，这种作用距离定义为射频标签与读写器之间能够可靠交换数据的距离。RFID 系统的作用距离是一项综合指标，与射频标签及读写器的配合情况密切相关。

RFID 系统根据射频标签天线与读写器天线之间的耦合方式可分为三类：密耦合系统、遥耦合系统、远距离系统。

（1）密耦合系统。

密耦合系统的典型作用距离是 0 ~ 1 cm。实际应用中，通常需要将射频标签插入阅读器中或将其放置到读写器的天线表面。密耦合系统利用标签与读写器天线无功近场区之间的电感耦合（闭合磁路）构成无接触的空间信息传输射频通道来工作。密耦合系统的工作频率一般局限在 30 MHz 以下。由于密耦合方式的电磁泄漏很小、耦合获得的能量较大，因而可适合安全性要求较高，作用距离无要求的应用系统，如电子门锁等。

（2）遥耦合系统。

遥耦合系统的典型作用距离可以达到 1 m。遥耦合系统又可细分为近耦合系统（典型作用距离为 15 cm）与疏耦合系统（典型作用距离为 1 m）两类。遥耦合系统与密耦合系统原理相同，但其典型工作频率为 13 ~ 56 MHz，也有一些其他频率，如 6.75 MHz，27.125 MHz 等。遥耦合系统目前仍然是低成本射频识别系统的主流。

（3）远距离系统。

远距离系统的典型作用距离为 1 ~ 10 m，个别的系统具有更远的作用距离。远距离系统的典型工作频率为 915 MHz，245 GHz，58 GHz，此外，还有一些其他频率，如 433 MHz 等。远距离系统的射频标签根据其中是否包含电池分为有无源射频标签（不含电池）和半无源射频标（内含电池）。一般情况下，包含有电池的射频标作用距离较无电池的射频标签的作用距离要远一点。半有源射频标签中的电池并不为射频标签和读写器之间的数据传输提供能量，而是给射频标签芯片提供能量，为读写存储数据服务。

6. 射频标签通信协议

射频标签与读写器之间交换的是数据，由于采用无接触方式通信，所以还存在一个空间无线信道。因此，射频标签与读写器之间的数据交换构成一个无线数据通信系统。在这样的数据通信系统模型下，射频标签是数据通信的一方，读写器是另一方。如果要实现安全、可靠、有效数据通信，通信的双方必须遵守相互约定的通信协议。没有这样一个通信双方公认的基础，双方将听不懂对方在说什么，步调也无从协调一致，从而造成数据通信无法进行。

通信协议所涉及的问题包括系统时序问题、通信握手问题、数据帧问题、数据编码问题、数据的完整性问题、多标签读写防冲突问题、干扰与抗干扰问题、识读率与误码率问题、数据加密与安全性问题、读写器与应用系统之间的接口问题。

7. 射频标签内存信息的写入方式

射频标签读写装置的基本功能是无接触地读取射频标签中的数据信息。从功能角度来说，单纯实现无接触地读取射频标签信息的设备称为阅读器、读出装置、扫描器，单纯实现向射频标签内存中写入信息的设备称为编程器、写入器。同时具有无接触地读取与写入射频标签内存信息的设备称为读写器、通信器。射频标签信息的写入方式大致可以分为以下两种类型：

（1）射频标签在出厂时，已将完整的标签信息写入标签。这种情况下，射频标签在应用过程中一般具有只读功能。只读标签信息的写入，在更多的情况下是在射频标签芯片的生产过程中将标签信息写入芯片，使得每一个射频标签拥有一个唯一的标识 UID（如 64 b）。

（2）射频标签信息的写入采用有线接触方式实现，一般称这种标签信息写入装置为编程器。这种接触式的射频标签信息写入方式通常具有多次改写的能力。

射频标签在出厂后，允许用户通过专用设备以无接触的方式向射频标签中写入数据信息。这种专用写入功能通常与射频标签读取功能结合在一起，形成射频标签读写器。具有无线写入功能的射频标签通常也具有其唯一的不可改写的 UID。这种功能的射频标签趋向于一种通用射频标签。应用中，可根据实际需要对其 UID 进行识读或仅对指定的射频标签内存单元进行读写。

3.2.4　RFID 技术与条形码技术的比较

与条形码识别系统相比，无线 RFID 技术具有很多优势：通过射频信号自动识别目标对象，无须可见光源；具有穿透性。可以透过外部材料直接读取数据，从而可以保护外部包装，节省开箱时间；射频产品可以在恶劣环境下工作，对环境要求低，读取距离远，无须与目标接触就可以得到数据；支持写入数据，无须重新制作新的标签；使用防冲突技术，能够同时处理多个射频标签，适用于批量识别场合；可以对射频标签所附着的物体进行追踪定位，提供位置信息。

由于 RFID 产品的优点，无线 RFID 技术在国内外发展得很快。它已被广泛应用于工业自动化、商业自动化、交通运输控制管理等众多领域，例如汽车或火车等交通监控系统、高速公路自动收费系统、物品管理、流水线生产自动化、门禁系统、金融交易、仓储管理、畜牧管理、车辆防盗等。

由于 RFID 芯片的小型化和高性能芯片的实用化，射频标签不仅可以协助不同领域的管理者追踪物品的位置和搬运情况，还可以实时报告标签上附带的其他信息，比如温度和压力等。射频标签是通过连接到数据网络上的读写器来提供此类信息的。迄今为止，射频标签主要作为条形码的延伸而应用于工厂自动化或者库存管理等领域，但最终说来，尺寸更小的射频标签将应用于更先进的领域内。例如，射频标签可以促进网络家电的应用，家电如果拥有网络功能，使用者即便在户外也能控制它们，如可以检查冰箱中的食物，决定需要购买什么物品，当前，电气设备和家电产品制造商已经开始开发通用软硬件，并正在考虑制定射频标签在各种不同家电上的应用标准。将射频标签应用于医院也能带来好处。病人一进入医院，就在其身上佩戴标签，标签内有病人的识别信息，医生和护士可以通过标签上的数据来识别病人的身份，避免认错病人。标签和读写器也能帮助医生和护士确认所使用的药物是否合适，从而避免医疗事故的发生。

3.2.5　电子产品编码

RFID 采用电子产品编码（Electronic Product Code，EPC）标识物品。EPC 的量非常大，全球每件商品都可以通过 EPC 序列号进行识别，全球每个制造商也可以用任意形式给每个商品分类编号。EPC 被认为将取代条形码编码，对未来零售业产生影响，并将广泛应用于商业、仓储、邮电、交通、工业生产、物流控制和安全保卫等领域，用以实现全球范围内的物品跟踪与信息共享。

1. EPC 概述

EPC 的概念是由美国麻省理工学院于 1999 年提出的，其核心思想是为全球每个商品提供唯一的电子标识符，通过 RFID 技术完成物品数据自动采集。为推进 EPC 的发展，美国麻省理工学院成立了 Auto-ID 中心，对产品的 RFID 进行研究，创建了 RFID 技术标准，并利用网络技术形成了 EPC 系统。EPC 系统技术复杂，涉及 EPC 编码、RFID 技术标准、网络架构、信息处理和软件集成等众多领域。为管理 EPC，2003 年 EAN 和 UCC 联合收购了 EPC，共同成立了全球电子产品编码中心（EPC Global），并将 Auto-ID 中心更名为 Auto-ID 实验室。Auto-ID 实验室负责 EPC 技术的后续研究。

EPC Global 属于全球非营利性组织，通过各国的编码组织管理当地的 EPC 系统。我国管理 EPC 系统的组织为中国物品编码中心。与此同时，EPC Global 在美国（麻省理工学院）、英国、日本、韩国、中国、澳大利亚和瑞士建立了 7 个 Auto-ID 实验室。EPC Global 要在全球推广 EPC 标准，并提供技术支持和培训，使更多的成员成为 EPC 系统的用户。EPC Global 的组织结构如图 3.11 所示。

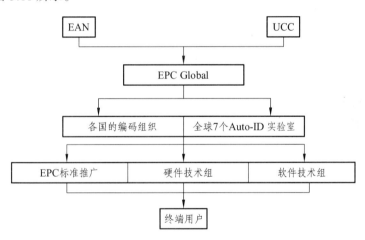

图 3.11　EPC Global 的组织机构

2. 电子产品编码标准

EPC 是 RFID 的编码标准，是全球标识系统的重要组成部分，是 EPC 系统的核心与关键。EPC 码与 EAN/UCC 码兼容，是新一代的编码标准。EPC 码与现行全球贸易项目代码 GTIN 兼容，是全球统一标识系统的延伸和拓展，因而 EPC 并不是取代现行的条形码标准，而是由现行的条形码标准逐渐过渡到 EPC 标准，或者是在未来的供应链中，EPC 码和 EAN/UCC 系统共同存在。

1）EPC 的容量

EPC 码是由 1 个版本号加上另外 3 段数据组成的一组数字，另外 3 段数据依次为域名管理者、对象分类代码和序列号。其中版本号标识 EPC 的版本，它使得 EPC 随后的 3 段码段可以有不同的长度。

EPC 码有 64 位、96 位和 256 位三种数据结构，如表 3.2 所示。出于成本等因素的考虑，参与 EFC 测试时采用的是 64 位数据结构，未来将采用 96 位的编码结构。

表 3.2　EPC 码的 64 位、96 位和 256 位数据结构

		版本号	域名管理者	对象分类代码	系列号
EPC-64	TYPE I	2	21	17	24
	TYPE II	2	15	13	34
	TYPE III	2	26	13	23
EPC-96	TYPE I	8	28	24	36
EPC-256	TYPE I	8	32	56	160
	TYPE II	8	64	56	128
	TYPE III	8	128	56	64

为了保证所有物品都有一个 EPC 代码，建议采用 96 位数据结构。在 96 位数的结构下，每个 EPC 包括 4 个独立的部分，即版本号加上另外 3 段数据。版本号有 8 位，用来保证 EPC 编码的唯一性。另外 3 段数据包括：28 位域名管理者编码（General Manager Number），用来标识制造商或者某个组织；24 位对象分类代码（Object Class），用来对产品进行分组归类；36 位序列号（Serial Numher），用来表示每件商品都具有唯一的编号。96 位数据结构的编码，可以为 2.68 亿个生产厂商提供唯一标识，每个生产厂商可拥有 1 678 万个生产品种，每个生产品种可以有 687 亿个产品。这样大的容量意味着每类产品的每个单品都能分配一个标识身份的唯一电子代码。96 位数据结构最多允许存在的商品总数如表 3.3 所示。

表 3.3　EPC 码 96 位数据结构最多允许存在的商品总数

	位数	允许存在的最大数字
版本号	8	
域名管理者	28	268 435 455
对象分类代号	24	16 777 215
序列号	36	68 719 476 735
最多允许存在的商品总数		309 484 990 217 175 959 785 701 375

2）EPC 的特点

（1）允许存在的商品总数大。

EPC 的容量非常大，可以给全球每一件商品编码，而条形码编码只能给每个商品项目编码。

EAN-13 条形码的最大编码容量为 10^{12} 个，这个容量不够全球每个商品编码，最多只能给商品项目编码。这里的一个商品项目可能会有许多件商品。例如，某书的编码为 ISBN

978-7-115-21571-0，一次印刷 3 500 本，这 3 500 本书是一个商品项目，它们只有一个相同的条形编码。

采用 EPC 码 96 位数据结构，最大编码容量为 309 484 990 217 175 959 78S 701 375 个，这个容量足够给地球上每个商品编码。例如，还是某书印刷 3·500 本，采用 EPC 可以给这 3 500 本书提供 3 500 个不同的 EPC 编码。

（2）兼容性强。

EPC 编码标准与目前广泛应用的 EAN/UCC 编码标准是兼容的。GTIN 也是 EPC 编码结构中的重要组成部分。目前广泛使用的全球贸易项目代码 GTIN、系列货运包装箱代码 SSCC 和全球位置码 GLN 等都可以顺利转换到 EPC 中去。

（3）应用全面。

EPC 编码标准可在生产、流通、存储、结算、跟踪和召回等供应链的各环节全面应用。

（4）具有合理性。

EPC 编码标准由 EPC Global、各国 EPC 管理机构和被标识物品的管理者分段管理，具有结构明确、易于使用、共同维护和统一应用等特点，具有合理性。

（5）具有国际性。

EPC 编码标准不以具体国家、企业和组织为核心，编码标准全球协商一致，编码采用全数字形式，不受地方色彩、种族语言、经济水平和政治观点等限制，是无歧视性的编码，具有国际性。

3.3 传感器技术

传感器（Sensor）是一种物理装置或生物器官，能够探测、感受外界的信号、物理条件（如光、热、湿度）或化学组成（如烟雾），并将探知的信息传递给其他装置或器官。如图 3.12 所示为几种常见传感器。

图 3.12　传感器

3.3.1　传感器简介

1. 传感器的定义

国家标准 GB 7665—87 对传感器下的定义是："能感受规定的被测量并按照一定的规律转换成可用信号的器件或装置，通常由敏感元件和转换元件组成。"传感器是一种检测装置，能感受到被测量，并能将其按一定规律变换成为电信号或其他所需形式输出，以满足信息的传输、处理、存储、显示、记录和控制等要求。它是实现自动检测和自动控制的首要环节。

传感器在《韦式第三版新国际英语词典》中的定义为："从一个系统接收功率，通常以另一种形式将功率送到第二个系统中的器件。"

根据这个定义，传感器的作用是将一种能量转换成另一种能量形式，所以不少学者也将其称作换能器（Transducer）。其基本原理如图 3.13 所示。其中敏感元件指传感器中能响应被测量的部分；转换元件指传感器中能将敏感元件响应的被测量转换成适于传输和（或）测量的电信号部分；当输出为规定的标准信号时，则称为变送器。

图 3.13　传感器基本原理

2. 传感器的作用

人们为了从外界获取信息，必须借助于感觉器官。而在研究自然现象和规律时，以及在生产活动中，单靠人们自身的感觉器官是远远不够的。为适应这种情况，就需要传感器。因此可以说，传感器是人类五官的延伸，又称之为电五官。

随着新技术革命的到来，世界开始进入信息时代。在利用信息的过程中，首先要解决的就是要获取准确可靠的信息，而传感器是获取自然和生产领域中信息的主要途径与手段。

在现代工业生产尤其是自动化生产过程中，要用各种传感器来监视和控制生产过程中的各个参数，使设备工作在正常状态或最佳状态，并使产品的质量达到最好。因此可以说，没有众多优良的传感器，现代化生产也就失去了基础。

在基础学科研究中，传感器更具有突出的地位。现代科学技术的发展，进入了许多新领域，例如在宏观上要观察上千光年的茫茫宇宙，微观上要观察小到飞米（fm）的粒子世界，纵向上要观察长达数十万年的天体演化，以及短到秒的瞬间反应。此外，还出现了对深化物质认识，开拓新能源、新材料等具有重要作用的各种极端技术研究，如超高温、超低温、超高压、超高真空、超强磁场、超弱磁场等。显然，要获取大量人类感官无法直接获取的信息，没有相应的传感器是不可能的。许多基础科学研究的障碍，首先就在于对象信息的获取存在困难，而一些新机理和高灵敏度的检测传感器的出现，往往会带来该领域内的突破。一些传感器的发展，往往是一些边缘学科开发的先驱。

传感器早已渗透到诸如工业生产、宇宙开发、海洋探测、环境保护、资源调查、医学诊断、生物工程、文物保护等极其广泛的领域。可以毫不夸张地说，从茫茫的太空，到浩瀚的海洋，以至各种复杂的工程系统，几乎每一个现代化项目，都离不开各种各样的传感器。

由此可见，传感器技术在发展经济、推动社会进步方面具有极其重要的作用。因此，世界各国都十分重视这一领域的发展。相信不久的将来，传感器技术将会出现一个飞跃，达到与其重要地位相称的新水平。

3.3.2 传感器的分类及其工作原理

1. 分 类

传感器的种类繁多，不胜枚举。传感器的分类方法也很多，表3.4给出了常见的分类方法。

表3.4 传感器的分类

分类方法	传感器的种类	说 明
按输入量分类	位移传感器、速度传感器、温度传感器、压力传感器	传感器以被测物理量命名
按工作原理分类	应变式、电容式、电感式、压电式、热电式等	传感器以工作原理分类
按物理现象分类	结构型传感器、特性型传感器	结构型传感器依赖其结构参数变化实现信息转换；特性型传感器依赖其敏感元件物理特性的变化实现信息转换
按能量关系分类	能量转换型传感器、能量控制型传感器	能量转换型传感器直接将被测量的能量转换为输出量的能量；能量控制型传感器由外部供给传感器能量，而由被测量来控制输出的能量
按输出信号分类	模拟式传感器、数字式传感器	模拟式传感器输出为模拟量；数字式传感器输出为数字量

2. 工作原理

1）电阻式传感器

电阻式传感器的种类繁多，应用广泛，其基本原理是将被测物理量的变化转换成电阻值，再经相应的测量电路，最后显示被测量值的变化。

电阻式传感器与相应的测量电路组成的测力、侧压、称重、测位移、测加速度、测扭矩、测温度等测试系统，目前已成为生产过程检测以及实现生产自动化不可缺少的手段之一。电阻式传感器可分为电位器式电阻传感器和应变片式电阻传感器。

（1）电位器式电阻传感器。

电位器是一种常用的机电元件，广泛应用于各种电气和电子设备中。它是一种把机械的线位移或角位移输入量转换为与其成一定函数关系的电阻或电压输出的传感元件，主要用于测量压力、高度、加速度、航面角等参数。

电位器式电阻传感器具有一系列优点，如结构简单、尺寸小、质量轻、精度高、输出信号大、性能稳定并容易实现任意函数。其缺点是要求输入能量大、电刷与电阻元件之间容易磨损。

电位器的种类很多，按其结构形式不同，可分为线绕式、薄膜式、光电式等；按特性不同，可分为线性电位器和非线性电位器。目前常用的以单圈线绕式电位器居多。

（2）应变片式电阻传感器。

在几何量和机械量测量中，最常用的传感器是某些金属盒半导体材料制成的应变片式电阻传感器。

应变片式电阻传感器的工作原理是基于电阻应变效应，即在导体产生机械变形时，它的电阻值相应地发生变化。

应变片式电阻传感器具有精度高、测量范围广、使用寿命长、性能稳定可靠、结构简单、尺寸小、质量轻、频率响应特性好、可在各种恶劣环境条件下工作、种类繁多、价格便宜等优点。

同时，它也存在一些缺点，如：在大应变状态下具有较大非线性；输出信号微弱；不适用于高温环境中（1 000 ℃以上）；应变片实际测出的只是某一面积上的平均应变，不能完全显示应力场中应力梯度的情况。

2）电感式传感器

电感式传感器是利用线圈自感或互感的变化来完成测量的一种装置，可以用来测量位移、振动、压力、流量、质量、力矩、应变等多种物理量。

电感式传感器的核心部分是可变自感或可变互感，在被测量转换成线圈自感或互感的变化时，一般要利用磁场作为媒介或利用铁磁体的某些现象。这类传感器的主要特征是具有线圈。

电感式传感器具有以下优点：结构简单可靠，输出功率大，抗干扰能力强，对工作环境要求不高，分辨力较高，示值误差一般为示值范围的 0.1% ~ 0.5%，稳定性好。它的缺点是频率响应低，不宜用于快速动态测量。

电感式传感器种类很多，有利用自感原理做成的自感式传感器（通常称为电感式传感器）和利用互感原理做成的差分变压器式传感器。此外，还有利用涡流原理做成的涡流传感器、利用压磁原理做成的压磁式传感器和利用互感原理做成的感应同步器等。

（1）自感式传感器。

自感式传感器是把被测量的变化转换成自感 L 的变化，通过一定的转换电路转换成电压或电流输出。按磁路几何参数变化形式的不同，目前常用的自感式传感器有变气隙式、变截面积式和螺线管式三种。

（2）变压式传感器。

变压式传感器是将非电量转换为线圈间互感 M 的一种磁电机构，其原理很像自感式传感器的原理，常称为变压器式传感器。这种传感器多采用差分形式。

（3）涡流式传感器。

金属导体置于变化着的磁场中，导体内就会产生感应电流，称之为电涡流或涡流，这种现象称为"涡流效应"。涡流式传感器就是在这种涡流效应的基础上建立起来的。

（4）压磁式传感器。

某些铁磁物质在外界机械力的作用下，其内部产生机械应力，从而引起磁导率的改变，这种现象称为"压磁效应"。相反，某些物质在外界磁场的作用下会产生变形，有些伸长，有些则压缩，这种现象称为"磁致伸缩"。

当某些材料受到拉力作用时，在受力方向上磁导率增高，而在与作用力相垂直的方向上磁导率降低，这种现象称为"正磁致伸缩"；与此相反的现象称为"负磁致伸缩"。

利用上述原理做成的传感器就称为压磁式传感器，常用来测量压力、拉力、弯矩、扭转力等。

3）电容式传感器

电容器是电子技术的三大类无源元件（电阻、电感和电容）之一。利用电容器的原理，将非电量转换为电容量，进而实现非电量的转化的器件，称为电容式传感器。电容式传感器已在位移、压力、厚度、物位、湿度、振动、转速、流量及成分分析的测量等方面得到广泛应用。电容式传感器的精度和稳定性也日益提高。电容式传感器作为频响宽、应用广、非接触测量的一种传感器，是很有发展前途的。

4）磁电式传感器

磁电式传感器是通过磁电作用将被测量（如振动、位移、转速等）转换成电信号的一种传感器。它主要包括磁电感应式传感器、霍尔传感器。

（1）磁电感应式传感器。

磁电感应式传感器也称为电动势传感器，或感应式传感器。它利用导体和磁场发生相对运动而在导体两端输出感应电动势。因此它是一种机—电能量转换型传感器，不需供电电源，直接从被测量物体吸取机械能量并转换成电信号输出。它电路简单、性能稳定、输出阻抗较小，又有一定的频率响应范围（一般为 10 ~ 1 000 Hz），适用于振动、转速、扭矩等测量。

（2）霍尔传感器。

霍尔传感器是基于霍尔效应原理，利用霍尔元件将被测量，如电流、磁场、位移、压力等转换成电动势输出的一种传感器。

5）压电式传感器

某些电介质在沿一定方向上受到外力的作用而变形时，其内部会产生极化现象，同时在它的两个相对表面上出现正负相反的电荷。当外力去掉后，它又会恢复到不带电的状态，这种现象称为"正压电效应"。

压电式传感器是一种有源的双向机电传感器。它的工作原理是基于压电材料的压电效应。石英晶体的压电效应在 1680 年就已发现，1948 年制作出第一个石英传感器。在石英晶体的压电效应发现后，一系列的单晶、多晶陶瓷材料和近些年发展起来的有机高分子聚合材料，也都被发现具有相当强的压电效应。压电效应自发现以来，在电子、超声、通信、引爆等许多技术领域均得到广泛的应用。压电式传感器具有使用频带宽、灵敏度高、信噪比高、结构简单、工作可靠、质量轻、测量范围广等许多优点。因此，在压力、冲击和振动等动态参数测试中，压电式传感器是主要的传感器品种，它可以把加速度、压力、位移、温度、湿度等许多非电量转换为电量。

6）光电式传感器

光电式传感器是将光通量转换为电量的一种传感器。其原理基础是光电转换元件的光电效应。由于光电测量方法灵活多样，可测参数众多，一般情况下具有非接触、高精度、高分辨率、高可靠性和反应快等特点，加之激光光源、光栅、光学码盘、CCD 器件、光导纤维等的相继出现和成功应用，使得光电传感器的内容极其丰富，在检测和控制领域获得了广泛的应用。

（1）光电传感器。

光电传感器按其接收状态可分为模拟式和脉冲式光电传感器两大类。

模拟式光电传感器的工作原理是基于光电元件的光电特性，其光通量随被测量而变，光电流就成为被测量的函数，故称为光电传感器的函数运用状态。

脉冲式光电传感器工作时，光电元件的输出仅有两种稳定状态，即"通"与"断"的开关状态，所以也称为光电元件的开关运用状态。

（2）光纤传感器。

光纤传感器的发展已经日趋成熟，这一新技术的影响目前已十分明显。光纤传感器与常规传感器相比具有许多优点：抗电磁干扰能力强；灵敏度高；几何形状具有多方面的适应性，可以制成任意形状的光纤传感器；可以制造传感各种不同物理信息（声、磁、温度、旋转等）的器件；可以用于高压、电气噪声、高温、腐蚀或其他的恶劣环境；具有与光纤遥测技术的内在相容性。光纤传感器的迅猛发展始于 1977 年，至今已研制多种光纤传感器，被测量包括位移、速度、加速度、液压、压力、流量、振动、水声、温度、电流、电压、磁场和核辐射等。

光纤传感器按其工作原理可分为功能型（或称物性型、传感型）与非功能型（或称结构型、传光型）两大类。功能型光纤传感器的光纤不仅作为光传播的波导而且具有测量的功能。它可以利用外界物理因素改变光纤中光的强度、相位、偏振态或波长，从而对外界因素进行测量和数据传输。非功能型光纤传感器的光纤只作为传光的媒介，还需加上其他敏感元件才能组成传感器。

（3）电荷耦合器件（CCD）。

CCD 是典型的固体图像传感器，它是 1970 年由贝尔实验室的 W. S. Boyle 和 G. E. Smith 发明的。它与光敏二极管阵列集成为一体，构成具有自扫描功能的 CCD 图像传感器。它不仅作为高质量固体化的摄像器件成功地应用于广播电视、可视电话和无线传真，而且在生产过程自动检测和控制等领域已显示出广阔的前景和巨大的潜力。

CCD 是一种半导体器件，在 N 型或 P 型硅衬底上覆一层很薄的 SiO_2，再在 SiO_2 薄层上依次序沉积金属电极，这种规则排列的 MOS 电容阵列再加上两端的输入及输出二极管就构成了 CCD 芯片。CCD 可以把光信号转换成电脉冲信号。每一个脉冲只反映一个光敏元的受光情况，脉冲幅度的高低反映该光敏元受光的强弱，输出脉冲的顺序可以反映光敏元的位置，这就起到了图像传感器的作用。

（4）光栅式传感器。

光栅很早就被人们发现了，但应用于技术领域只有一百多年的历史。早期人们是利用光栅的衍射效应进行光谱分析和光波波长的测量，到了 20 世纪 50 年代人们才开始利用光栅的莫尔条纹现象进行精密测量，从而出现了光栅式传感器。光栅式传感器具有许多优点，如：测量精度高，在圆分度和角位移测量方面，一般认为光栅式传感器是精度最高的一种；可实现大量程测量兼有高分辨率；可实现动态测量，易于实现测量及数据处理的自动化；且具有较强的抗干扰能力等。因此，近年来，光栅式传感器在精度测量领域中的应用得到了迅速发展。

光栅式传感器是由光源、透镜、主光栅、指示光栅和光电元件构成的，而光栅是光栅式传感器的主要元件。光栅式传感器是利用光栅的莫尔条纹现象进行测量的。

（5）激光式传感器。

激光式传感器是 20 世纪 60 年代发展起来的一种新技术，已在高精度、非接触、自动化及高效率等测量技术方面取得了广泛的应用。例如，目前激光干涉测长技术已普遍应用于精密长度计量，如磁尺、感应同步器、光栅的检定，精密机床的控制、校正和集成电路制作中的精确定位等。激光具有能量集中、方向性很好、单色性很好、干涉能力强等特点。

激光式传感器按工作原理不同可分为三类：激光干涉传感器、激光衍射传感器和激光扫描传感器。其中以激光干涉传感器的应用居多。

激光干涉传感器是以光的干涉现象为基础的。波长（频率）相同、相位相关的两束光具有相干性，也就是说，当它们互相交叠时，会出现光强增强或减弱的现象，产生干涉条纹，从而利用干涉条纹跟随被测长度的变化而变化的原理可实现长度计量。

7）热电式传感器

热电式传感器是将温度变化转换为电量变化的装置，它利用敏感元件的电磁参数随温度变化而变化的特性来达到测量目的。通常把被测温度变化转换为敏感元件的电阻变化，再经过相应的测量电路输出电压或电流，然后由这些参数的变化来检测对象的温度变化。

在实际工作中，除了用热电式传感器测温外，还可以利用物体的某些物理、化学性质与温度的一定关系进行测量，例如利用物体的几何尺寸、颜色及压力的变化等进行测温。

（1）热电阻。

大多数金属导体的电阻率随温度升高而增大，具有正的温度系数，这就是热电阻测温的基础。在工业上广泛应用的热电阻温度计测量范围一般为 − 200 ℃ ~ + 500 ℃。热电阻温度计的特点是精度高，适宜于测低温。在进行 500 ℃ 以下的温度测量时，它的输出信号比热电偶容易测量。

虽然大多数金属的电阻值随温度的变化而变化，然而并不是所有的金属都能作为测量温度的热电阻。作为测温热电阻的金属材料应具有如下特点：电阻温度系数大，电阻率大，热容量小；在整个测温范围内应具有稳定的物理和化学性质；电阻与温度的关系最好近似于线性，或为平滑的曲线；容易加工，复制性好，价格便宜。

但是，要同时符合上述要求实际上是有困难的。目前应用最广泛的热电阻材料是铂和铜，并且已做成标准测温热电阻。

（2）热电偶。

在温度测量中虽有许多不同测量方法，但利用热电偶作为敏感元件最为常见。其主要优点为：结构简单、具有较高的准确度、测量范围宽、具有良好的敏感度、使用方便等。

（3）热敏电阻。

热敏电阻是一种用半导体材料制成的敏感元件，其特点是电阻随温度变化而显著变化，能直接将温度的变化转换为能量的变化。制造热敏电阻的材料很多，如锰、铜、镍、钴和钛等氧化物。它们按一定比例混合后压制成型，然后在高温下焙烧成热敏电阻。热敏电阻具有灵敏度高、体积小、较稳定、制作简单、寿命长、易于维护、动态特性好等优点，因此得到较为广泛的应用，尤其是应用于远距离测量和控制中。

8）核辐射传感器

在现代测量技术中，广泛应用各种核辐射特性来测量不同的物理参数。其主要是利用核辐射粒子的电离作用、穿透能力、物体吸收和散射核辐射等的特定规律。利用这些核辐射规律可以实现气体成分、材料厚度、物质密度、材料内伤等的测量。

核辐射传感器的工作原理是基于射线通过物质时产生的电离作用，或利用射线能使某些物质产生荧光的原理，再配以光电元件，将光信号转变为电信号。可作为核辐射传感器的有：电离室和比例计数器、气体放电计数器、闪烁计数器、半导体检测器。

9）生物传感器

生物传感器是由固定化生物物质与适当的换能器组成的生物传感系统，具有特异识别生物分子的能力，并能检测生物分子与分析物之间的相互作用，用于微量物质的检测。近年来生物传感器在微电子学、生物医学、生命科学等领域深受重视。生物传感器的发展始于1962年，L. C Clark 将电极与含有葡萄糖氧化酶的膜结合应用于葡萄糖的检测。后来生物传感器主要用于葡萄糖和尿素的检测，其商业应用主要集中在临床化学、医学和保健上。目前生物传感器在很多领域得到了广泛的发展，出现了各种各样的传感器，如电化学 DNA 传感器和半导体生物传感器。

（1）电化学 DNA 传感器。

DNA 的电化学研究工作开始于 20 世纪 60 年代，早期的工作主要集中在 DNA 基本电化学行为的研究。20 世纪 70 年代利用各种极谱电化学方法，研究 DNA 变性和 DNA 双螺旋结构的多样性。但是 DNA 直接电化学测定方法容易受介质条件的限制及高浓度蛋白质和多糖的干扰，而且不能对特定碱基序列的 DNA 进行识别测定。后来人们发现乙啶镓的碳糊修饰电极的伏安响应和光谱电化学响应与 DNA 的存在与否有关，并且在电极上乙啶镓与 DNA 的相互作用可通过电化学控制来调节。该研究是电化学 DNA 传感器的早期雏形。经过十几年的发展，当前电化学 DNA 传感器已成为一种全新的、高效的 DNA 检测技术，它与通常的标记（放射性用同位素标记、荧光标记等）探针技术相比，不仅具有分子识别功能，而且具有无可比拟的分离纯化基因的功能，因此，在分子生物和生物医学工程领域具有很大的实际意义。

（2）半导体生物传感器。

半导体生物传感器由半导体器件和生物分子识别元件组成。通常用的半导体器件是场效应晶体管（FET），因此半导体生物传感器又称为生物场效应晶体管（BioFET）。BioFET 源于两种成熟技术：固态集成电路和离子选择性电极。20 世纪 70 年代开始将绝缘栅场效应晶体管用于氢的检测。ISE 技术中的关键部分——离子选择膜——直接与 FET 相结合，出现了所谓的离子敏感场效应晶体管（ISFET）。之后催化蛋白引入 FET 的栅极，称为 BioFET。

10）集成智能传感器

目前，智能传感器正处于蓬勃发展的时期，新技术不断涌现，新产品层出不穷。当下智能传感器的国际市场销售量以每年 20% 的高速度增长，这必将带动信息产业的飞速发展。现代传感器的发展方向是单片集成化、智能化、网络化和系统化。

所谓智能传感器，就是带微处理器、兼有信息检测和信息处理功能的传感器。智能传感器最大的特点就是将传感器的检测信息功能与微处理器的信息处理功能有机地融合在一起。从一定意义上讲，它具有类似于人工智能的作用。需要指出，这里讲的"带微处理器"包含两种情况：一种是将传感器与微处理器集成在一个芯片上，构成所谓的"单片智能传感器"；另一种是指传感器能够配微处理器。显然，后者定义的范围更宽，但二者均属于智能传感器的范畴。

智能传感器主要具有以下功能：

① 具有自动调零、自校准、自标定功能。

② 具有逻辑判断和信息处理功能，能对被测量进行信号调理或信号处理。

③ 具有自诊断功能。

④ 具有组态功能，使用灵活。

⑤ 具有数据存储和记忆功能，能随时存取检测数据。

⑥ 具有双向通信功能，能通过 RS-232，RS-485，USB，I^2C 等标准总线接口，直接与微型计算机通信。

智能传感器的特点：高精度、宽量程、多功能、自适应能力强、高可靠性、高性价比、微型化、微功耗、高信噪比。

3.3.3 传感器特性

1. 传感器的静态特性

传感器的静态特性是指对静态的输入信号，传感器的输出量与输入量之间所具有相互关系。因为这时输入量和输出量都和时间无关，所以它们之间的关系，即传感器的静态特性可用一个不含时间变量的代数方程来描述，或以输入量作为横坐标，把与其对应的输出量作为纵坐标而画出特性曲线来描述。表征传感器静态特性的主要参数有：线性度、灵敏度、迟滞、重复性、漂移等。

（1）线性度：指传感器输出量与输入量之间的实际关系曲线偏离拟合直线的程度，定义为在全量程范围内实际特性曲线与拟合直线之间的最大偏差值与满量程输出值之比。

（2）灵敏度：是传感器静态特性的一个重要指标，其定义为输出量的增量与引起该增量的相应输入量增量之比，用 S 表示。

（3）迟滞：传感器在输入量由小到大（正行程）及输入量由大到小（反行程）变化期间，其输入-输出特性曲线不重合的现象称为迟滞。对于同一大小的输入信号，传感器的正、反行程输出信号大小不相等，这个差值称为迟滞差值。

（4）重复性：指传感器在输入量按同一方向作全量程连续多次变化时，所得特性曲线不一致的程度。

（5）漂移：指在输入量不变的情况下，传感器的输出量随着时间变化。产生漂移的原因有两个方面：一是传感器自身结构参数；二是周围环境，如温度、湿度等。

（6）分辨力：当传感器的输入量从非零值缓慢增加时，在超过某一增量后输出量发生可观测的变化，这个输入增量称传感器的分辨力，即最小输入增量。

（7）阈值：当传感器的输入量从零值开始缓慢增加时，在达到某一值后输出发生可观测的变化，这个输入值称传感器的阈值。

2. 传感器的动态特性

所谓动态特性，是指传感器在输入变化时，它的输出的特性。在实际工作中，传感器的动态特性常用它对某些标准输入信号的响应来表示。这是因为传感器对标准输入信号的响应容易用实验方法求得，并且它对标准输入信号的响应与它对任意输入信号的响应之间存在一定的关系，往往知道了前者就能推定后者。最常用的标准输入信号有阶跃信号和正弦信号两种，所以传感器的动态特性也常用阶跃响应和频率响应来表示。

3.4 传感网

3.4.1 概　述

泛在传感网（Ubiquitous Sensor Network，USN）指的是广泛存在的传感网。它是ITU-TY.2221 提出的一个新概念，是由传感器、数据处理单元和通信单元的微小节点通过自组织方式构成的无线网络。它最主要的特征是利用各种各样的传感器加上近距离无线通信技术，如 ZigBee，构成一个独立的网络。它一般提供局域或小范围物与物之间的信息交换，是物联网末端采用的关键技术之一。因此，这个网络也可以看作是物联网的周边延伸网之一。

泛在传感网的架构分成三个部分。最上端的是泛在传感网络的应用与服务层，提供医疗、军事、天气等服务，属于网络中的应用层；第二层是下一代网络，由核心网和接入网组成，属于网络层；最下面一层是传感器网络，由众多传感器组成，通过上一层中的接入网与网络层连接，属于感知/延伸层。在这三层网络中运用的接口分别是：传感器网络与下一代网络通过用户网络接口连接，泛在传感器网络与下一代网络间利用应用网络接口连接。

无线传感器网络是物联网的周边延伸网之一，其应用前景非常广阔，能够广泛应用于军事、环境监测和预报、健康护理、智能家居、建筑物状态监控、城市交通、大型车间和仓库管理，以及机场、大型工业园区的安全监测等领域。随着"感知中国""智慧地球"等课题的提出，传感器网络技术的发展对整个社会与经济，甚至人类未来的生活方式都将产生重大影响。

无线传感器网络是由传感器节点通过无线通信技术自组织构成的网络，它的发展和迅速兴起与微机电系统（Micro-Electro-Mechanical Systems，MEMS），超大规模集成电路技术（Very Large Scale Integration，VLSI）以及无线通信技术的飞速发展有着密不可分的联系。无线传感器网络由于在信息质量、网络健壮性、网络造价以及网络自适应性等方面的突出优势，在远程大气监测、地震、辐射、医疗数据采集等方面得到特别广泛的应用。这类无线传感器网络一般为自组织网络，但与传统的移动自组织网络（Mobile Adhoc Network）有着不同的设计目标。后者在高度移动的环境中通过优化路由和资源管理策略最大化带宽的利用率，同时为用户提供一定的服务质量保证；而在大规模无线传感器网络中，除了极少数的特殊节点可能移动外，大部分的节点都是静止的，网络拓扑的变化一般源于节点能量耗尽后的消亡或其他外界原因造成的节点消亡。

无线传感器网络所面临的挑战如下：

1. 网络通信能力有限

网络节点采用短距离的低功率无线通信技术，通信覆盖范围一般只有几十米，通常需要多跳中继传输才能把数据发布到收集信息的基站。由于此类传感器网络一般覆盖高山、丛林等地理环境恶劣的区域，容易受到风、雨、雷、电等自然环境的影响，造成部分节点的失效。

多跳中继路径中任意节点的失效都会造成重传或丢包，从而引起通信质量的下降。

2. 网络节点能量有限

大规模无线传感器网络一般覆盖了人无法接近的远程环境，节点通过飞行器撒播、火箭弹射等方式被任意撒播在探测区域里，因此及时地为所有能量即将耗尽的网络节点补充能量是不可行的；而此类网络的网络节点一般具有微型化的特点，伴随着很严峻的可用能量限制。即使大部分的网络节点还有足够的能量，某些网络节点耗尽能量而失效，还是很可能引起网络失去覆盖，导致网络生命期的终结。但通过分布大量的传感点可以弥补这个不足。

3. 网络节点计算能力和存储能力有限

由于网络节点的微型化，节点中嵌入式处理器的计算能力、嵌入式存储器的容量都十分有限。网络节点造价的降低，伴随着可用逻辑门、随机访问存储器、只读存储器数量的减少，微处理器时钟频率的降低，可用并行处理器的缩减。

4. 传感器网络节点数比一般移动网络大几个数量级

如此巨大的数量，使传感器网络可以比单个传感器更详尽、精确地报告运动物体的速度、方向、大小等属性，同时也弥补了第 2 点中传感点能量有限的不足。由于传感器节点数量庞大，所以单个节点的成本十分重要。单个节点的价格应该远远小于 1 美元。这样才能通过散布大量传感器，覆盖很大的区域。传感器网络节点通常密集分布。密集的基础设施使传感器网络更加有效，可以提供更高的精度，具有更大的可用能量。但是如果组织不当，密集的传感器网络可能导致大量冲突和网络拥塞，这会增加延迟，降低能量效率，造成数据过度采集。

5. 传感器网络拓扑经常变化

有故障和断电的节点失效，加入新节点，以及节点的移动，都会改变网络拓扑。由于许多节点无法更换和修理，网络就必须能自组织以保持持续工作以及动态响应变化的网络环境。传感器网络易出故障，需要安排冗余节点提高可靠性，或者随时加入新节点代替故障节点，保证传感器网络持续的工作。传感器网络通信的主要方式是广播而不是点对点通信。

对无线传感器网络的应用与研究分为两个层次：基础理论研究和应用的研究。其中，基础理论研究包括：

（1）对网络节点硬件组成和构造的研究。

（2）对网络物理层、MAC 层以及中间件技术的研究。

（3）对网络层的研究，包括网络层的寻址机制、路由算法等。

（4）对分布式算法研究，包括网络拓扑发现算法、网络节点定位算法、节点间实现时间同步算法等。

应用的研究包括各种传感器网络应用系统的开发，如生物医学监测、诊断、治疗系统，环境监测系统等。在应用层面，低成本、低功耗、应用简单的 IEEE 802.15.4/ZigBee 协议的诞生为无线传感器网络及大量基于微控制的应用提供了互联互通的国际标准，也为这些应用及相关产业的发展提供了一个契机。

3.4.2 网络结构

一个典型的无线传感器网络至少要由无线传感器节点、网络协调器和中央控制点组成。大量传感器节点随机部署在监测区域内部或附近，这一过程是通过飞行器撒播、人工埋置和火箭弹射等方式完成的。这个网络的工作过程如下：传感器节点将监测的数据沿着其他传感器节点逐跳的向目的地进行传输，在传输过程中这些数据可能被别的节点处理以提高传输效率。数据经过多跳后被传输到网络协调器，最后到达中央控制点。在中央控制点数据被处理并为不同的用户提供服务。在这个过程中，传感器节点既充当感知节点，又充当转发数据的路由器。用户通过中央控制点对无线传感器网络进行配置和管理，发布监测任务并最终获得监测数据。网络协调器可以在网络发生冲突拥塞时及时调度不同的传感点以保证服务的实时性。中央控制点则对整个网络进行整体部署并直接为用户服务。图 3.14 给出了一个典型的无线传感器网络的结构。

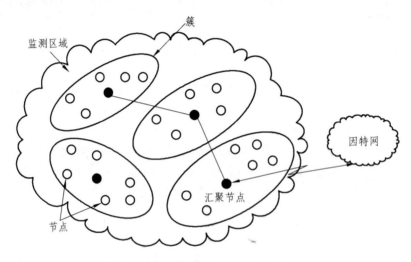

图 3.14 无线传感器网络结构图

在各种工业、楼宇及家用电器中，传感器数据采集及传播常用的模式主要有周期性采样、事件驱动和存储与转发。实现该技术的网络结构也有三种：星状网、网状网及混合网（星状网+网状网）。每种网络结构都有其优点和缺点，用户必须充分了解这些网络特点以满足不同无线传感器网络的应用要求。

图 3.15（a）所示为无线网络基本的星形拓扑结构，其中心节点可以是 WiMAX 基站、Wi-Fi 接入点、蓝牙主设备或者 ZigBee PAN 协调器，其作用类似于有线网络中的集线器。不同的无线网络技术其中心控制节点的功能有所不同。星形拓扑结构是一个单跳（Single-Hop）系统，网络中所有无线传感器节点都与基站、网关或 Sink 节点进行双向通信。基站可以是一台 PC、PDA、专用控制设备、嵌入式网络服务器，或其他与高数据率设备通信的网关，网络中各节点基本相同。除了向各节点传输数据和命令外，基站还与互联网等更高层系统之间传输数据。各节点将基站作为一个中间点，相互之间并不传输数据或命令。在各种无线传感器网络中，星状网整体功耗最低，但节点与基站间的传输距离有限，通常 ISM 频段的传输距离为 10 ~ 30 m。

无线网状网络，也称为移动 Ad Hoc 网络（MANET），是局域网或者城域网的一种。该网络中的节点是移动的，而且可以直接与相邻节点通信而不需要中心控制设备。由于节点可以进入或离开网络，因此无线网状网络的拓扑结构不断变化，如图 3.15（b）所示。数据包从一个节点到另一个节点直至目的地的过程称为"跳"。网状拓扑结构是多跳系统，其中所有无线传感器节点都相同，而且直接互相通信，与基站进行数据传输和相互传输命令。网状网络的每个传感器节点都有多条路径到达网关或其他节点，因此它的容故障能力较强。这种多跳系统比星状网的传输距离远得多，但功耗也更大，因为节点必须一直"监听"网络中某些路径上的信息和变化。

数据路由功能分布到整个网状网络，而不是由一个或多个专门的设备控制。这与数据在互联网上传送的方式类似，包从一个设备跳到另外一个设备直到目的地，然而在网状网络中路由功能包含在每个节点中而不是由专门的路由器实现。

动态路由功能要求每个设备向与其相连接的所有设备通告其路由信息，并且在节点移动、进入和离开网络时更新这些信息。

分布式控制和不断地重新配置使得在超负荷、不可靠或者路径故障时能够快速重新找到路由。如果节点的密度足够高，可以选择其他路径时，无线网状网络可以自我修复而且非常可靠。设计这种路由协议的主要难题是，要实现不断地重构路由需要比较大的管理开销，或者说数据带宽有可能都被这些路由消息给占据了。从实际的角度看，无线网状网络的自我配置、自我优化和自我恢复的特点，省去了许多与大规模无线网络配置有关的管理和维护任务。ZigBee 是一个明确支持无线网状网络的标准。

混合网力求兼具星状网的简洁和低功耗以及网状网的长传输距离和自愈性等优点，如图3.15（c）所示。在混合网中，路由器和中继器组成网状结构，而传感器节点则在它们周围呈星状分布。中继器扩展了网络传输距离，同时提供了容故障能力。由于无线传感器节点可与多个路由器或中继器通信，当某个中继器发生故障或某条无线链路出现干扰时，网络可在其他路由器周围进行自组网。

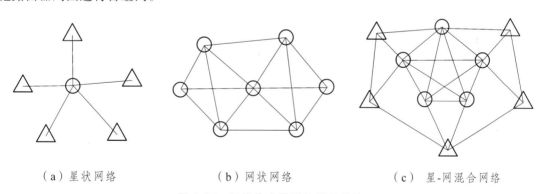

（a）星状网络　　　　　（b）网状网络　　　　　（c）星-网混合网络

图 3.15　无线传感器网络拓扑结构

3.4.3　体系结构

无线传感器网络的体系结构按功能可以划分为通信体系、中间件和应用系统三大部分，如图 3.16 所示。

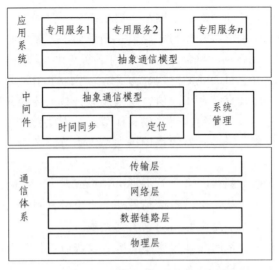

图 3.16　无线传感器网络体系结构

　　组网与通信是通信体系的主要功能,这一层包括开放系统互联 OSI 七层模型中的物理层、数据链路层、网络层和传输层。一般说来,如果参考模型中的各层接口一致定义后,每一层可独立设计。但是,为了建立一个可靠并具有严格功耗预算的传感器网络,协议栈中的所有层都应满足同样的系统级要求,例如功耗约束、带宽效率、适应性及顽健性要求。为使解决方案切实可行,所有层都必须进行设计折中,同时要考虑信道传输能力和设备处理速度等自身的局限性以及射频链路质量的变化。

　　中间件(Middleware)主要提供低通信开销、低成本、动态可扩展的核心服务。中间件的功能包括时间同步、定位、系统管理和抽象通信模型等。

　　应用系统提供节点与网络的服务接口,面向通用系统提供一套通用的服务接口,而面向专用系统则提供不同的专用服务接口。其热点问题包括动态资源管理、任务分配、协调控制和安全问题等。

　　无线传感器网络有其自身的特点,需要结合其特点对组成体系结构的每部分进行细致的研究,就已有的研究而言,主要集中在物理层、链路层、网络层和中间件技术。下面我们就其中需要解决的问题和已有的方案进行归纳总结。

1.　物理层

　　它着眼于信号的调制、发送与接收。物理层的主要工作是负责频段的选择、载频生成、信号检测、信号的调制以及数据的加密,并且比较延迟、散布、遮挡、反射、绕射、多路径和衰减等信道参数,为路由及重构提供依据。物理层设计中减小能耗最重要。

　　对于距离较远的无线通信来说,从实现的复杂性和能量的消耗来考虑,代价都是很高的。在相同端对端距离情况下,如果每个链路采用有限的传输功率,采用多链路传输所产生的功耗比直接在一个长链路中传输信息的功耗更低。为了延长电池的寿命,传感器网络应该采用收发功耗极低的无线设备,同时在需要长距离传输时使用多跳方式。蜂窝电话、IEEE802.11 及蓝牙等流行的无线设备的典型电流值为 30 mA 以上,因此不适用于这种应用场合。而 **ZigBee** 技术是为低速率传感器和控制网络设计的标准无线网络协议栈,是最适合无线传感器网络的标准。在传感器网络应用中，这还取决于信道共享和数据路由情况，降低单个节点的占空比会直接影响网络性能，因此，在设计协议堆栈的高层时必须注意这点，以便支持占空比极低的物理层实现。

2. 数据链路层

数据链路层的工作集中在数据流的多路技术、数据帧的监测、介质的访问和错误控制，它保证了无线传感器网络中点到点或一点到多点的可靠连接。在无线传感器网络中，数据链路层用于构建底层的基础网络结构，控制无线信道的合理使用，通常提供的主要服务有媒体访问控制（MAC）、错误控制、数据流选通、数据帧检测以及确保可靠的点到点或点到多点连接。其中 MAC 协议主要用于为数据的传输建立连接以及在各节点间合理有效地共享通信资源。

传感器网络有其特殊性和独特要求：节点数目众多、发射功率和发射范围小、网络拓扑多变。根据传感器网络的特点，设计 MAC 协议需要考虑很多方面，包括节省能源、可扩展性、网络的公平性、实时性、网络的吞吐量、带宽的利用率以及这些要求之间的平衡问题等。其中，节约能源成为最主要考虑的问题。这些考虑与传统网络的 MAC 协议不同，使得已有的 MAC 协议并不适合传感器网络。例如蜂窝电话网络、Ad Hoc 和蓝牙技术等是当前主流的无线网络技术，但它们各自的 MAC 协议不适合无线传感器网络。GSM 和 CDMA 中的介质访问控制主要关心如何满足用户的 QoS（Quality of Service）要求和节省带宽资源，功耗是第二位的。Ad Hoc 网络则考虑如何在节点具有高度移动性的环境中建立彼此间的链接，同时兼顾一定的 QoS 要求，功耗也不是其首要关心的。蓝牙采用了主从式的星形拓扑结构，这本身就不适合传感器网络自组织的特点。因此，需要为传感器网络设计新的低功耗 MAC 协议。

下面我们介绍几种已有的典型方案。

1）基于调度算法的 MAC 协议

在基于调度算法的 MAC 协议中，传感器节点通过调度算法来决定发送数据的时间，这样多个节点就可以同时、没有冲突地在无线信道中发送数据。这类协议中，主要的调度算法是时分多址（TDMA），即将时间分成多个时间片，几个时间片组成一个帧，在每一帧中分配给传感器节点至少一个时间片来发送数据。这类协议的调度算法通常寻找一个尽可能近的用于发送数据的帧来达到高的空间利用率和短的数据包等待时间。典型的协议有 SMACS，DE2MAC 和 EMACS。基于调度的 MAC 协议都是分布式的，因此需要时间同步机制，而不需要全局信息。但是许多基于 TDMA 的协议必须使用较为精确的时间同步来调度，增加了网络的负载。另外，有些 TDMA 协议仍然存在一定的冲突，导致很难控制这些冲突来保证实时性和节省能耗。

2）基于 CSMA 的介质访问控制协议

传统的载波侦听/多路访问（CSMA）机制不适合传感器网络的原因有二：其一，持续侦听信道的过量功耗；其二，倾向支持独立的点到点通信业务，这样容易导致邻近网关的节点获得更多的通信机会，而抑制多跳业务流量，造成不公平。为了弥补这些缺陷，Woo 和 Culler 从两个方面对传统 CSMA 进行了改进，以适应传感器网络的技术要求：采用固定时间间隔的周期性侦听方案节省功耗，设计自适应传输速率控制（Adaptive Transmission Rate Control，

ARC）策略，有针对性地抑制单跳通信业务量，为中继业务提供更多的服务机会，提高公平性。相似的工作还有 Wei Ye 等人设计的 SMAC（Sensor Media Access Control）协议。它也是利用周期性侦听机制节省功耗，但没有考虑公平性问题，而是在 PAMAS（Power Aware Multi-Access protocol with Signalling）的启发下，精简了用于同步和避免冲突的信令机制。

3）TDMA/FDMA 组合方案

Sohrabi 和 Pottie 设计的传感器网络自组织 MAC 协议是一种时分复用和频分复用的混合方案，具有一定的代表性。节点上维护着一个特殊的结构帧，类似于 TDMA 中的时隙分配表，节点据此实现与相邻节点间的通信。FDMA 技术提供的多信道，使多个节点之间可以同时通信，有效地避免了冲突。只是在业务量较小的传感器网络中，该组合协议的信道利用率较低，因为事先定义的信道和时隙分配方案限制了对空闲时隙的有效利用。

3. 网络层

在传感器网络中，网络层路由协议非常重要，主要负责路由查找和数据包传送，寻找用于传感器网络的、高能效的路由建立方法和可靠的数据传输方法，从而延长网络寿命。无线传感器网络的路由协议随着应用和网络基础结构的不同而有所差异。

传感器网络中的大部分节点不像 Ad Hoc 网络中的节点一样快速移动，因此 Ad Hoc 网络中已有的多跳路由协议，如 AODV（Ad Hoc On-demand Distance Vector）和 TORA（Temporally Ordered Routing Algorithm）等，一般都不适合传感器网络的特点和要求。由于传感器网络节点众多，不可能建立一个全局的地址机制，而且节点的能量和处理能力有限，因此需要精细的资源管理。此外，由于网络拓扑变化频繁，需要路由协议有很好的顽健性和可扩展性。因此，对传感器网络路由的研究非常具有挑战性。考虑以上传感器网络的特征以及应用和基础结构的需要，研究者们提出了很多方案来解决传感器网络中的路由问题。一般可以把它们分为四类：以数据为中心的（Data-centric）路由协议、分层次的（Hierarchical）的路由协议、基于位置的（Location-based）的路由协议和 QoS 保障的路由协议。

1）以数据为中心的路由协议

这类协议与传统的基于地址的路由协议不同，是建立在对目标数据的命名和查询上，并通过数据聚合减少重复的数据传送。以数据为中心的路由协议主要有 SPIN，DD，Rumor Routing，Gradient-based routing 等。

2）分层次的路由协议

这类协议的主要思想是节点通过某种方式加入某个簇（Cluster）成为簇内的成员节点或簇首（Cluster Head），让节点参与该簇内的多跳通信，而簇首再进行数据聚合，减少向 Sink 节点传送的消息数量，从而达到节省能量和提高可扩展性的目的。典型的簇的形成方式是基于节点的能量储备及节点同簇首的位置接近程度。分层次的路由协议主要有 Hausdorff clustering，LEACH，Hierarchical-PEGASIS，TEEN，EARCSN 等。

3）基于位置的路由协议

基于位置的路由协议利用节点的位置信息通过把数据传送到指定区域而不是整个网络来

降低能耗，这些节点的位置可以通过 GPS 或者其他定位算法而获得。这方面的协议主要来源于移动 Ad Hoc 网络，设计时都考虑了节点的移动性。但在节点移动性很小或者根本不移动的情况下，它们也非常适用。基于位置的协议主要有 MECN，GAF，GEAR。

4）QoS 保障的路由协议

QoS 保障的路由协议的目标是：在实现路由功能的同时，考虑端对端的时延要求，满足一些网络 QoS 要求。这类路由协议主要有 MLER，MCF，SAR，SPEED 等。

3.5　定位技术

定位技术种类较多，基本原理依据两点：① 获取一个或多个已知坐标的参考点；② 获取待定位物体与已知参考点的空间关系。下面针对主要的定位方法和定位系统进行介绍。

3.5.1　定位方法

1. 基于距离的定位

顾名思义，这种定位方法是先测量出目标到数个参考点的距离，然后利用测得的距离以及参考点的坐标来计算出目标的位置。

1）距离测量方法

测量距离的原理非常简单，假设从参考点向目标发出一道波（可以是声波，也可以是电磁波），设波从参考点发出的时刻为 t_0，波被目标接收到的时刻为 t，而波传播的速度为 v，那么参考点到目标的距离就是 $d = v(t - t_0)$。这种测量方法被称为 ToA（Time of Arrival）。

然而接下来有一个问题，人们可以记录下接收到参考点发来的波的时刻，可是怎么知道波发出的时刻呢？发出时刻 t_0 是记录在数据包中的。除此之外，还有好几种巧妙的办法可以解决这个问题，而不需要进行数据编码。这里介绍其中的两种方法。

第一种方法是利用两个速度不同的波，大多数情况下，选用电磁波和声波。发送端（参考点）首先发出一道电磁波，等一段时间间隔 Δt（有时可能为 0），再发出一道声波。在接收端，首先记录下接收到电磁波的时刻 t_r，然后记录下收到声波的时刻 t_s。假设 Δt 是一个事先约定好的通用常量，那么根据上面记录的两个时刻，加上声波的速度 v_s 和电磁波的速度 v_r，就可以计算出参考点和接收端之间的距离为

$$d = \frac{v_r \times v_s}{v_r - v_s}(t_s - t_r - \Delta t)$$

由于电磁波在空气中的传播速度远大于声波的速度，分数项的分母近似于 v_r，因此上式可以简化为

$$d = v_s(t_s - t_r - \Delta t)$$

假如发送端可以同步发送电磁波和声波，那么 Δt 为 0，上式可以进一步简化为

$$d = v_s(t_s - t_r)$$

第二种方法则是通过测量波的往返时间来得到距离。假设要测量与某个参考点间的距离，首先向该参考点发出一道波，记发出的时刻为 t_0。当参考点接收到发出的波，它会首先等待一段时间 Δt（同样，Δt 是一个事先约定好的常量），然后再返回一道同样的波。记录下收到回复波的时刻 t_0。现在，根据记录的两个时刻 t_0 和 t，就可以算出波往返的时间为 $(t - t_0)$，而波在两点间单程传播所用的时间就是

$$t' = (t - t_0 - \Delta t)/2$$

根据波速 v，就可以算出两点间距离为

$$d = vt' = v(t - t_0 - \Delta t)/2$$

2）位置计算方法

在测得一组距离之后，可以采用多边测量（也称多点测量，mulitilateration）的方法来计算出目标的位置。三点测量法（trilateration）是多点测量法的一个特例，多用于 GPS 定位。以平面测量为例，取 3 个参考点作为圆心，测出目标到每个圆心的距离。以这些距离为半径，可以画出 3 个圆，这 3 个圆在平面上相交为一点，就是目标的位置，如图 3.17 所示。实际中，由于测量距离或多或少都会带有误差，往往取用多个参考点，测得多个距离，通过最小二乘法来减少误差。

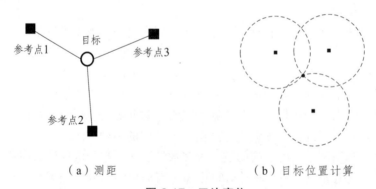

（a）测距　　　　　　　　　　（b）目标位置计算

图 3.17　三边定位

2. 基于距离差的定位

ToA 测量法有一个问题，就是要保证测量的精度，必须将测量目标和参考点的时钟进行同步。而在实际应用中，这是十分困难的事。要进行定位的设备可能千差万别，要将它们的时钟一一同步起来简直难于上青天。

与 ToA 不同，TDoA（Time Difference of Arrival）是一种基于距离差的测量方法。它最大的优点在于不需要进行测量目标与参考点之间的时钟同步，只需要所有参考点之间保持时钟同步即可。由于参考点是事先布置好的，完全可以在布置的时候保证它们的时钟同步，其难度远低于动态的同步测量目标与参考点。

1）距离差的测量方法

要测量距离差，测量目标首先广播一个信号，参考点将会接收这个信号，并记录接收到的时刻。假设有两个参考点 i 和 j，它们接收到的时刻分别是 t_i 和 t_j，对应的 TDoA 值为 $\Delta t_{ij} = t_i - t_j$。通过这个直接可以计算目标到这两个参考点的距离差 Δd_{ij}。假设信号发出的时刻为 t_0，信息传播速度为 v，则

$$\Delta d_{ij} = d_i - d_j = v(t_i - t_0) - v(t_j - t_0) = v(t_i - t_j)$$

可以注意到，从最后结果中消去了 t_0，这意味着并不需要保证发送端和接收端的时钟同步（也就是确保 t_0 和 t_i 是同一个时钟下记录的时间），只需要接收端的时钟同步即可。

2）位置测量方法

接下来的问题是，如何利用测量出来的距离差来计算出目标的位置呢？相对于 ToA 测量法，距离差测量法并不那么直观。在 ToA 中，每组测量结果包括一个参考点坐标 (x_0, y_0) 和到这个参考点的距离 d，可以将目标锁定在一个圆上面，方程为

$$(x - x_0)^2 + (y - y_0)^2 = d^2$$

在 TDoA 中，情况要稍微复杂点。每组测量结果包含两个参考点 (x_i, y_i) 和 (x_j, y_j)，以及到这两个参考点的距离 Δd_{ij}。锁定目标的方程为

$$[(x - x_i)^2 + (y - y_i)^2] - [(x - x_j)^2 + (y - y_j)^2] = \Delta d_{ij}$$

这是一个双曲线方程，双曲线的焦点就是这两个参考点。上面说的都是二维平面上的情况，如果是三维平面中，则对应的是一个双曲面。为简单起见，这里的讨论都在平面上进行。

因此，要在平面上唯一确定目标的坐标，至少需要两组测量结果，三个参考点。实际中，使用多组测量结果，通过最小二乘法来减少误差。

3. 基于信号特征的定位

前面介绍的两种方法都有一个共同的不足之处：它们都需要在设备上安装特殊的装置（定位信号发射、接收装置）才能对这个设备进行定位。这无形之中制约了这些定位方法的应用范围。例如在 RFID 标签上面，就很难再额外增加一个定位专用的模块，而且增加定位模块会增加设备成本。换个角度想，接入物联网的移动设备，绝大多数都可以用射频信号进行无线的通信，如果可以直接利用这些无线通信的射频信号来进行定位，那就不需要再额外安装定位专用硬件了。这就是基于信号特征的定位。

利用信号特征定位基于这样一个事实：射频信号在传播过程中，其信号强度（RSS）会不断衰减。也就是说，离信号发射源越近的地方，接收到信号的强度越高；而离发射源越远，信号强度就越弱。根据 Friis 方程，在与发送源距离 d 的地方接收到的信号功率为

$$P_r(d) = \left(\frac{\lambda}{4\pi d}\right) P_t G_t G_r$$

式中，P_t 为发送端的功率；G_t 和 G_r 分别为发送端和接收端天线的增益；为信号载波的波长。

看起来，通过测量接收到的信号功率，就可以根据这个式子计算出到发送端的距离了。可惜的是，这个方程过于理想。实际中的情况不完全是这样。现实世界中，射频信号会受到很多因素的干扰，如噪音、阴影效应、多径效应等。特别是在室内环境中，如果光凭这个方程来计算目标的位置，计算出来的结果可能和真实位置相距甚远。

鉴于此，在室内环境使用信号强度来进行定位时，并不直接利用它来进行位置的计算，而是将信号强度看作一个"特征"。假设在一片区域布置了 N 个参考节点，这些节点在向外发送信号。当要定位时，可以测出这 N 种信号的强度，得到一个 N 维的特征向量，这个特征向量被称为 RSS 指纹。由于 RSS 在区域中的分布相对稳定，可以事先测量出区域中每一个位置的 RSS 特征向量，做成一幅 RSS 特征地图。将 RSS 指纹在 RSS 特征地图中进行比对，就可以找出目标所在的位置。

然而，这种按图索骥的办法有两个缺陷：其一，这个办法需要事先建立特征地图，特征地图的精细程度直接决定了最后进行比对得出的位置的精度，因此要获得高精度的结果，事先要进行大量的现场测量工作。其二，如果区域中的 RSS 特征并不是一成不变，而是动态变化的，那么很可能之前测好的地图，过一段时间之后就变得和现实相差甚远，不能直接使用了。于是，若想获得实时精确的定位结果，需要频繁地更新地图，这个工作量也不容小觑。遗憾的是，现实中的无线通信环境，往往就是高度动态的。既然无法"以静制动"，那就只有用动态对付动态了。下面介绍一种基于信号特征的动态定位方法——LANDMARC。

LANDMARC 使用了 RFID 技术，在测量区域内布置一系列的 RFID 标签作为"地标"，再辅以少量的阅读器。此外，测量目标也携带有 RFID 标签（譬如在衣服上贴上 RFID 标签，就可以对穿衣服的人进行定位了）。

图 3.18 所示为一个 LANDMARC 布局的例子，图中的浅灰色小正方形表示事先设置好的参考标签，深灰色长方形表示 RFID 阅读器，黑色的小圆点表示一个个贴了 RFID 标签的定位目标。这个布局应能保证每一个参考标签都能和阅读器进行通信。

阅读器不断地向外发出射频信号。定位目标携带的 RFID 标签接收这些信号，并测得其信号强度，这样就得到了一个 RSS 特征向量 $S = (S_1, S_2, \cdots, S_i, \cdots, S_n)$，其中 S_i 表示第 i 个阅读器信号对应的强度。而对于每个参考点来说，也会分别测出其所在位置的 RSS 特征向量 $\theta = (\theta_1, \theta_2, \cdots, \theta_i, \cdots, \theta_n)$。接下来，为了计算目标的位置，首先定义目标和参考点 j 之间的信号强度欧几里得距离为

$$E = \| \theta^j - S \| = \sqrt{\sum_{i=1}^{n} (\theta_i^j - S_i)^2}$$

如果有 m 个参考点，那么就可以得到 m 个 E 值，记为 $E_1, E_2, \cdots, E_m$。接下来可以计算目标的位置了。目标的坐标实际是这 m 个参考点加权平均数，即

$$(x, y) = \sum_{i=1}^{m} w_i (x_i, y_i)$$

其中，权值 w_i 由下式计算得到

$$w_i = \frac{\dfrac{1}{E_i^2}}{\displaystyle\sum_{j=1}^{m}\dfrac{1}{E_j^2}}$$

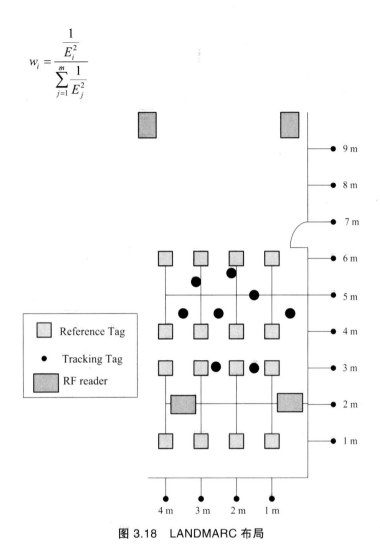

图 3.18 LANDMARC 布局

　　LANDMARC 定位法有相当高的精度，一般可以将误差控制在 1 m 以内，而传统的 RSS 特征地图法（RADAR 方法）的误差在 3 m 左右。

3.5.2 定位系统

1. 蜂窝基站定位

　　蜂窝基站定位主要应用于移动通信中广泛采用的蜂窝网络，目前大部分的 GSM、CDMA、3G 等通信网络均采用了蜂窝网络架构。蜂窝网络基于一个数学猜想：在各种各样的图形中，正六边形可以使用最少的顶点覆盖最大的面积，而蜂窝的名字正是由此而来。在通信网络中，通信区域被划分成一个个蜂窝小区，通常每个小区有一个对应的基站。以 GSM 网络为例，当移动设备要进行通信时，先连接所在蜂窝小区的基站，然后通过该基站接入 GSM 网络进行通信。换言之，在进行移动通信时，移动设备始终是和一个蜂窝基站联系起来的，蜂窝基站定位就是利用这些基站来定位移动设备的。

最简单的定位方法是 COO（Cell of Origin）定位，它是一种单基站定位方法。这种方法非常原始，就是将移动设备所属基站的坐标视为移动设备的坐标，可想而知，这种定位方法的精度很低，其精度直接取决于基站覆盖的范围。如果基站覆盖范围半径为 50 m，那么其误差最大就是 50 m。在一些基站分布十分疏松的区域，一个基站覆盖的范围半径可达几千米，这个误差就相当大了。这种定位方法唯一的优势在于速度，通常只需要 2～3 s 时间就可以完成定位，因此适用于情况紧急的场合。

只使用一个基站测得的数据，是很难得到目标精确的位置的。要想更精确的定位，需要更全面的测量。利用多个基站同时测量可以做到这一点。多基站定位方法中，最常用的是 ToA/TDoA 定位，也多用于 GPS 定位。这种计算方法对时钟同步精度要求很高，而基站时钟精度自然远远比不上 GPS 卫星的水平；此外，多径效应也会对测量结果产生误差。实际中，人们用得更多的是 TDoA 定位法，不是直接用信号的发送和到达时间来求位置，而是用信号到达不同基站的时间建立方程组来求解位置，通过时间差抵消掉了一大部分时钟不同步带来的误差。

ToA 和 TDoA 测量法都至少需要三个基站才能进行定位，如果人们所在的区域基站分布比较稀疏，周围能收到信号的基站只有两个，情况就比较尴尬了。在这种情况下，可以使用 AoA（Angle of Arrival）定位法。如图 3.19 所示，只要知道了定位目标与两个基站间连线的方位，就可以利用两条射线的交点确定出目标的位置。然而，要测量目标到基站间连线的方向不是一件简单的事，需要配备价格不菲的方向性强的天线阵列。

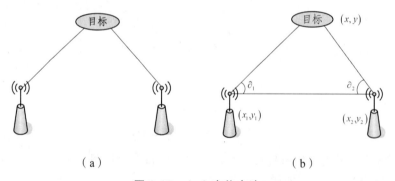

（a）　　　　　　　　　　　　　（b）

图 3.19　AoA 定位方法

除此之外，还有利用信号强度的定位方法（RSS 定位）。

蜂窝基站定位法的一个典型应用是紧急电话定位。对紧急电话作出定位非常重要，设想一下，假如人们目击到有小偷正在偷东西，于是拨打 110 报警，但如果不知道拨打电话时所在的位置，那就只好把电话接到 110 总部，在听取了详细情况，询问了位置之后，再将电话转拨到附近的警察局。这么一来一去大费周章，小偷只怕早就逃之夭夭了。所谓兵贵神速，如果在用手机拨打 110 的时候，手机可以自动根据附近的基站确定出当前的位置，将电话直接接到附近的警局，那么警方就可以及时出动，惩奸除恶。

再举一个例子，假如人们去野外登山，在陶醉于大自然的美景之后迷失了方向，所幸手机还有信号，可以向外求援。如果不知道当前的位置，手机又没有 GPS 定位功能，那只能寄望于搜救队的地毯式搜索。而此时基站定位可以大展神威，即使不能非常精确的得知人们的位置，也可以迅速确定人们所在的大致范围，极大地加快搜救工作的速度。

北美地区的 E-911（Enhanced 911）系统是目前比较成熟的紧急电话定位系统（911 是北美地区的紧急电话号码，相当于我国的 110）。在这套系统中，除了之前提到的 ToA，TdoA，AoA 信号强度等定位方法以外，还应用了一系列混合定位方法，如 A-GPS 辅助定位技术。在使用时，E-911 系统会尝试各种定位方法，择优而用，毕竟人命关天，草率不得。

2. 无线室内环境定位

在无线通信领域，室内和室外的环境可以说有着天壤之别。往往一个在室外环境中很简单就能解决的问题，到室内环境中就变成了一个棘手的世界级难题。定位也是一样，在室外露天环境，只需要用 GPS 就可以得到很高的定位精度了，用基站定位也不赖，可是到了室内环境中，GPS 由于信号受到遮蔽，变得很难使用，而基站定位的信号受到多径效应的影响，定位效果也会大打折扣。

多径效应可以说是无线通信领域中的室内杀手。其产生是由于波的反射和叠加。电磁波是向四面八方发射出去的，除了沿一条直线传递到接收端以外，还有可能从别的路径到达接收端。譬如电磁波沿某一方向传播，遇到了一堵墙，就会在墙面产生反射，而反射的电磁波就有可能到达接收端。这下接收端就收到了两列电磁波，这两列波叠加在一起，信号发生了混叠，就使信号的强弱发生了变化，甚至产生了变形。

室外环境通常比较空旷，能反射电磁波的物体少，多径效应不明显。而室内环境障碍物众多，这些障碍物都可以反射电磁波，因此多径效应在室内变得非常显著。

室内环境的众多障碍物带来的另一个问题就是对电磁波信号的阻碍作用。电磁波的波长决定了电磁波的传播距离和穿透障碍能力，而这两个能力可说是势同水火，注定鱼和熊掌不可兼得。简单来说，电磁波的波长越长，波的传输距离也就越长，但是它的穿透能力也越弱；反过来，波长越短，传输距离也越短，但是穿透能力却变强了。GPS 信号需要进行长途跋涉，从卫星到达地面，因此 GPS 使用的是长波信号，其穿透能力很弱。而在室内环境，为了应付障碍众多的情况，应该选用短波信号来进行通信。也是因为这个原因，室内环境的定位，同样应该采用短波。

ToA，TdoA，AoA 等定位技术都需要专门的硬件支持，而这些硬件往往造价不菲，像电信公司或许还能承担得起，但室内定位的需求往往来自于普通企业和个人，使用昂贵的硬件就显得不值得了。现存大多数室内定位系统都基于信号强度，其优点在于不需要专门的定位设备，可以就地取材，利用已有的架设好的网络（如蓝牙网络、Wifi 网络、ZigBee 传感网等）来进行定位，非常经济实惠。目前室内环境进行短途定位的方法有很多种，包括传统的红外线定位、超声波定位，以及新兴的蓝牙定位、RFID 定位、超宽带定位、ZigBee 定位等。其中 RFID 定位技术，由于其性价比很高，而且射频标签便携易用，在实际中有很广泛的应用前景。

利用 RFID 标签，人们几乎可以对一切物体进行定位。资产管理就是一个很好的应用。人们日常生活中常常会出现"找不着东西"的尴尬情况，有时候急着要又找不到，只好再新买一个救急。更尴尬的是，往往过几天收拾屋子的时候，之前不翼而飞的东西又出现在眼前，令人哭笑不得。个人尚且如此，对于拥有众多资产的企业来说，这种情况就更加严重了。比如说医院，在大型的医院里面有无数大大小小的医疗设备，有的设备如心电图机、呼吸机等，由于价格昂贵，而使用频率又不是特别高，一般不会每个科室都配备一台，而是根据使用的需要随时移动，用少量的几台就可以解决大部分问题。然而这种移动性有时候也会带来不便，比如突然来了个急诊病人，需要使用某些医疗设备，但是这些设备又不知道被移动到哪里去了，也不知道哪些正在空闲，哪些正在使用。如果在寻找设备上花费大量时间，就有可能耽误病人的病情，造成严重的后果。而利用 RFID 定位技术就可以很好地解决这个问题，只要在每个设备上都装上射频标签，在需要使用的时候就可以利用这些射频标签快速锁定设备的位置，同时利用射频标签感知设备状态，还可以知道设备是否空闲。

除此之外，使用 RFID 技术还可以做到随时监控设备的状况，设备出现故障时可以及时报警，通知相关人员进行维护，还便于及时更换老化的设备。使用 RFID 进行资产管理，还可以简化管理的流程，例如购买了一台新设备时，以往需要手工登记，而使用 RFID 只需要用 RFID 读取器扫描一下标签就可以完成记录。

3. GPS 定位系统

1）GPS 的构成

（1）空间部分。

GPS 的空间部分是由 24 颗工作卫星组成，它位于距地表 20 200 km 的上空，均匀分布在 6 个轨道面上（每个轨道面 4 颗），轨道倾角为 55°。此外，还有 3 颗有源备份卫星在轨运行。卫星的分布使得在全球任何地方、任何时间都可观测到 4 颗以上的卫星，并能在卫星中预存导航信息。GPS 的卫星因为大气摩擦等问题，随着时间的推移，导航精度会逐渐降低。

（2）地面控制系统。

地面控制系统由监测站（Monitor Station）、主控制站（Master Monitor Station）、地面天线（Ground Antenna）所组成，主控制站位于美国科罗拉多州春田市（Colorado Spring）。地面控制站负责收集由卫星传回的讯息，并计算卫星星历、相对距离，大气校正等数据。

（3）用户设备部分。

用户设备部分首先是 GPS 信号接收机。其主要功能是能够捕获到按一定卫星截止角所选择的待测卫星，并跟踪这些卫星的运行。当接收机捕获到跟踪的卫星信号后，就可测量出接收天线至卫星的伪距（PR）和距离的变化率，解调出卫星轨道参数等数据。根据这些数据，接收机中的微处理计算机就可按定位解算方法进行定位计算，计算出用户所在地理位置的经纬度、高度、速度、时间等信息。接收机硬件和机内软件以及 GPS 数据的后处理软件构成完整的 GPS 用户设备。GPS 接收机的结构分为天线单元和接收单元两部分。接收机一般采用机内和机外两种直流电源。设置机内电源的目的在于更换外电源时不中断连续观测。在用机外电源时机内电池自动充电。关机后，机内电池为 RAM 存储器供电，以防止数据丢失。目前各种类型的接收机体积越来越小，质量越来越轻，便于野外观测使用。其次则为使用者接收器，现有单频与双频两种，但由于价格因素，一般使用者所购买的多为单频接收器。

2）GPS 相关术语

（1）GPS Generalized Processor Sharing：通用处理器共享。

（2）GPS Global Positioning System：全球定位卫星/系统。

（3）GPSS General Purpose Systems Simulator：通用系统模拟器。

（4）DGPS Differential GPS：差分全球定位系统。

3）GPS 的工作原理

GPS 导航系统的基本原理是：先测量出已知位置的卫星到用户接收机之间的距离，然后综合多颗卫星的数据计算出接收机的具体位置。要达到这一目的，卫星的位置可以根据星载时钟所记录的时间在卫星星历中查出。而用户到卫星的距离则通过记录卫星信号传播到用户所经历的时间，再用其乘以光速得到。由于大气层电离层的干扰等因素，这一距离并不是用户与卫星之间的真实距离，而是伪距（PR）。

当 GPS 卫星正常工作时，会不断地用二进制码元 1 和 0 组成的伪随机码（简称伪码）发射导航电文。GPS 系统使用的伪码一共有两种，分别是民用的 C/A 码和军用的 P（Y）码。C/A 码频率为 1.023 MHz，重复周期为 1 ms，码间距为 1 μs，相当于 300 m；P 码频率为 10.23 MHz，重复周期为 266.4 天，码间距 0.1 μs，相当于 30 m。而 Y 码是在 P 码的基础上形成的，保密性能更佳。导航电文包括卫星星历、工作状况、时钟改正、电离层时延修正、大气折射修正等信息。它是从卫星信号中解调制出来，以 50 b/s 调制在载频上发射的。导航电文每个主帧中包含 5 个子帧，每帧长 6 s。前三帧各 10 个字码，每 30 s 重复一次，每 1 h 更新一次。后两帧共 15 000 b。导航电文中的内容主要有遥测码，转换码，第 1、2、3 数据块，其中最重要的则为星历数据。当用户接收到导航电文时，提取出卫星时间并将其与自己的时钟作对比便可得知卫星与用户的距离，再利用导航电文中的卫星星历数据推算出卫星发射电文时所处位置，用户在 WGS-84 大地坐标系中的位置、速度等信息便可得知。

可见，GPS 导航系统卫星部分的作用就是不断地发射导航电文。然而，由于用户接收机使用的时钟与卫星星载时钟不可能总是同步，所以除了用户的三维坐标 x、y、z 外，还要引进一个 Δt 即卫星与接收机之间的时间差作为未知数，然后用 4 个方程将这 4 个未知数解出来。所以如果想知道接收机所处的位置，至少要能接收到 4 个卫星的信号。

GPS 接收机可接收到以下信息：用于授时的准确至纳秒级的时间信息；用于预报未来几个月内卫星所处概略位置的预报星历；用于计算定位时所需卫星坐标的广播星历，精度为几米至几十米（各个卫星不同，随时变化）；GPS 系统信息，如卫星状况等。

GPS 接收机通过对码的量测就可得到卫星到接收机的距离。由于含有接收机卫星钟的误差及大气传播误差，故称为伪距。对 0A 码测得的伪距称为 UA 码伪距，精度约为 20 m；对 P 码测得的伪距称为 P 码伪距，精度约为 2 m。

GPS 接收机对收到的卫星信号进行解码，或采用其他技术将调制在载波上的信息去掉后，就可以恢复载波。严格来讲，载波相位应被称为载波拍频相位，它是收到的受多普勒频移影响的卫星信号载波相位与接收机本机振荡产生信号相位之差。一般在接收机中确定的历元时刻量测，保持对卫星信号的跟踪，就可记录下相位的变化值，但开始观测时的接收机和卫星振荡器的相位初值是不知道的，起始历元的相位整数也是不知道的，即整周模糊度，只能在数据处理中作为参数解算。相位观测值的精度高至毫米，但前提是解出整周模糊度，因此只有在相对定位、并有一段连续观测值时才能使用相位观测值，而要达到优于米级的定位精度也只能采用相位观测值。

按定位方式，GPS 定位分为单点定位和相对定位（差分定位）。单点定位就是根据一台接收机的观测数据来确定接收机位置的方式，它只能采用伪距观测量，可用于车船等的概略导航定位。相对定位（差分定位）是根据两台以上接收机的观测数据来确定观测点之间的相对位置的方法，它既可采用伪距观测量也可采用相位观测量，大地测量或工程测量均应采用相位观测值进行相对定位。

在 GPS 观测量中包含了卫星和接收机的钟差、大气传播延迟、多路径效应等误差，在定位计算时还要受到卫星广播星历误差的影响，在进行相对定位时大部分公共误差被抵消或削弱，因此定位精度将大大提高。双频接收机可以根据两个频率的观测量抵消大气中电离层误差的主要部分，在精度要求高，接收机间距离较远时（大气有明显差别），应选用双频接收机。相对论为 GPS 提供了所需的修正。

全球定位系统 GPS 卫星的定时信号提供纬度、经度和高度的信息，精确的距离测量需要精确的时钟。因此精确的 GPS 接收器就要用到相对论效应。

准确度在 30 m 之内的 GPS 接收器就意味着它已经利用了相对论效应。华盛顿大学的物理学家 Clifford M. Will 详细解释说："如果不考虑相对论效应，卫星上的时钟就和地球的时钟不同步。"相对论认为快速移动物体随时间的流逝比静止的要慢。Will 计算出，每个 GPS 卫星每小时跨过大约 1.4 万千米的路程，这意味着它的星载原子钟每天要比地球上的钟慢 7 μs。

而引力对时间施加了更大的相对论效应。大约 2 万千米的高空，GPS 卫星受到的引力拉力大约相当于地面上的 $\frac{1}{4}$。其结果就是星载时钟每天快 45 μs，GPS 要计入共 38 μs 的偏差。Ashby 解释说："如果卫星上没有频率补偿，每天将会增大 11 km 的误差。"这种效应实事上更为复杂，因为卫星沿着一个偏心轨道，有时离地球较近，有时又离得较远。

4）GPS 的应用前景

由于 GPS 技术所具有的全天候、高精度和自动测量的特点，作为先进的测量手段和新的生产力，已经融入了国民经济建设、国防建设和社会发展的各个应用领域。

随着冷战结束和全球经济的蓬勃发展，美国政府宣布 2000—2006 年，在保证美国国家安全不受威胁的前提下，取消 SA 政策，GPS 民用信号精度在全球范围内得到改善，利用 C/A 码进行单点定位的精度由 100 m 提高到 10 m，这将进一步推动 GPS 技术的应用，提高生产力、作业效率、科学水平以及人们的生活质量，刺激 GPS 市场的增长。目前民用定位精度已达到 10 m 内，随着 GPS 定位产业的发展及我国自主卫星系统北斗系统的建立，我国卫星导航产业进入高速发展时期，预计 2015 年产值将超过 2 250 亿元。

5）GPS 的特点

（1）定位精度高。

应用实践已经证明，GPS 相对定位精度在 50 km 以内可达 10^{-6}，100～500 km 可达 10^{-7}，1 000 km 可达 10^{-9}。在 300～1 500 m 工程精密定位中，1 h 以上观测的解其平面其平面位置误差小于 1 mm，与 ME-5000 电磁波测距仪测定的边长比较，其边长校差最大为 0.5 mm，校差中误差为 0.3 mm。

（2）观测时间短。

随着 GPS 系统的不断完善、软件的不断更新，目前，20 km 以内相对静态定位，仅需 15～20 min；快速静态相对定位测量，当每个流动站与基准站相距 15 km 以内时，流动站观测时间只需 1～2 min，然后可随时定位，每站观测只需几秒钟。

6）GPS 功用

（1）陆地应用，主要包括车辆导航、应急反应、大气物理观测、地球物理资源勘探、工程测量、变形监测、地壳运动监测、市政规划控制等。

（2）海洋应用，包括远洋船最佳航程航线测定、船只实时调度与导航、海洋救援、海洋探宝、水文地质测量以及海洋平台定位、海平面升降监测等。

（3）航空航天应用，包括飞机导航、航空遥感姿态控制、低轨卫星定轨、导弹制导、航空救援和载人航天器防护探测等。

4. 新兴定位系统

除了上面介绍的相对较为成熟的 GPS 定位系统外，近来随着技术的发展，又诞生了很多新的定位系统。这里介绍其中具有代表性的两个定位系统：A-GPS 定位和无线 AP 定位。

A-GPS（Assisted Global Positioning System）意为辅助 GPS 定位，这种定位方法可以看作是 GPS 定位和蜂窝基站定位的结合体。前面多次提到，GPS 定位的速度相对较慢，初次定位时，往往需要用好几分钟来搜索当前可用的卫星信号（也就是当前位置"可见"的卫星）。而基站定位虽然速度快，但是其精度又不如 GPS 高。A-GPS 可以说是取长补短，利用基站定位法，快速确定当前所处的大致范围，然后利用基站连入网络，通过网络服务器查询到当前位置上方可见的卫星，极大地缩短了搜索卫星的速度。在知道哪些卫星可用之后，只需要利用这几颗卫星进行 GPS 定位，就可以得到非常精确的结果。使用 A-GPS 定位，全过程只需要数十秒，而又可以享受到 GPS 的定位精度，可以说是两全其美。目前在很多手机中都采用 A-GPS 定位技术。

无线 AP（Access Point，接入点）定位是一种 Wi-Fi 定位技术，它与蜂窝基站的 COO 定位技术类似，通过 Wi-Fi 接入点来确定目标的位置。随着 Wi-Fi 的普及，城市中的无线 AP 正变得越来越多，在美国的大城市中，同时收到 3~5 个无线 AP 的情况很常见，而随着我国无线互联网的不断发展，AP 数量也会越来越多。每个 AP 都在不断广播信息，以方便各种 Wi-Fi 设备寻找接入点，而信息中就包含有自己的 MAC 地址。一般来说，一个无线 AP 的 MAC 地址可以看作是全球唯一的。因此，如果用一个数据库记录下全世界所有的无线 AP 的 MAC 地址，以及该 AP 所在的位置，那么就可以通过查询数据库来得到附近 AP 的位置，再通过信号强度来估算出较精确的位置。实际上，这个技术也可以和 GPS 结合使用（也就是上面提到的 A-GPS 定位的一种方式）。目前，Skyhook 公司已经建立了一个这样的庞大数据库，而 iPhone 就是采用了这种技术，在有 GPS 信号的时候，用 AP 定位辅助 GPS 来提高定位速度，而在没有 GPS 的时候，通过 AP 定位来得到一个不太精确的结果。

近年来，随着传感网、无线网状网络等无线自组织网络的兴起，网络定位应运而生。和传统的基站定位相比，网络定位适用于无中心的网络结构，利用网络节点间距离、方向、相对位置等地理信息，计算节点的地理位置。在网络定位模式中，少量节点的位置已知，其余未知位置节点测量相对于已知位置节点的地理信息并计算自身的位置。获取位置后，节点将自己的身份由未知位置节点转变为已知位置节点，并进一步参与到定位其他未知位置节点的过程中。网络定位如今已发展成一个相对完整的学科方向，有兴趣的读者可以参考其他文献资料，了解更深入的内容。

3.6 IC 卡

物联网中底层获取的数据不仅包括来自于射频、传感设备等的感知数据，同时还包括各类智能终端数据，其中 IC 卡是较为常见智能终端设备。

3.6.1 智能卡简介

智能卡（Smart Card）是内嵌有微芯片的塑料卡（通常是一张信用卡的大小）的通称。一些智能卡包含一个 RFID 芯片，所以它们不需要与读写器有任何物理接触就能够识别持卡人。

智能卡配备有 CPU 和 RAM，可自行处理数量较多的数据而不会干扰主机 CPU 的工作。智能卡还可过滤错误的数据，以减轻主机 CPU 的负担，适应于端口数目较多且通信速度需求较快的场合。

智能卡是 IC 卡的一种，按所嵌的芯片类型的不同，IC 卡可分为三类：

存储器卡：卡内的集成电路是可用电擦除的可编程只读存储器 EEPROM，它仅具数据存储功能，没有数据处理能力；存储卡本身无硬件加密功能，只在文件上加密，很容易被破解。

逻辑加密卡：卡内的集成电路包括加密逻辑电路和可编程只读存储器 EEPROM，加密逻辑电路可在一定程度上保护卡和卡中数据的安全，但只是低层次防护，无法防止恶意攻击。

智能卡（CPU 卡）：卡内的集成电路包括中央处理器 CPU、可编程只读存储器 EEPROM、随机存储器 RAM 和固化在只读存储器 ROM 中的卡内操作系统 COS(Chip Operating System)。卡中数据分为外部读取和内部处理部分，确保卡中数据安全可靠。

从功能上来说，智能卡的用途可归为如下四点：身份识别、支付工具、加密/解密和信息传递。

智能卡操作系统通常称为芯片操作系统 COS。COS 一般都有自己的安全体系，其安全性能通常是衡量 COS 的重要技术指标。COS 功能包括：传输管理、文件管理、安全体系、命令解释。

3.6.2 IC 卡的相关规范

IC 卡是一种很规范的产品，不论其外形，还是其内部芯片的电气特性，甚至于其应用方法都受一些较严格的协议控制。最基础最重要的一套规范是 ISO/IEC 7816 协议。这套协议不仅规定了 IC 卡的机械电气特性，而且还规定了 IC 卡(特别是智能卡)的应用方法(包括 COS 中很多数据结构)。

除了 7816 协议之外，在各个可能应用 IC 卡的特定领域内还有一些更为具体的协议，比如在中国，金融领域制定 PBOC 规范，交通管理体系，社会福利体系都有其特定的规范。这些协议规范都是建立在 7816 协议基础之上，且将 7816 协议加以具体化形成的。

当然，7816 协议并不是独立存在的，它里面有很多概念引自于其他一些相关的协议规范。比如在 7816 协议中有一些数据的组织采用了"BER-TLV"，而有关"BER-TLV"这个概念的详细表述则是在 IEC 8825ASN.1 协议中给出。由此可见 7816 协议并非完全独出心裁，能够采用规范的概念的场合就不自作主张。这使得各种协议规范形成一个严密的体系。

3.6.3 IC 卡分类

IC 卡种类较多，以下做简要概括。

（1）根据镶嵌的芯片的不同划分为：

① 存储卡：卡内芯片为电可擦除可编程只读存储器 EEPROM（Electrically Erasable Programmable Read-only Memory），以及地址译码电路和指令译码电路。为了能把它封装在 0.76 mm 的塑料卡基中，特制成 0.3 mm 的薄型结构。存储卡属于被动型卡，通常采用同步通信方式。这种卡片存储方便、使用简单、价格便宜，在很多场合可以替代磁卡。但该类 IC 卡不具备保密功能，因而一般用于存放不需要保密的信息。例如医疗上用的急救卡、餐饮业用的客户菜单卡。常见的存储卡有 ATMEL 公司的 AT24C16、AT24C64 等。

② 逻辑加密卡：该类卡片除了具有存储卡的 EEPROM 外，还带有加密逻辑，每次读/写卡之前要先进行密码验证。如果连续几次密码验证错误，卡片将会自锁，成为死卡。从数据管理、密码校验和识别方面来说，逻辑加密卡也是一种被动型卡，采用同步方式进行通信。该类卡片存储量相对较小，价格相对便宜，适用于有一定保密要求的场合，如食堂就餐卡、电话卡、公共事业收费卡。常见的逻辑加密卡有 SIEMENS 公司的 SLE4442、SLE4428，ATMEL 公司的 AT88SC1608 等。

③ CPU 卡：该类芯片内部包含微处理器单元（CPU）、存储单元（RAM、ROM 和 EEPROM）、和输入/输出接口单元。其中，RAM 用于存放运算过程中的中间数据，ROM 中固化有片内操作系统 COS（Card Operating System），而 EEPROM 用于存放持卡人的个人信息以及发行单位的有关信息。CPU 管理信息的加/解密和传输，严格防范非法访问卡内信息，发现数次非法访问，将锁死相应的信息区（也可用高一级命令解锁）。CPU 卡的容量有大有小，价格比逻辑加密卡要高。但 CPU 卡的良好的处理能力和上佳的保密性能，使其成为 IC 卡发展的主要方向。CPU 卡适用于保密性要求特别高的场合，如金融卡、军事密令传递卡等。国际上比较著名的 CPU 卡提供商有 Gemplus、G&D、Schlumberger 等。

④ 超级智能卡：在 CPU 卡的基础上增加键盘、液晶显示器、电源，即成为一超级智能卡，有的卡上还具有指纹识别装置。VISA 国际信用卡组织试验的一种超级卡即带有 20 个键，可显示 16 个字符，除有计时、计算机汇率换算功能外，还存储有个人信息、医疗、旅行用数据和电话号码等。

（2）根据卡与外界数据交换的界面不同划分为：

① 接触式 IC 卡：该类卡是通过 IC 卡读写设备的触点与 IC 卡的触点接触后进行数据的读写。国际标准 ISO7816 对此类卡的机械特性、电器特性等进行了严格的规定。

② 非接触式 IC 卡：该类卡与 IC 卡设备无电路接触，而是通过非接触式的读写技术进行读写（如光或无线技术）。其内嵌芯片除了 CPU、逻辑单元、存储单元外，增加了射频收发电路。国际标准 ISO10536 系列阐述了对非接触式 IC 卡的规定。该类卡一般用在使用频繁、信息量相对较少、可靠性要求较高的场合。

③ 双界面卡：将接触式 IC 卡与非接触式 IC 卡组合到一张卡片中，操作独立，但可以共用 CPU 和存储空间。

（3）根据卡与外界进行交换时的数据传输方式不同划分为：

① 串行 IC 卡：IC 卡与外界进行数据交换时，数据流按照串行方式输入输出，电极触点较少，一般为 6 个或者 8 个。由于串行 IC 卡接口简单、使用方便，目前使用量最大。国际标准 ISO7816 所定义的 IC 卡就是此种卡。

② 并行 IC 卡：IC 卡与外界进行数据交换时以并行方式进行，有较多的电极触点，一

般在 28 到 68 之间。主要具有两方面的好处，一是数据交换速度提高，二是现有条件下存储容量可以显著增加。

（4）根据卡的应用领域不同可划分为：

① 金融卡：也称为银行卡，又可以分为信用卡和现金卡两种。前者用于消费支付时，可按预先设定额度透支资金；后者可作为电子钱包或者电子存折，但不能透支。

② 非金融卡：也称为非银行卡，涉及范围十分广泛，实际包含金融卡之外的所有领域，如电信、旅游、教育和公交等。

③ 交通卡：应用广泛。

④ 政府应用卡：现在应用较广泛，比如最近大力推广的社保卡。

第4章 物联网通信与网络技术

由于物联网的特点，要求传输层更快速、更可靠、更安全地传输数据，传输网络作为物联网最重要的基础设施之一，必须把感知到的信息无障碍、可靠而安全地传送到地球的各个地方，使"物"能够进行远距离、大范围的通信，从而实现物与物间及人与物间的信息交互。这需要互联网技术、传感器网络和移动通信技术不断地发展以及不断地创新和融合，以满足物联网对传输速度、质量和安全性的要求。

本章着重介绍物联网中行使网络传输职责的互联网、无线网络、移动通信网络等的基本概念和原理，探讨其网络形式，明确物联网和互联网、无线网、移动通信网络间的关系。网络技术的发展和成熟必将推动物联网技术的成熟，使物联网的行业应用遍地开花。

4.1 物联网中的通信传输

物联网中的通信主要分为有线通信和无线通信。两种通信方式对物联网产业来说具有同等重要、互相补充的作用。例如，工业化和信息化"两化融合"业务中大部分还是有线通信，智能楼宇等领域也还是以有线通信为主。有线通信将来会成为物联网产业发展的主要支撑，但无线通信技术也是不可或缺的。

有线通信传输可分为：
- 短距离的局域网（LAN）。
- 中、长距离的广域网络（WAN），包括 PSTN、ADSL 和 HFC 数字电视 Cable 等。

无线通信传输可分为：
- 长距离的无线广域网（WWAN）。
- 中、短距离的无线局域网（WLAN）。
- 超短距离的 WPAN（Wireless Personal Area Networks，无线个人网）。

传感网主要由 WLAN 或 WPAN 技术作为支撑，结合传感器。传感器和传感网二合一的 RFID 的传输部分也是属于 WPAN 或 WLAN。

4.2 物联网环境下的常用通信方式

4.2.1 计算机网络

计算机网络是指将地理位置不同的具有独立功能的多台计算机及其外部设备，通过通信线路连接起来，在网络操作系统、网络管理软件及网络通信协议的管理和协调下，实现资源共享和信息传递的计算机系统。通俗地讲，就是由多台计算机（或其他计算机网络设备）通过传输介质和软件物理（或逻辑）连接在一起组成的。简单地说，计算机网络就是通过电缆、电话线或无线通信将两台以上的计算机互联起来的集合。

1. 计算机网络的组成

根据计算机网络的基本功能（逻辑）结构可以把一个网络分成通信子网和资源子网两部分。通信子网由通信控制处理机、通信线路和其他通信设备组成，负责各设备之间的数据通信、数据加工和信息交换等通信任务。通信子网实现基本数据的传输，消除各种不同计算机技术之间的差异，保证分布在网络上的计算机之间的通信联系的畅通，从而向网络的高层提供信息传递的服务。

资源子网由网络中的所有计算机、终端、I/O设备、各种软件资源和数据库组成，负责网络系统的数据处理业务，向网络用户提供各种网络资源和网络服务。

计算机网络的物理组成包括网络硬件和网络软件这两个部分。

1）计算机网络硬件

计算机网络硬件包括计算机硬件系统和各种终端设备、通信线路和通信设备，负责数据处理和数据转发，并为数据传输提供通道，是计算机网络中处理数据和传输数据的物质基础。硬件系统中设备的组成形式决定了计算机网络的类型。

（1）计算机系统。

计算机系统的主要功能是完成数据处理任务，并为网络内的其他计算机提供共享资源。网络中的计算机一般分为两类：服务器（Server）和工作站（Client）。

服务器通常是一台速度快、存储量大的计算机，是网络资源的提供者，用于网络管理、运行应用程序、处理网络各工作站的信息请求。根据其作用不同又可分为文件服务器、应用程序服务器、通信服务器、数据库服务器等。

工作站也称客户机，进入网络中的由服务器进行管理和提供服务的任何计算机都属于工作站，其性能一般低于服务器。另外，现在的计算机网络还连接着其他类型的设备，如终端、打印机等，以便更好地实现资源共享。

（2）网络连接设备。

网络连接设备的主要功能是完成计算机之间的数据通信，包括数据的接收和发送。网络连接设备一般包括网络适配器（NIC）、调制解调器（Modem）、集线器（Hub）等。

① 网络适配器。

网络适配器也称网络接口卡，简称网卡。网卡是安装在计算机主板上的电路板插卡。网卡的作用是将计算机与通信设施相连接，将计算机的数字信号转换成通信线路能够传送的信号。

② 调制解调器。

调制解调器俗称"猫"。它是一个通过电话拨号接入Internet的必备硬件设备。通常计算机处理的是数字信号，而通过电话线路传输的信号是模拟信号。调制解调器的作用就是当计算机发送信息时，将计算机内部使用的数字信号转换成可以用电话线传输的模拟信号，通过电话线发送出去；接收信息时，把电话线上传来的模拟信号转换成数字信号传送给计算机，供其接收和处理。

调制解调器按其与计算机的连接方式可分为内置式与外置式。内置式调制解调器体积小，使用时插入主机板的插槽，不能单独携带；外置式调制解调器体积大，使用时与计算机的通信接口（COM1 或 COM2）相连，有通信工作状态指示，可以单独携带，能方便地与其他计算机连接使用。

③ 集线器。

集线器是局域网中使用的连接设备，它具有多个端口，可连接多台计算机。在局域网中常以集线器为中心，将所有分散的工作站与服务器连接在一起，形成星形结构的局域网系统。集线器的优点除了能够互连多个终端以外，还有当其中一个节点的线路发生故障时不会影响到其他节点。

（3）传输介质。

传输介质用于网络设备之间的通信连接。常用的网络传输介质有同轴电缆（Coaxial Cable）、双绞线、光纤等。

① 同轴电缆。

同轴电缆由内外相互绝缘的同轴导体构成：内导体为铜线，外导体为铜管或网。电磁场封闭在内外导体之间，故辐射损耗小，受外界干扰影响小。同轴电缆常用于传送多路电话和电视。

② 双绞线。

双绞线由 8 根不同颜色的具有绝缘保护层的铜线分成 4 对绞合在一起。成对扭绞的主要目的是尽可能减少电磁辐射与外部电磁干扰的影响。双绞线根据有无屏蔽层可分为非屏蔽双绞线（UTP）和屏蔽双绞线（STP）两大类。

③ 光纤。

光纤的全名叫作光导纤维，是用纯石英以特别的工艺拉成细丝，其直径比头发丝还要细。光束在玻璃纤维内传输，信号不受电磁干扰，传输稳定。光纤具有性能可靠、质量高、速度快、线路损耗低、传输距离远等特点，适于高速网络和骨干网，已在现代通信网络中得到越来越广泛的应用。

④ 微波。

微波通信系统有两种形式：地面系统和卫星系统。微波是在空间中沿直线传播的，如果在地面传播，由于地球表面是一个球面，其传播距离将受到限制。为了实现远距离传输，必须在一条无线通信信道的两个终端之间增加若干个中继站，中继站把前一站送来的信号经过放大后再送给下一站。

2）计算机网络软件

网络软件可以控制网络的工作，如分配和管理网络的资源等，也可以帮助用户更容易地访问网络。计算机网络软件包括以下部分：

（1）网络系统软件。

① 网络操作系统。

网络操作系统是网络系统软件中的核心部分，负责管理网络中的软硬件资源，其功能的强弱与网络的性能密切相关。常用的网络操作系统有：Netware，Windows NT，Unix 和 Linux 等。

② 网络协议。

网络协议是网络设备之间互相通信的语言和规范，用来保证两台设备之间正确的数据传送。网络协议规定了计算机按什么格式组织和传输数据，传输过程中出现差错该怎么办等规则。网络协议一部分是靠软件完成的，另一部分则靠硬件来完成。

（2）网络应用软件。

网络应用软件是指能够为网络用户提供各种服务的软件，例如，浏览软件、传输软件、远程登录软件、电子邮件等。它用于提供或获取网络上的共享资源。

2. 计算机网络的功能

计算机网络的主要功能是向用户提供资源的共享和数据的传输，而用户本身无须考虑自己以及所用资源在网络中的位置。

1）资源共享

网络中的计算机不仅可以使用本机的资源，还可以使用网络中其他计算机的资源。例如，某些地区或单位的数据库可供全网使用；一些外部设备，如打印机，通过网络可以使不具有这些设备的用户也能使用这些硬件设备。如果不能实现资源共享，各地区都需要有一套完整的软硬件及数据资源，则将大大地增加全系统的投资费用。资源共享提高了网络中软硬件的利用率，增强了网络中计算机的处理能力。这是计算机网络最主要的功能。

2）数据通信

通过网络可以实现终端、计算机与计算机之间的数据传递，包括文字信件、新闻消息、咨询信息、图片资料、报纸版面等，也可实现各计算机之间高速、可靠地传送数据并进行信息处理，如传真、电子邮件、电子数据交换（EDI）、电子公告牌（BBS）、远程登录（Telnet）与信息浏览等通信服务。利用这一特点，可将分散在各个地区的单位或部门用计算机网络联系起来，进行统一的调配、控制和管理。这是计算机网络最基本的功能。

3）均衡负载，互相协作

当某台计算机负担过重时，或该计算机正在处理某项工作时，网络可将新任务转交给空闲的计算机来完成，这样处理能均衡各计算机的负载，提高问题处理的实时性。通过网络可以缓解用户资源缺乏的矛盾，使各种资源得到合理的调整。

4）分布处理

对于大型综合性问题，可将问题各部分交给不同的计算机分头处理，即通过网络将问题分散到多个计算机上进行分布式处理，从而可以充分利用网络资源，扩大计算机的处理能力，增强实用性，同时也可使各地的计算机通过网络资源共同协作，进行联合开发、研究等。

5）提高计算机的可靠性

在单机的情况下，计算机若有故障容易引起停机。将计算机连成网络后，网络中各个计算机互为后备，这样网络可靠性会大大提高。当某一处计算机发生故障时，可由别处的计算机代为处理。还可以在网络节点上设置备用设备作为全网络公用后备，这样，整个计算机网络就不会由于某台设备出现故障而瘫痪，从而大大提高了计算机网络系统的可靠性和可用性。

这对于金融、军事、航空、实时控制等对可靠性要求较高的场合是至关重要的。

3. 计算机网络的分类

1）按照网络的覆盖面划分

（1）局域网（Local Area Network，LAN）。

局域网是我们最常见、应用最广的一种网络。现在局域网随着整个计算机网络技术的发展和提高得到充分的应用和普及，几乎每个单位都有自己的局域网，有的甚至家庭中都有自己的小型局域网。很明显，所谓局域网，那就是在局部范围内的网络，它所覆盖的地区范围较小。局域网在计算机数量配置上没有太多的限制，少的可以只有两台，多的可达几百台。一般来说在企业局域网中，工作站的数量在几十到两百台；网络所涉及的地理距离一般来说可以是几米至 10 km。局域网一般位于一个建筑物或一个单位内，不存在寻径问题，不包括网络层的应用。局域网结构如图 4.1 所示。

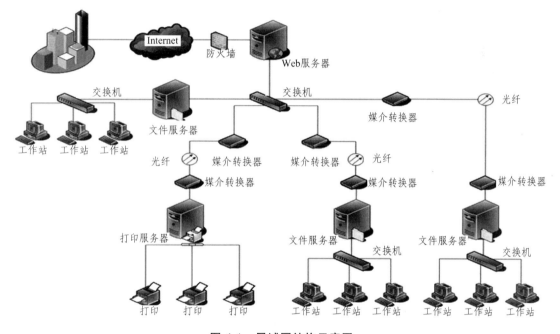

图 4.1　局域网结构示意图

这种网络的特点是：连接范围窄、用户数少、配置容易、连接速率高。目前速率最快的局域网要算 10 G 以太网了。IEEE 的 802 标准委员会定义了多种主要的局域网：以太网（Ethernet）、令牌环网（Token Ring）、光纤分布式接口网络（FDDI）、异步传输模式网（ATM）以及最新的无线局域网（WLAN）。这些都将在后面详细介绍。

（2）城域网（Metropolitan Area Network，MAN）

这种网络一般来说是在一个城市，但不在同一地理小区范围内的计算机通信网。这种网络的连接距离可以在 10 ~ 100 km，它采用的是 IEEE 802.6 标准。城域网与局域网相比覆盖的范围更广，连接的计算机数量更多，在地理范围上可以说是 LAN 网络的延伸。在一个大型城市或都市地区，一个城域网通常连接着多个局域网。如连接政府机构、医院、公司企业的局域网等。由于光纤连接的引入，使城域网中高速的局域网互联成为可能。

城域网多采用 ATM 技术做骨干网。ATM 是一个用于数据、语音、视频以及多媒体应用程序的高速网络传输方法。ATM 包括一个接口和一个协议，该协议能够在一个常规的传输信道上，在比特率不变及变化的通信量之间进行切换。ATM 也包括硬件、软件以及与 ATM 协议标准一致的介质。ATM 提供一个可伸缩的主干基础设施，以便能够适应不同规模、速度以及寻址技术的网络。ATM 的最大缺点就是成本太高，所以一般在政府城域网中应用，如邮政、银行、医院等。

（3）广域网（Wide Area Network，WAN）

这种网络也称为远程网，所覆盖的范围比城域网更广。它一般是在不同城市之间的局域网或者城域网互联，地理范围可从几百千米到几千千米。其网络结构如图 4.2 所示。因为距离较远，信息衰减比较严重，所以这种网络一般是要租用专线，通过 IMP（接口信息处理）协议和线路连接起来，构成网状结构，解决循径问题。这种网络因为所连接的用户多，总出口带宽有限，所以用户的终端连接速率一般较低，通常为 9.6 Kb/s ~ 45 Mb/s，如邮电部的 Chinanet，ChinaPAC，和 ChinaDDN 网。

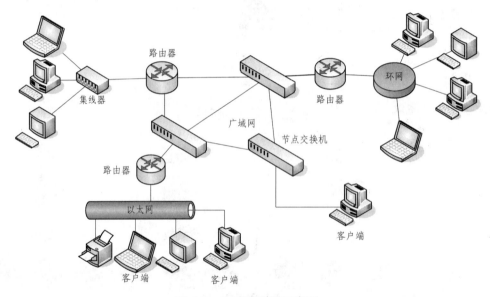

图 4.2　广域网结构示意图

（4）互联网（Internet）。

互联网又因其英文单词"Internet"的谐音而被称为"因特网"。在互联网应用如此广泛的今天，它已是我们每天都要接触的一种网络，无论从地理范围，还是从网络规模来讲，它都是最大的一种网络。互联网的结构如图 4.3 所示。

从地理范围来说，互联网可以是全球计算机的互联。这种网络最大的特点就是不定性，整个网络的计算机每时每刻都在随着人们网络的接入在不断变化。但它的优点也是非常明显的，就是信息量大，传播广，无论你身处何地，只要联入互联网就可以对任何可以联网用户发出你的信函和广告。因为这种网络的复杂性，所以这种网络实现的技术也是非常复杂的，这一点我们可以通过后面要讲的几种互联网接入设备详细地了解到。同时，图 4.3 中标示出了多种网络的接入互联网。

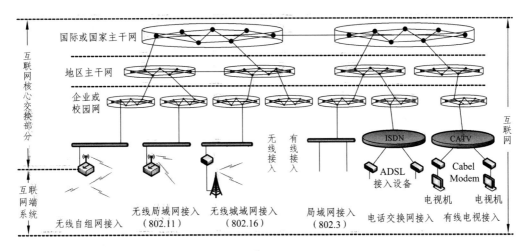

图 4.3 互联网结构示意图

2）按照网络的管理方式划分

（1）客户机/服务器网络。

服务器是指专门提供服务的高性能计算机或专用设备。客户机是指用户计算机。客户机/服务器网络是由客户机向服务器发出请求并获得服务的一种网络形式。多台客户机可以共享服务器提供的各种资源。这是最常用、最重要的一种网络类型。

客户机/服务器网络不仅适合同类计算机联网，也适合不同类型的计算机联网，如 PC 机、Mac 机的混合联网。在这种网络中，计算机的权限、优先级易于控制，监控容易实现，网络管理能够规范化。

客户机/服务器网络性能取决于服务器的性能和客户机的数量。目前，针对这类网络有很多优化性能的服务器，称为专用服务器。银行、证券公司都采用这种类型的网络。

（2）对等网。

对等网不要求专用服务器，每台客户机都可以与其他客户机对话，共享彼此的信息资源和硬件资源，组网的计算机一般类型相同。这种组网方式灵活方便，但是较难实现集中管理与监控，且安全性低，较适合作为部门内部协同工作的小型网络。

3）按照网络的数据交换方式划分

（1）线路交换网络。

该方式类似传统的电话线路交换方式。网络中计算机进行通信之前，必须申请建立一条实际的物理连接，双方通信的线路接通后开始传送数据。通信过程中独占线路。

（2）报文交换网络。

该方式不要求在两个通信节点之间建立专用通路。节点把要发送的信息组织成一个数据包——报文，报文中含有目的地址。报文在传输的过程中要经过若干个中间设备，在每一个交换设备处，每一个节点接收整个报文，检查目标节点地址，然后根据网络中的交通情况在适当的时候转发到下一个节点。等待前往目的地址的线路空闲时，再将报文转发出去。报文要经过多次的存储、转发，最后到达目标，因而这样的网络叫存储-转发网络。

（3）分组交换网络。

该方式将一个长的报文划分为许多定长的报文分组，在每个分组的前面加上一个分组头。网络中的各节点采用存储转发技术将分组传输到接收方。接收方将各个分组重新组装成完整的数据块。这不仅大大简化了对计算机存储器的管理，而且加速了信息在网络中的传播速度。由于分组交换优于线路交换和报文交换，具有许多优点，因此，它已成为计算机网络中传输数据的主要方式。

4）按照网络的传输技术划分

（1）广播式网络（broadcast network）。

广播式网络仅有一条通信信道，被网络上的所有计算机共享。在网络上传输的数据单元（分组或包）可以被所有的计算机接收。在包中的地址段表明了该包应该被哪一台计算机接收。计算机一旦接收到包，就会立刻检查包中所包含的地址，如果是发送给自己的则处理该包，否则就会丢弃。

（2）点到点网络（point-to-point network）。

点到点网络所采用的传输技术是点到点通信信道技术。在点到点网络中，每条物理线路连接一对计算机。如果两台计算机之间没有直接连接的线路，那么，它们之间的分组传输就要通过中间结点来接收、存储、转发直至目的节点。由于连接多台计算机的线路结构一般比较复杂，因此，从源节点到目的节点可能存在多条路由，决定分组从通信子网的源节点到达目的节点的路由需要路由选择算法来计算。

4.2.2 无线通信

在通信领域，发展最快、应用最广的是无线通信及通信网络技术，其中宽带卫星通信，蜂窝式无线网络，移动 IP，WLAN（WiFi），ZigBee，UWB，蓝牙，WiMAX 等都是 21 世纪热门的无线通信技术应用。无线通信技术给人们带来的影响是无可争议的，它作为物联网的核心技术之一，必将更加深入到人们生活和工作的各个方面。

1. 无线通信技术

无线通信（Wireless Communication）是利用电磁波信号在自由空间中传播的特性进行信息交换的一种通信方式。

采用无线通信技术来传输信息在现代社会是十分流行和重要的，它已经成为人们生活和工作的必须、社会发展的重要工具。特别是数字通信，推动了数字化社会的形成，使人们进入信息化社会。现代无线通信基本上是分区通信或蜂窝通信，它的实现基于数字化、移动性和个人通信、分区制和频率复用、点对多点通信等基本技术。在物联网中，可以根据不同的需要来选择使用不同的无线通信技术。

1）数字化技术

通信数字化现已居于绝对的优势地位。数字化技术指的是运用 0 和 1 两位数字编码，通过电子计算机、光缆、通信卫星等设备，来表达、传输和处理所有信息的技术。数字化技术是信息技术的核心，信息的载体有多种，如字符、声音、语言和图像等。这些信息载体存在着共同的问题：一是信息量小，二是难以交换、交流。显然，数字化带来的问题是信号的模/数变换、信源编码、数字调制、信道编码、低电压低功率集成电路等研究与开发。因此，数字化技术一般包括数字编码、数字压缩、数字传输、数字调制与解调等技术。

2）移动性和个人化

现代无线通信的重要成果之一是通信的移动性。早在 19 世纪末期，赫兹发明无线电后，马可尼演示海上航行船舶间的通信，这可以说是开创了无线移动通信先河。进入 20 世纪 20 年代，有些国家的海军舰船和陆地公安部门开始正式使用移动无线电调度系统。在第二次世界大战中，有些国家军队中的通信部队利用数字编码的话音通信实现了保密通信，这包括了话音编码和脉码调制（PCM）技术。事实上，1946 年开始建立了第一批商用移动电话系统，但需由话务员负责接通。其后不久，蜂窝网方式发明问世，一个适当大的地区设置多个半径约 1km 的蜂窝小区，互相紧密邻近排列，其中心基站可使用较低的射频发射功率，每隔几个蜂窝就可使用相同的频率，节约了无线电频谱资源的利用。

3）分区制、越区切换和频率复用技术

通信系统的容量问题是移动通信所要解决的基本问题，即要解决大量用户与有限频带之间的矛盾。由于分配给移动通信的带宽有限，提供的信道满足不了用户的需要，必须用空间的分区制来加以补偿，也就是将通信空间划分成许多通信小区，常用六边形表示，形象地称为蜂窝。这种移动通信称作蜂窝移动通信，是移动通信的主流。

频率复用也称频率再用，就是重复使用频率。在 GSM 网络中频率复用就是使同一频率覆盖不同的区域（一个基站或该基站的一部分（扇形天线）所覆盖的区域），这些使用同一频率的区域彼此需要相隔一定的距离（称为同频复用距离），以满足将同频干扰抑制到允许的指标之内。

4）点对点通信及点对多点通信技术

点对点通信实现网内任意两个用户之间的信息交换。电台收到带有点对点通信标识信息的数据后，比较系统号和地址码，系统号和地址码都与本地相符时，将数据传送到用户终端，否则将数据丢弃，不传送到用户终端。点对点通信时，只有一个用户可收到信息。点对点连接是两个系统或进程之间的专用通信链路，可想象成是直接连接两个系统的一条线路。两个系统独占此线路进行通信。点对点通信的对立面是广播，在广播通信中一个系统可以向多个系统传输信息。

2．无线通信网络

现代通信技术的一个重要标志是网络化。有线与无线通信系统的结合构成了现代通信网。目前，在各类通信网络中最具增长潜力的是无线通信网。

1）现代无线通信网络的概念

无线通信网络是指通过无线通信技术建立远距离无线连接的全球语音和数据网络，也包括对近距离无线连接进行优化的红外线技术及射频技术。

无线通信网络的组织结构如图 4.4 所示。

2）无线通信网络模型

（1）移动自组织网络。

移动自组织网络是对等网络，它通常包含成千上万个可以完全移动的通信节点，每个节

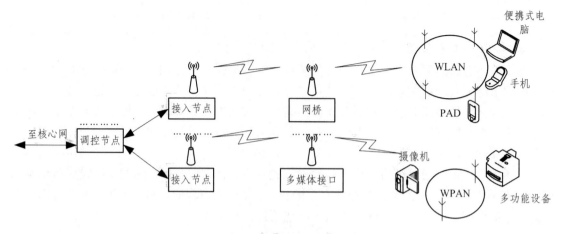

图 4.4　无线通信网的组织结构示意图

点可视为一种个人信息设备（如配备有无线收发机的个人数字助理），能覆盖几百米的范围。MANET（Mobile Ad Hoc Network）的目的是形成并维持一个有联系关系的多跳网络，这种网络能在节点之间传输多媒体业务。

在移动自组织网络中，为了使服务质量最优，需要做好网络的组织结构、路由寻址算法和移动性管理等工作。也就是说，当节点在高速移动情形下，网络仍能提供好的吞吐/时延特性。

（2）蜂窝网络。

蜂窝网络是由静止节点和移动节点组成的较大网络。位于通信子网中的静止节点（基站）和构成固定基础设施结构的有线中枢网络相连。移动节点的数量大大超过静止节点，每个基站中有成百上千个移动节点，这些移动节点通常分布得很分散。每个基站都覆盖一个很大的区域，且区域之间很少重叠。只有当移动节点移动并发生越区切换时，才会出现区域间的重叠覆盖情况（每个移动节点可能移动到远离基站的位置）。这种蜂窝网络的主要目标就是提供高服务质量和高带宽效率。

（3）短距离无线通信网。

短距离无线通信（Short Range Wireless，SRW）是指可以在室内、办公室或封闭的公共场提供近距离通信的技术。一般，SRW 可以在 100 m 以内实现传输速度为 10～100 Mb/s 的低功率近距离通信。SRW 可分为两种：一种是传输范围在 10 m 内，低成本、低功耗的短距离无线连接的无线个人局域网（WPAN）；另一种是以更快传输速度和更大覆盖范围为目标的无线局域网（WLAN）。总而言之，通过 SRW 技术，手机，Headset，PDA，NoteBook，数码相机，摄像机，健身器材管理设备等在没有电缆连接的情况下可以实现无线通信或操作，而且用户可以通过 SRW 直接接入建筑物内的局域网（LAN）和语音及数字信息网络。

3）无线通信网的分类

对无线通信网可以有多种不同的分类方式。为简单明晰起见，通常将无线通信网按照通信距离划分为无线个域网（WPAN）、无线局域网（WLAN）、无线城域网（WMAN）和无线广域网（WWAN），如图 4.5 所示。蜂窝移动通信属于无线广域网（WWAN），IEEE 802 标准系列涵盖了 WPAN，WLAN，WMAN 和 WWAN 几个方面。

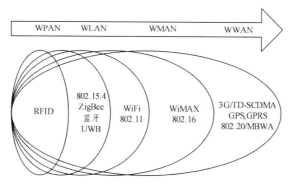

图 4.5 无线通信网的分类

3. 无线通信网络技术发展

在数字无线通信时代，电子电路技术和通信技术的发展推动着通信系统的飞速发展。目前，较受关注的是第三代蜂窝移动通信系统（3G）、IEEE 802 系列，发展趋势是移动宽带化、综合化、多样化、个人化和 IP 化。

1）移动宽带化

蜂窝移动通信系统的发展体现了无线通信发展史：从第一代模拟移动通信系统，到第二代数字移动通信系统，再到第三代以及基于全 IP 的后三代或第四代移动通信系统。

移动宽带化是未来通信发展的一个必然趋势，窄带的、低速的网络会逐渐被宽带网络所取代。

2）核心网络综合化，接入网络多样化

未来信息网络的结构模式将向核心网/接入网转变，网络的多样化、宽带化，以及带宽的移动化，将使在同一核心网络上综合传送多种业务信息成为可能。网络的综合化将进一步推动传统电信网、广播电视网与计算机互联网的三网融合。网络覆盖的无缝化，将使用户在任何时间、任何地点都能实现网络接入，而且数据速率越来越高，频谱带宽越来越宽，频段越来越高。

所谓"三网融合"即指电信网、广播电视网和互联网相互渗透、互相兼容并逐步整合成为统一的信息网络。"三网融合"的目的是加强网络互联互通和资源共享，避免低水平重复建设，形成适应性广、容易维护、费用低的高速宽带多媒体基础平台。在概念上，从不同角度和层次分析三网融合，可以涉及技术融合、业务融合、行业融合、终端融合及网络融合等诸多方面。目前主要是在应用层次上使用统一的 TCP/IP 协议。TCP/IP 协议的普遍采用，将使得各种以 IP 为基础的业务能在不同的网络上实现互联互通。

3）个人化和 IP 化

信息个人化是 21 世纪初信息领域进一步发展的主要方向之一，而移动 IP 正是实现未来信息个人化的重要技术手段。在手机等智能终端上实现各种 IP 应用以及移动 IP 技术正逐步成为人们关注的焦点之一。终端智能化越来越高，移动智能网技术与 IP 技术的组合将进一步推动全球个人通信的迅速发展。

移动通信网络结构正在经历一场深刻的变革，随着网络中数据业务主导地位的形成，现有电路交换网络已逐渐被 IP 网络替代，IP 技术将成为未来网络的核心技术，TCP/IP 协议将成为信息网络的主导通信协议。随着移动通信通用分组无线业务（GPRS）的普及应用，用户

将在端到端分组传输模式下发送和接收数据，打破传统的数据接入方式。以 IP 为基础组网，开始了基于 IP 核心骨干网的应用实践。

4.3 无线个域网

无线个域网（WPAN）是基于计算机通信的专用网，它可以在 10 m 范围内实现计算机、周边设备、手机、信息家电产品等设备的无线通信与操作。WPAN 技术是随着便携式计算机、PDA 等个人便携式电子设备的发展而发展起来的。为了制订在个人领域（Personal Operating Space，PDS）以低功耗并以简单的结构实现无线接入的标准，1998 年成立了 WPAN SG（Study Group），并于 1999 年成立了 IEEE 802 15 WG，致力于 WPAN 网络的物理层（PHY）和介质访问控制层（MAC）的标准化工作，目标是为在个人操作空间内相互通信的无线通信设备提供通信标准。用于 WPAN 的通信技术很多，如 ZigBee，蓝牙，UWB，红外（IrDA），HorneRF，RFID 等。

目前，为满足低功耗、低成本的传感网要求而专门开发的低速率 WPAN 标准 IEEE 802.15.4 成为物联网的重要通信网络技术之一。

4.3.1 IEEE 802.15.4 标准

IEEE 802.15.4 是 IEEE 标准委员会 TG4 任务组发布的一项标准。该任务组于 2000 年 12 月成立。ZigBee 联盟（ZigBee Alliance）于 2001 年 8 月成立。2002 年由英国 Invensys 公司、美国 Motorola 公司、日本 MitSubishi 公司和荷兰 Philips 公司等厂商联合推出了低成本、低功耗的 ZigBee 技术。ZigBee 是一种新兴的近距离、低速率、低功耗的双向无线通信技术，也是 ZigBee 联盟所主导的传感网技术标准。

1. IEEE 802.15.4 标准协议结构（图 4.6）

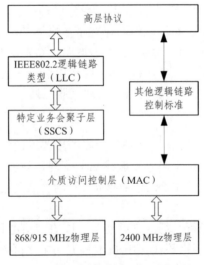

图 4.6　IEEE 802.15.4 标准协议结构

2. 物理层的主要功能

IEEE 802.15.4 标准所定义的物理层具有的功能有：激活和惰性化无线电收发器，当前信道的能量发现，接收包的链路质量指示，信道频率选择和数据的发送与接收。

1）工作频率和数据传输速率（表 4.1）

表 4.1　工作频率和数据传输速率

物理（MHz）	频带（MHz）	信道数	码元速率（kchip/s）	调制方式	比特速率（kb/s）	符号速率（ksymbol/s）
868/915	868～868.6	1	300	BPSK	20	30
	902～928	10	600	BPSK	40	40
2400	2 400～2 483.5	16	2000	0-QPSK	250	62.5

2）支持简单器件

由于 IEEE 802.15.4 标准具有低速率、低功耗和短距离传输等特点，非常适宜支持简单器件。在 IEEE 802.15.4 标准中定义了 14 个物理层基本参数和 35 个介质接入控制层基本参数，总共为 49 个。这使它非常适用于存储能力和计算能力有限的简单器件。在 IEEE 802.15.4 中定义了两种器件：全功能器件（FFD）和简化功能器件（RFD）。对全功能器件，要求它支持所有的 49 个基本参数；而对简化功能器件，在最小配置时只要求它支持 38 个基本参数。

3. 介质访问控制层的主要功能

IEEE 802.15.4 标准所定义的介质访问控制层的主要功能是为高层访问物理信道提供点到点通信的服务接口。

IEEE 802.15.4 的帧结构，如图 4.7 所示。

2	1	0/2	0/2/8	0/2	0/2/8	0/5/6/10/14	可变长	2	B
帧控制	序列号	目标PAN ID	目标地址	源PAN ID	源地址	附加安全头部	帧负载（MAC SDU）	FCS校验	
			地址域						
MAC帧头（MHR）							MAC负载	帧尾（MFR）	

（a）IEEE 802.15.4 MAC 层的通用帧结构

前导码（4 B）	SFD（1 B）	帧长度（7位）	保留（1位）	PHY业务数据单元（PSDU,变长）
同步头		物理帧头		PHY负载

（b）IEEE 802.15.4 物理层帧结构

图 4.7　IEEE802.15.4 帧结构

4.3.2 ZigBee 协议体系结构

建立在 IEEE 802.15.4 标准之上的 ZigBee 协议体系结构如图 4.8 所示，由高层应用标准、应用汇聚层、网络层、IEEE 802.15.4 协议组成。

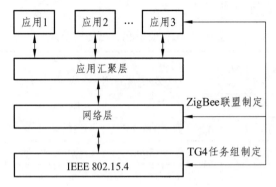

图 4.8 ZigBee 协议体系结构

1. 网络层

网络层负责拓扑结构的建立和网络连接的维护，它独立处理传入数据请求、关联、解除关联业务，包含寻址、路由和安全等。网络层包括（基于 IEEE 802.2 标准）的逻辑链路控制子层。

1）网络层提供的服务

网络层提供保证 IEEE 802.15.4 MAC 层所定义的功能，同时，能为应用层提供适当的服务接口。

2）ZigBee 网络配置

低数据速率的 WPAN 中包括两种无线设备：全功能设备（FFD）和精简功能设备（RFD）。其中，FFD 可以和 FFD，RFD 通信，而 RFD 只能与 FFD 通信，RFD 之间无法进行通信。

3）ZigBee 网络拓扑结构

ZigBee 技术具有强大的组网能力，通过无线通信组成星形、网状（Mesh）网和混合网，如图 4.9 所示。可以根据实际项目需要来选择合适的网络结构。

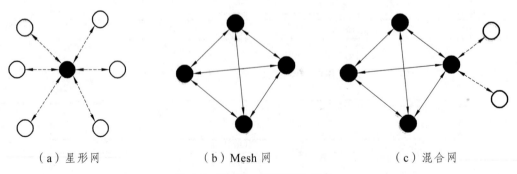

（a）星形网　　　　　　　（b）Mesh 网　　　　　　（c）混合网

图 4.9 ZigBee 网络拓扑结构

●—FFD；○—RFD；◄——►—Mesh 链路；◄------►—星状链路

2. 应 用 层

在 ZigBee 协议中，应用层包括应用汇聚层、ZigBee 设备配置和用户应用程序。应用层提供高级协议管理功能，用户应用程序由各制造商自己来规定，它使用应用层协议来管理协议栈。

无线传感网作为物联网的末梢网络，需要低功耗、短距离的无线通信技术。IEEE 802.15.4 标准是针对低速 WPAN 的无线通信标准，低功耗、低成本是其主要目标，它为个人或者家庭范围内不同设备之间低速联网提供了统一标准。

4.3.3 ZigBee 网络系统

基于 IEEE 802.15.4 无线标准研制开发的 ZigBee 技术，主要用于 WPAN。ZigBee 技术的出现给人们的工作和生活带来极大的方便和快捷。ZigBee 技术的应用领域主要包括无线数据采集、无线工业控制、消费性电子设备、汽车自动化、家庭和楼宇自动化、医用设备控制和远程网络控制等场合。

1. ZigBee 网络系统的构建

IEEE 802.15.4 网络是指在一个 POS 内使用相同无线信道并通过 IEEE802.15.4 标准相互通信的一组设备的集合，又名 LR-WPAN 网络，其实也就是 ZigBee 网络。例如，一个基于 ZigBee 技术的 IEEE 802.15.4 网络系统，如图 4.10 所示。

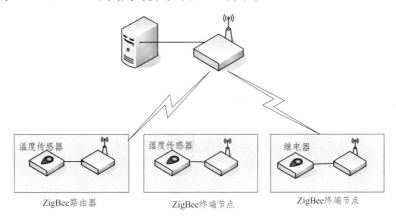

图 4.10 基于 ZigBee 技术的网络系统

2. ZigBee 网络系统的特点

（1）低功耗：这是 ZigBee 的一个显著特点。

（2）低成本：协议简单且所需的存储空间小，降低了 ZigBee 的成本，而且 Zig8ee 协议是免专利费的。

（3）时延短：ZigBee 通信时延和从休眠状态激活的时延都非常短，设备搜索时延为 30 ms，休眠激活时延为 15 ms，活动设备信道接入时延为 15 ms。

（4）传输范围小：在不使用功率放大器的前提下，ZigBee 节点的有效传输范围一般为 10～75 m，能覆盖普通的家庭和办公场所。

（5）数据传输速率低：2.4 GHz 频段为 250 Kb/s，915 MHz 频段为 40 Kb/s，868 MHz 频段只有 20 Kb/s。

（6）数据传输可靠。

4.3.4 蓝牙技术

蓝牙技术是一种无线数据与数字通信的开放式标准。它以低成本、近距离无线通信为基础，为固定与移动设备提供了一种完整的通信方式。利用蓝牙技术，能够有效地简化 PDA、便携式计算机和移动电话等移动通信终端设备之间的通信，也能够成功地简化以上这些设备与互联网之间的通信，从而使这些现代通信设备与互联网之间的数据传输变得更加迅速、高效。其实际应用范围还可以拓展到各种家电产品、消费电子产品和汽车等信息家电，组成一个巨大的无线通信网络。

4.3.5 超宽带技术

超宽带（Ultra Wide Band，UWB）技术定位于短距离无线通信这一广阔的应用领域，特别是随着物联网应用的兴起，它可以作为物联网的基础通信技术之一，实现不同设备之间的互联互通。

UWB 是一种无载波扩谱通信技术，又被称为脉冲无线电（Impulse Radio），具体定义为相对带宽（信号带宽与中心频率的比）大于 25% 的信号或者是带宽超过 1.5 GHz 的信号。实际上 UWB 信号是一种持续时间极短、带宽很宽的短时脉冲。它的主要形式是超短基带脉冲，宽度一般在 0.1～20 ns，脉冲间隔为 2～5 000 ns，精度可控，频谱为 50 MHz～10 GHz，频带大于 100% 中心频率，典型占空比为 0.1%。传统的 UWB 系统使用一种被称为"单周期（monocycle）波形"的脉冲。

UWB 具有对信道衰落不敏感、发射信号功率谱密度低、截获能力低、系统复杂度低、能提供数厘米的定位精度等优点，非常适于无线传感网。

4.4 无线局域网

无线局域网（WLAN）是指以无线电波、红外线等无线传输介质来代替目前有线局域网中的传输介质（比如电缆）而构成的网络。WLAN 覆盖半径一般在 100 m 左右，可实现十几兆至几十兆的无线接入。在宽带无线接入网络中，常把 WLAN 称为"WMAN（无线城域网）的毛细血管"，用于点对多点无线连接，解决用户群内部信息交流和网际接入，如企业专用网等。

4.4.1 IEEE 802.11 标准系列

IEEE 802.11 标准系列主要从 WLAN 的物理层和 MAC 层两个层面制定了系列规范。物理层标准规定了无线传输信号等基础标准，如 802.11a，802.11b，802.11d，802.11g，802.11h，而介质访问控制子层标准是在物理层上的一些应用要求标准，如 802.11e，802.11f，802.11i。IEEE 802.11 标准涵盖了许多子集，包括：

（1）802.11a：将传输频段放置在 5 GHz 频率空间。

（2）802.11h：将传输频段放置在 2.4 GHz 频率空间。

（3）802.11d：Regulatory Domains，定义域管理。

（4）802.11e：QoS，定义服务质量。

（5）802.11f：IAPP（lnter-Access Point Protocol），接入点内部协议。

（6）802.11g：在 2.4 GHz 频率空间取得更高的速率。

（7）802.11h：5 GHz 频率空间的功耗管理。

（8）802.11i：Security，定义网络安全性。

4.4.2　IEEE 802.11 WLAN 基本结构

IEEE 802.11 WLAN 的基本结构如图 4.11 所示。

4.4.3　IEEE 802.11 帧结构

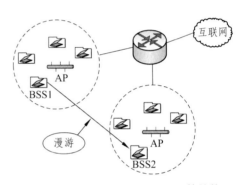

IEEE 802.11 定义了三种不同类型的帧:管理帧、控制帧和数据帧。管理帧用于站点与 AP 发生关联或解关联、定时和同步、身份认证以及解除认证；控制帧用于在数据交换时的握手和确认操作；数据帧用来传送数据。MAC 头部提供了关于帧控制、持续时间、寻址和顺序控制的信息。每种帧包含用于 MAC 子层的一些字段的头。IEEE 802.11 帧格式如图 4.12 所示。

图 4.11　IEEE 802.11 WLAN 基结构

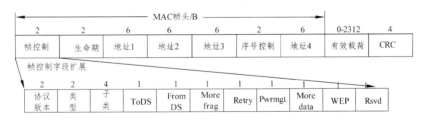

图 4.12　IEEE 802.11 帧格式

4.4.4　IEEE 802.11 MAC 协议（图 4.13）

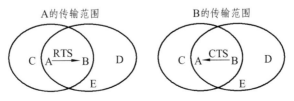

图 4.13　CSMA/CA 协议中的 RTS 帧和 CTS 帧

4.4.5 Ad Hoc 网络

Ad Hoc 网络是由许多带有无线收发装置的通信终端（也称为节点、站点）构成的一种自组织的自治系统。互联网工程任务组（IETF）对 Ad Hoc 网络的定义是：一个移动 Ad Hoc 网络可以看作是一个独立的自治系统或者是一个对互联网的多跳无线扩展。作为一个自治系统，它有自己的路由协议和网络管理机制；作为多跳无线扩展，它对互联网提供一种灵活、无缝的接入。

4.4.6 无线局域网的构建

1. WLAN 的组网模式

一般来说，WLAN 有两种组网模式：一种是无固定基站的，另一种是有固定基站的。这两种模式各有特点。无固定基站组成的网络称为自组网络，主要用于便携式计算机之间组成平等结构网络。有固定基站的网络类似于移动通信，网络用户的便携式计算机通过基站（又称为访问点 AP）连入网络。

这种网络是应用比较广泛的网络，一般用于有线局域网覆盖范围的延伸或作为宽带无线互联网的接入方式。

2. WLAN 采用的传输介质

无线局域网采用的传输介质是红外线 IR（Infrared）或无线电波（RF）。红外线的波长是 750 nm ~ 1 mm，是频率高于微波而低于可见光的电磁波，是人的肉眼看不见的光线。利用红外线进行数据传输就是视距传输，对邻近的类似系统不会产生干扰，也很难窃听。红外数据协会（IRDA）为了使不同厂商的产品之间获得最佳的传输效果，规定了红外线波长范围为 850 ~ 900 nm。无线电波一般使用三个频段：L 频段（902 ~ 928 MHz）、S 频段（2.4 ~ 2.4835 GHz）和 C 频段（5.725 ~ 5.85 GHz）。S 频段也称为工业、科学、医疗频段，大多数无线产品使用该频段。

3. WLAN 的应用范畴

WLAN 是计算机网络与无线通信技术相结合的产物，提供有线局域网的功能，能够使用户真正实现随时、随地、随意的宽带网络接入。WLAN 的最高数据传输速率目前已经达到 54 Mb/s（802.11g），传输距离可超过 20 km。它不仅可以作为有线数据通信的补充和延伸，还可以与有线网络环境互为备份。WLAN 的应用较为广泛，其应用场合主要包括以下几个方面：

（1）多个普通局域网及计算机的互联。

（2）多个控制模块（Control Module，CM）通过有线局域网的互联，每个控制模块又可支持一定数量的无线终端系统。

（3）具有多个局域网的大楼之间的无线连接。

118

（4）为具有无线网卡的便携式计算机、掌上电脑、手机等提供移动、无线接入。

（5）无中心服务器的某些便携式计算机之间的无线通信。

4.5 无线城域网

1999 年，IEEE 设立了 IEEE 802.16 工作组，其主要工作是建立和推进全球统一的无线城域网技术标准。在 IEEE 802.16 工作组的努力下，近些年陆续推出了 IEEE 802.16，IEEE 802.16a，IEEE 802.16b，IEEE 802.16d 等一系列标准。为了使 IEEE 802.16 系列技术得到推广，在 2001 年成立了 WiMAX 论坛组织，因而相关无线城域网技术在市场上又被称为"WiMAX 技术"。

WiMAX 技术的物理层和媒质访问控制层（MAC）技术基于 IEEE 802.16 标准，可以在 5.86 Hz，3.56 Hz 和 2.56 Hz 这三个频段上运行。WiMAX 利用无线发射塔或天线，能提供面向互联网的高速连接。其接入速率最高达 75 Mb/s，胜过有线 DSL 技术，最大距离可达 50 km，覆盖半径达 1.6 km。它可以替代现有的有线和 DSL 连接方式，来提供最后 1 km 的无线宽带接入。因而，WiMAX 可应用于固定、简单移动、便携、游牧式和自由移动这五类应用场景。

WiMAX 论坛组织是 WiMAX 的大力推广者，目前该组织拥有近 300 个成员，其中包括 Alcatel、AT＆T、FUJITSU、英国电信、诺基亚和英特尔等行业巨头。WiMAX 之所以能获得如此多公司的支持和推动，与其所具有的技术优势也是分不开的。WiMAX 的技术优势可以简要概括为以下几点：

（1）传输距离远、接入速度高，应用范围广。WiMAX 采用 OFDM 技术，能有效地抗多径干扰；采用自适应编码调制技术，可以实现覆盖范围和传输速率的折中；利用自适应功率控制，可以根据信道状况动态调整发射功率。正因为有这些技术，WiMAX 的无线信号传输距离最远可达 50 km，最高接入速度达到 75 Mb/s。由于其具有传输距离远、接入速度高的优势，可以应用于广域接入、企业宽带接入、移动宽带接入，以及数据回传等几乎所有的宽带接入市场。

（2）不存在"最后 1 km"的瓶颈限制，系统容量大。WiMAX 作为一种宽带无线接入技术，它可以将 WiFi 热点连接到互联网，也可作为 DSL 等有线接入方式的无线扩展，实现最后 1 km 的宽带接入。WiMAX 可为 50 km 区域内的用户提供服务，用户只要与基站建立宽带连接即可享受服务，因而其系统容量大。

（3）提供广泛的多媒体通信服务。由于 WiMAX 具有很好的可扩展性和安全性，从而可以提供面向连接的、具有完善 QoS 保障的、电信级的多媒体通信服务。其提供的服务按优先级从高到低有主动授予服务、实时轮询服务、非实时轮询服务和尽力投递服务。

（4）安全性高。WiMAX 空中接口专门在 MAC 层上增加了私密子层，不仅可以避免非法用户接入，保证合法用户顺利接入，还提供了加密功能（比如 EAP SIM 认证），保护用户隐私。

当然，WiMAX 发展还面临许多的问题，具体概括为几点：① 成本问题。相对于有线产品，其成本太高，不利于普及。② 技术标准和频率问题。许多国家的频率资源紧缺，目前都还没有分配出频带给 WiMAX 技术使用。频率的分配直接影响系统的容量和规模，这决定了运营商的投资力度和经营方向。③ 与现有网络的相互融合问题。IEEE 802.16 系列技术标准只是规定空中接口，而对于业务、用户的认证等标准都没有一个统一的规范，因而需要通过借助现有网络来完成，因此必须解决与现有网络的相互融合问题。

总之，从技术层面讲，WiMAX 更适合用于城域网建设的"最后 1 km"无线接入部分，尤其对于新兴的运营商更为合适。WiMAX 技术具各传输距离远、数据速率高的特点，配合其他设备（比如 VoIP、WiFi 等）可提供数据、图像和语音等多种较高质量的业务服务。在有线系统难以覆盖的区域和临时通信需要的领域，WiMAX 可作为有线系统的补充，具有较大的优势。随着 WiMAX 的大规模商用，其成本也将大幅度降低。在未来的无线宽带市场中，尤其是专用网络市场中，WiMAX 将占有重要位置。

4.6　无线广域网

无线广域网（WWAN）是采用无线网络把物理距离极为分散的局域网（LAN）连接起来的通信方式。WWAN 所覆盖的地理范围较大，常常是一个国家或是一个洲，其目的是让分布较远的各局域网互联，传输速率约为 3 Mb/s。它的结构分为末端系统（两端的用户集合）和通信系统（中间链路）两部分。

IEEE 802.20 是 WWAN 的重要标准。IEEE 802.20 是由 IEEE 802.16 工作组于 2002 年 3 月提出的，并为此成立专门的工作小组。这个小组在 2002 年 9 月独立为 IEEE 802.20 工作组。IEEE 802.20 是为了实现高速移动环境下的高速率数据传输，以弥补 IEEE 802.1x 协议族在移动性上的劣势。IEEE 802.20 技术可以有效解决移动性与传输速率相互矛盾的问题，它是一种适用于高速移动环境下的宽带无线接入系统空中接口规范。IEEE 802.20 标准在物理层技术上，以正交频分复用技术（OFDM）和多输入多输出技术（MIMO）为核心，充分挖掘时域、频域和空间域的资源，大大提高了系统的频谱效率。在设计理念上，基于分组数据的纯 IP 架构适应突发性数据业务的性能优于 3G 技术，与 3.5G（HSDPA、EV-DO）性能相当。在实现和部署成本上也具有较大的优势。

IEEE 802.20 能够满足无线通信市场高移动性和高吞吐量的需求，具有性能好、效率高、成本低和部署灵活等特点。IEEE 802.20 移动性优于 IEEE 802.11，在数据吞吐量上强于 3G 技术，其设计理念符合下一代无线通信技术的发展方向，因而是一种非常有前景的无线技术。

目前，IEEE 802.20 系统技术标准仍有待完善，产品市场还没有成熟，产业链有待完善，所以还很难判定它在未来市场中的位置。典型应用室外无线网桥设备在各行各业具有广泛的应用，例如，税务系统采用无线网桥设备可实现各个税务点、税收部门和税务局的无线联网。电力系统采用无线网桥产品可以将分布于不同地区的各个变电站、电厂和电力局连接起来，实现信息交流和办公自动化。教育系统可以通过无线接入设备在学生宿舍、图书馆和教学楼之间建立网络连接。无线网络建设可以不受山川、河流、街道等复杂地形限制，并且具有灵活机动、周期短和建设成本低的优势。政府机构和各类大型企业可以通过无线网络将分布于两个或多个地区的建筑物或分支机构连接起来。无线网络特别适用于地形复杂、网络布线成本高、分布较分散、施工困难的分支机构的网络连接，可用较短的施工周期和较少的成本建立起可靠的网络连接。

4.7 移动通信网络

移动通信使电话摆脱了电缆的束缚，让人们可以以更加灵活方便的方式进行交流。在物联网时代，移动通信将发挥更大的作用。一个完整的物联网系统由前端信息生成、中间传输网络以及后端的应用平台构成。如果将信息终端，通常是 RFID、传感器以及各种智能信息设备，局限在固定网络中，期望中无所不在的感知识别将无法实现。而移动通信，特别是 3G，将成为"全面、随时、随地"传输信息的有效平台。

4.7.1 移动通信发展历史

1864 年，英国物理学家麦克斯韦（James Clerk Maxwell）成功证明了电磁波在理论上是存在的。1876 年，德国物理学家赫兹（Heinrich Hertz）用实验证明了电磁波的存在。1900年，意大利发明家马可尼（Guglielmo Marconi）等人利用电磁波进行了远距离的无线电通信。1901 年，随着马可尼成功将信号从英国传到了远在大西洋彼岸的纽芬兰（现属于加拿大），无线电通信时代随之而来。

现代的无线电话有两种，分别是无绳电话和移动电话。无绳电话包含一个固定基座和一个手握话筒。由于无绳电话只能用于传统的对话，不能扩展应用于网络之中，所以基本上只适合作为家庭固定电话。而移动电话则更加符合人们的需求。移动电话可以上网查看电子邮件，或随时关注股市的涨落。

移动通信经历了三代的发展：模拟语音、数字语音以及数字语音和数据。

1. 第一代移动通信：模拟语音

20 世纪 20 年代到 40 年代为模拟语音的早期发展阶段。1928 年，美国普度大学（Purdue University）的学生发明了超外差式无线电接收机，这种无线电接收机随后被美国底特律警察局利用并建立了世界上第一个移动通信系统——车载无线电系统。这种专用移动通信系统只是开发在短波的几个频段上，工作频率也仅为 2 MHz，在 40 年代才被提高到了 30 ~ 40 MHz。从 40 年代中期开始，美国和欧洲的部分国家相继成功研制出公用移动电话系统，完成了专用移动网到公用移动网的过渡。1946 年，根据美国联邦通信委员会（Federal Communications Committee，FCC）的计划，贝尔系统在圣·路易斯建立起了第一个可用于汽车的电话系统。该系统使用一个大功率的发射器放在较高的地理位置上，从而可以利用单工信道在其覆盖地区接收和发送信号。西德、法国和英国则分别于 1950 年、1956 年和 1959 年完成了公用移动电话系统的研制。

20 世纪 60 年代，美国开始安装使用中小容量的改进移动电话系统（Improved Mobile Telephone System，IMTS）。IMTS 将一个大功率的发射器布设在一座小山顶上，和前面提到的汽车电话系统不同的是，IMTS 有两个频率分别用于接收和发送功能，所以用户可以不必在打开发送功能的时候关闭接收功能。另外，IMTS 支持 23 个信道，频率范围为 150 ~ 450 MHz。相比于庞大的移动用户数量，23 个信道不能保证用户即时交流，而且相邻的系统必须相距数百千米才能避免大功率发射器带来的信号干扰。这种在一个大区域中只用一个基站覆盖的设计被称为大区制。这种设计的特点是基站覆盖面积大、发射功率大、可用频率带宽有限，从而导致系统容量往往很小，只能适用于专用网或小城市的公共网。事实证明，IMTS正是由于其容量大小的限制而无法真正商用。

随着民用移动通信用户数量的增长和业务范围的扩大，大区制容量饱和的问题需要新的技术体制来解决。1928 年，美国贝尔实验室发明了高级移动电话系统（Advanced Mobile Phone System，AMPS）。相比于传统的移动通信系统，AMPS 最大的改进就是提出了"蜂窝单元"的概念。AMPS 主张将地理区域分成许多蜂窝单元，每一个蜂窝单元只能使用一组设定好的频率，且保证相邻的单元使用不同的频率，而在相距较远的单元则可以使用相同的频率。这样既有效避免了频率冲突，又可让同一频率多次使用，充分利用了有限的无线资源。在 IMTS 系统中，100 km 范围内每个频率只能有一个电话呼叫；而在同样的区域范围内，AMPS 系统可以允许有 100 个 10 km 的蜂窝单元，从而可以保证每个频率上有 10 ~ 15 个电话呼叫。蜂窝单元的设计带来了一个数量级的容量增长，而且蜂窝单元越小，容量增加越多，发射器和手持机所需要的功率要求也越低。

美国贝尔实验室提出了在移动通信发展史上具有里程碑意义的小区制、蜂窝组网的理论，为移动通信技术的发展和新一代多功能通信设备的产生奠定了基础。常见的蜂窝系统还包括 GSM（Global System for Mobile Communications，全球移动通信系统）和 CDMA（Code Division Multiple Access，码分多址数字无线技术），它们都属于第二代通信技术。

在如图 4.14 所示蜂窝系统中，每个蜂窝单元会有一个基站负责接收该单元中电话的信息，该电话也应服从该基站的控制和信道分配。所有的基站都会连接到移动电话交换局（Mobile Telephone Switching Office，MTSO）。MTSO 可以使用分层机制，二级的 MTSO 可以负责一级 MTSO 的业务处理，一级的 MTSO 负责与基站之间的直接通信，且通常会利用一个分组交换网络与公用交换电话网络（Public Switched Telephone Network，PSTN）进行通信。基站之间也会经常性地通信，主要是发生在电话在蜂窝单元之间移动的时候，基站会根据他们从该电话所得到的功率来交换控制权，以便信道的分配不会导致信号冲突。信道的分配由 MTSO 负责，基站只负责无线电波的中转。如果基站 A 检测到某电话的信号越来越弱，它会

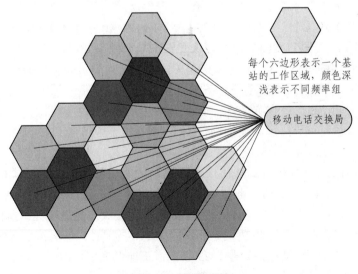

每个六边形表示一个基站的工作区域，颜色深浅表示不同频率组

移动电话交换局

图 4.14　蜂窝系统

询问相邻的基站，然后将该电话的所有控制权转交给拥有该电话最强信号的基站。如果该电话正在通话，则新的信道需要重新分配，因为根据蜂窝系统的要求，相邻基站是不会有重叠使用的。这个过程称为"移交"。通常一个移交过程会耗时 300 ms。移交过程有两种方式，分别为"软移交"和"硬移交"。在软移交中，用户通话始终是保持连贯的；而硬移交则需要老的基站切断电话的通话，新的基站才会重新赋予该通话新的资源。

2. 第二代移动通信：数字语音

第二代移动通信技术（2G）目前在全球范围内广泛使用。和第一代不同，第二代移动电话是数字制式的，不仅能够进行传统的语音通信、收发短信和各种多媒体短信，还可以支持一些无线应用协议。目前最为流行的数字移动电话系统是 GSM 和 CDMA。另外一种曾在美国和日本广泛应用的是 D-AMPS，它的协议设计主要是为了和 AMPS 共存，以至于在同样的频率处相邻的两条信道可能分别是模拟信道和数字信道。MTSO 会根据一个蜂窝单内的混合情况来动态决定信道属性，从而能够更好地服务于该单元的第一代和第二代移动用户。随着第一代移动通信设备在市场上的淘汰，这种混合的形式已经不复存在了。下面主要讨论 GSM 和 CDMA 两种具有代表性的数字移动电话系统。

1）GSM 系统

GSM 是一种源于欧洲的移动通信技术标准。1982 年，欧洲许多国家都拥有自己国内的电话系统，例如北欧多国联盟的北欧移动电话（Nordic Mobile Telephone，NMT）和英国的全接入通信系统（Total Access Communication System，TACS）。GSM 的开发目的就是统一欧洲的移动电话网络标准。GSM 属于蜂窝网络的一种，运行在多个不同的无线电频率上，用户需要连接到它的搜索范围内最近的蜂窝单元区域。GSM 利用时分复用技术将一对频率分成许多时槽供多个用户在不同时间共享，还利用频分复用技术使得每一部移动电话在一个频率上发送数据的同时可以在另外一个高出 50 MHz 的频率上接收数据。一个 GSM 系统拥有 124 对单工信道，每对单工信道有 200 kHz 的频宽，而 AMPS 的信道则只有 30 kHz，所以 GSM 的用户可以拥有较高的数据传输率。GSM 系统同时还支持自动漫游和自动切换，采用增强全速率编码技术（Enhanced Full Rate，EFR）之后更加保障了通信质量，同时拥有较强的安全性能和抗干扰能力。

GSM 蜂窝网络根据蜂窝的大小可以分为四种：宏蜂窝、微蜂窝、微微蜂窝和伞蜂窝。蜂窝半径大小主要受天线高度和传播环境等因素影响，实际使用的最大的蜂窝半径可以达到 35 km。宏蜂窝的覆盖面积最广，通常会将基站建在较高的位置，比如山顶或者楼顶上。微蜂窝的基站高度则普遍低于平均建筑高度，一般适用于市区内。而微微蜂窝则主要是应用于室内较为集中的地方，通常在几十米的范围以内。伞蜂窝的主要用途就是用于填补蜂窝间的信号空白区域，减少信号盲区。

GSM 系统的后台网络是极其复杂的，它将各种服务都映射到相关的子系统或者模块系统当中，如：

（1）基站系统，包括基站和相关控制器。

（2）网络和交换系统，也称为核心网，负责衔接每个部分。

（3）GPRS 核心网，可用于基于报文的互联网连接，为可选部分。

（4）身份识别模块，也称为 SIM 卡，主要用于保存手机用户的数据。

在各国的新兴市场上，手机普及率随着市场的增长仍在增大，GSM 同样是市场上的领先标准。截至 2007 年底，GSM 在巴西的市场份额为 76.6%，在印度为 78.9%，在中国为 91.9%，在俄罗斯则更高，达到了 99.3%。截至 2010 年，GSM 用户占全球移动用户的 83.5%。我国自从 1992 年在嘉兴建立和开通了第一个 GSM 演示系统，并于 1993 年 9 月正式开放业务以来，全国各地的移动通信系统中大多采用 GSM 系统，使得 GSM 系统成为目前我国最成熟和市场占有量最大的一种数字蜂窝系统。

2）CDMA 系统

CDMA 是与 GSM 并列的第二大移动通信系统，同时也是第三代移动通信系统的基础。CDMA 是美国高通公司（Qualcomm）提出的标准，刚提出来的时候人们并不对它抱有很高的期望。1989 年高通公司在首次 CDMA 的试验中验证了 CDMA 在蜂窝移动通信网络中的应用容量在理论上可以达到 AMPS 容量的 20 倍，顿时使其成为全球的热门课题。随着技术愈发成熟可靠，CDMA 现在已经被认为是最佳的技术方案，在美国也被广泛应用于第二代移动系统中。国际标准 IS-95 具体描述了 CDMA 的技术构架，所以有时候也用 IS-95 来表示 CDMA。基于 IS-95 的 CDMAOne 技术自 1995 年 10 月商用以来，迅速覆盖美国、韩国、日本、欧洲和南美洲的一些主要市场，取得了巨大的商业成功。据 CDMA 发展组织（CDMA Development Group，CDG）统计，1996 年底 CDMA 用户仅为 100 万；到 1998 年 3 月已迅速增长到 1 000万；截至 1999 年 9 月，用户数量已超过 4 000 万。2000 年初，全球 CDMA 移动电话用户的总数已突破 5 000 万，一年内用户数量增长率达到 118%。中国于 1995 年开始在部分城市建设 CDMA 试验网络，截止 2008 年 2 月，CDMA 用户已经达到 2 256 万户。CDG 在 2009 年 6月再次宣布，非洲、中国和印度等高速增长的市场正在推动全球 CDMA 的快速发展，CDMA用户总数已经接近 5 亿大关。

与 FDMA 和 TDMA 相比，CDMA 具有许多独特的优点，除了一部分是扩频通信系统所固有的，另外还有由软切换和功率控制等技术所带来的。CDMA 移动通信网是由蜂窝组网、扩频、多址接入以及频率复用等几种技术结合而成，含有频域、时域和码域等三维信号处理的一种协作，因此它具有抗干扰性好、抗多径衰落、安全性高、容量和质量之间可做权衡取舍、同频率可在多个小区内重复使用等属性。

CDMA 最明显的优势在于，它利用编码技术可以同时区分并分离多个同时传输的信号，从根本上保证了时间和频段等资源的高效利用。CDMA 并不会从时间上限制用户，它允许用户可以在任何时刻、任何频段发送信号，且它也不用再将整个频段分为数据传输率更小的窄带。更重要的是，对于冲突的信号，CDMA 并不是选择丢弃，相反，它假设多个信号可以线性叠加，并且可以从混合信号中提取出期望的数据信号，同时拒绝所有的噪声信号。可以用下面的例子来理解这些技术的区别：假设在英语教学课上坐着来自中国、韩国和日本三个国家的几十名学生，老师要求不同国家的学生组成一个团队来讨论某个问题的答案。为了避免团队之间的说话干扰。TDMA 的做法类似于先让韩国和日本的同学保持沉默，从而中国同学可以完成讨论，接下来韩国同学和日本同学也分别单独完成讨论；FDMA 的做法类似于将三个国家的学生分散到教室的三个角落里，然后每个团队都只能小声地完成讨论；CDMA 则是假设每个同学都可以准确地分辨出三个国家同学的英语口音，从而可以完整地解析出自己国家的同学的讨论，即使三个国家的同学同时说话，也不会干扰到每个组之间的沟通。可以看到，TDMA 需要时间上的让步，FDMA 则是空间上有限制，CDMA 则需要学生对不同语言（编码）的解析能力要强。当然，以上只是一个极为简单的例子，实际情况下，CDMA 是一个具有高技术含量的标准，经常需要一整本书才能讨论清楚，我们限于篇幅只谈这些。

3. 第三代移动通信：数字语音与数据

随着数字信息的更加多元化，许多移动通信用户要求的不只是能够正常、随时地进行语音交流，也不仅仅是收发短信或者电子邮件，他们更期望的是能够快速地处理图像、视频、音乐等多媒体信息，并且同时能够享用各种流媒体业务、电话会议以及电子商务等信息服务。第三代移动通信（3G）正是这种能够将国际互联网等多媒体通信与无线通信业务结合的新一代移动通信系统。3G 不仅能够提供所有 2G 的信息业务，同时能够保证更快的速度，以及更全面的业务内容，如移动办公、视频流、文件传输、网页浏览、移动定位和集闭虚拟网（Virtual Private Mobile Network，VPMN）等。

在 3G 最初发展的时候，人们意识到这是一个庞大、复杂的系统。无论是从技术实现本身，还是标准的订制，都充满了争议。正因为如此，许多运营商担心从 2G 直接跳跃到 3G 存在一定市场风险，于是出现了一个称为 2.5 G 的领域，包括 HSCSD（High Speed Circuit Switching Data，高速电路交换数据），GPRS 和 EDGE 技术等。

HSCSD 是 GSM 网络的升级版本，能够透过多重时分并行传输，速度比 GSM 网络快 5 倍，相当于固定电话网络通信中调制解调器的速度，完全符合 3G 的技术要求。HSCSD 主要是利用其独特的编码方式和多重时隙来提高数据传输量，加上能够动态提供不同的纠错方式，避免像传统的 GSM 系统一样将大量数据量花销在纠错码上。

GPRS 是基于传统 GSM 的产物，通过改造现有的基站系统和增加部分的功能模块，利用 GSM 网络中未使用的 TDMA 信道，GPRS 的传输速率可以达到 114 Kb/s。另外，GPRS 具备立即联机的性质，即客户建立一个新的连接几乎无须任何的额外时间，所以 GPRS 保证了客户在利用手机网上冲浪的同时，还可以保持与朋友进行电话连线。

EDGE 号称 2.75 G，确切地说是 GPRS 到 3G 之间的过渡产业，无论是性能、功能还是技术，都比 GPRS 更加适用于 3G 的应用发展。EDGE 的底层架构标准和 GSM 一样，仍然使用 GSM 载波带宽和时隙结构，却可以支持每波特有更多数据位，有效地提高了 GPRS 信道编码效率，传输速度可以达到 384 Kb/s，完全满足网络会议、无线多媒体应用等的带宽要求。另外，EDGE 技术主张充分利用现有的 GSM 资源，对于网络运营商来说，部署 EDGE 只需利用现有的无线网络设备即可。

ITU TG8/1 在 1985 年提出了第三代移动通信系统的概念，最初命名为 FPLMTS（Future Public Land Mobile Telecommunication System，未来公共陆地移动通信系统），后在 1996 年更名为 IMT-2000（International Mobile Telecommunications 2000），欧洲的电信业则称其为 UMTS（Universal Mobile Telecommunication System，通用移动通信系统）。IMT-2000 中数字 2000 蕴含了三层含义：

（1）希望该系统能够在 2000 年全面应用到市场。

（2）希望 3G 能在 2000 MHz 的频率上运行。

（3）3G 至少应该保证 2 000 kHz 的带宽。

可惜的是，3G 并没有能够在 2000 年之前投入市场，除了中国等极少数国家保留了

2 000 MHz 的频段以支持国家间的漫游服务外，大多数国家没有这样做。从技术上来看，IMT-2000 快速地完成移交过程非常困难，以至于很难对快速移动的用户保证 2 000 Kb/s 的传输速率。现在的普遍标准规定，移动终端以车速移动时，应当保证其数据传输速率为 144 Kb/s，室外静止或低速步行的数据传输速率为 384 Kb/s，而对室内较为固定的用户来说，应当有 2 Mb/s 的传输速率。

对于 3G 标准的定制，1999 年 10 月 25 日到 11 月 5 日在芬兰赫尔辛基召开 ITU TG/1 的第 18 次会议，最终通过了 IMT-2000 无线接口技术规范建议，将无线接口的标准明确为如图 4.15 所示的 5 个标准。

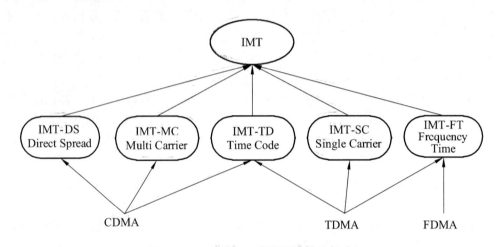

图 4.15　IMT-2000 地面无线接口标准

事实上，为了满足服务多元化、实时化，以及多任务的质量要求，3G 必须拥有高带宽保证，其每秒传输速率至少应达到 0.5 ~ 1 Mb/s。而传统的窄带 TDMA 技术是远远不能满足的，加上用户数量的急剧增长给网络带来的负担，CDMA 码分多址的编码方式才是现行的 3G 通信标准的基础。图 4.15 中关于 CDMA 技术的三个标准分别是：

（1）IMT-DS（IMT-2000 CDMA DS），对应于 W-CDMA。

（2）IMT-MC（IMT-2000 CDMA MC），对应于 CDMA2000。

（3）IMT-TD（IMT-2000 CDMA TDD），对应于 TD-SCDMA 和 UTRA-TDD。

这三种通信标准都是以 CDMA 为核心技术而开发的，各自都有非常明显的优劣，尤其对于不同国家的不同市场，有着不同程度上的需求。1999 年 3 月，芬兰成为第一个发放 3G 牌照的国家。全球最早开展 3G 业务的是日本运营商，NTT DoCoMo 和 KDDI 分别于 2001 年和 2002 年开通了各自的 3G 服务。韩国运营商 SKT 和 KTF 也于 2002 年开始 3G 运营。全球范围内大面积的 3G 网络部署开始于 2003 年，和记电讯公司于 2003 年在欧洲开通了欧洲第一个 3G 网络，同年 Verizon 也在美国开通了 3G 服务。2004 年则是 3G 发展的高潮，Vodafone，Orange 等运营商相继在英国、法国、德国、意大利等主要国家开通了 3G 服务。2009 年 1 月 7 日，我国工业和信息化部向中国移动、中国电信、中国联通分别发放了全业务牌照，包括基础电信业务牌照和第三代移动通信业务牌照，即 3G 牌照。其中，中国移动获得 TD-SCDMA 牌照，中国联通和中国电信分别获得 WCDMA 和 CDMA2000 牌照。随着 3G 牌照的发放，中国电信业正式进入 3G 时代。

4.7.2　3G 通信技术和标准

从 1985 年 FPLTMS 概念被提出，ITU 就一直致力于标准的制定和修改。1919 年，ITU 正式成立 TG8/1 任务组，专门负责 FPLMTS 标准制定工作。1992 年，ITU 召开了世界无线通信系统会议，对 FPLMTS 的频率进行了划分。1997 年初，ITU 向各国发出通函，要求各国在 1998 年 6 月之前提交关于 IMT-2000 无线接口技术的候选方案，最后一共收到了 15 份有关第三代移动通信无线接口的技术方案，其中包括我国自主研究制定的 TD-SCDMA 标准。2000 年 5 月，ITU 正式公布了第二代移动通信标准。众多 3G 都利用了 CDMA 相关技术，CDMA 系统以其频率规划简单、频率复用系数高、系统容量大、抗多径衰落能力强、软容量、软切换等特点显示出巨大的发展潜力。我国采用的三种 3G 标准分别是 TD-SCDMA、WCDMA 和 CDMA2000。下面分别进行讨论。

1. TD-SCDMA

TD-SCDMA（Time Division-Synchronous Code Division Multiple Access）即时分-同步码分多址。相对于 WCDMA 和 CDMA2000，它的起步较晚。该标准是原邮电部电信科学技术研究院于 1998 年 6 月向 ITU 提出的 3G 标准，于 2000 年正式成为 ITU 第三代移动通信标准 ITM-2000 建议的一个组成部分，也得到中国无线通信标准组（China Wireless Telecommunication Standards，CWTS）和 3GPP 的全面支持。

TD-SCDMA 将 SDMA（Space Division Multiple Access，空分多址）、同步 CDMA 和软件无线电等当今国际领先技术融会在一起，可以对频率和不同业务灵活搭配，高效率利用频谱等有效资源，加上有 TDMA 和 FDMA 的技术支持，使得抗干扰能力强、系统容量大。目前 TD 又分为 TD-SCDMA 和 TD-HSDPA。TD-SCDMA 主要负责提供话音和视频电话等最高下行频率为 384 Kb/s 的数据业务，而 TD-SCDMA 是一种数据业务增强技术，可以提供 2.8 Mb/s 的下行速率。

在 CDMA 系统中，当某一个小区内的干扰信号很强时，基站的实际有效覆盖面积就会缩小；反之，基站的实际有效覆盖面积会随着干扰信号的减弱而增大。覆盖半径随用户数量的增加而收缩的现象称为"呼吸效应"。导致呼吸效应的主要原因是 CDMA 系统是一个自干扰系统，用户增加导致干扰增加而影响覆盖。CDMA2000 和 WCDMA 都是典型的同频自干扰系统，邻近用户之间自干扰现象很明显，尤其是移动终端以最大的接收和发送功率来完成 HSDPA 业务，加上系统之中的话音用户的干扰，会导致用户实际能得到的速率要比理论速率低很多。与 CDMA2000 及 WCDMA 不同，TD-SCDMA 利用低带宽的 FDMA 和 TDMA 限制系统的最大干扰，不仅拥有灵活的上下时隙配置，在单时隙中应用 CDMA 技术来提高系统容量，还利用联合检测和 SDMA 技术对客户终端的信号跟踪，充分利用下行信号能量最大限度地抑制了用户之间的干扰。可以说 TD-SCDMA 系统不再是一个自干扰系统，其基站覆盖而积不会受用户数量的改变而显著变化，"呼吸效应"基本被消除了。

另外一个关于移动通信干扰的问题是"远近效应"。假设手机用户在某一个基站覆盖面积内的小区里是随机分布的，到基站的距离也可能处于高速变化中。同时假设手机用户的通信功率始终是固定的（为了保证时刻联通性，经常是以最大通信距离的功率进行发送和接收），然而这种静态方式很可能造成严重的功率过剩。也就是说，在离基站很近的地方依然用大功率来传输数据，那么过剩的功率将对基站获取其他信号造成很大的信号干扰，而且会形成有害的电磁辐射。动态的调控功率可以很好地解决这个问题，其核心思想就是手机终端应当依据自己到基站的通信距离动态的调控自己的传输功率，尽可能地减少过剩，但又保证可联通性。

为了最大化地利用资源和合理地服务于客户，TD-SCDMA采用动态信道分配的方式，也就是会根据用户的需求进行实时的动态资源的分配，包括频率、时隙和码字等。使用动态信道分配可以更加合理且最大化利用信道资源，并且能够自动适应网络中负载和干扰的变化，对于3G网络中高速率多元化信息传输业务是必不可少的。

2. WCDMA

WCDMA（Wideband Code Division Multiple Access，宽带码分多址）最先由爱立信公司提出，是一种由3GPP具体制定的、基于GSMMAP核心网、以UTRAN（UMTS陆地无线接入网）为无线接口的第三代移动通信系统。最初WCDMA的设计是为了能和现有的GSM网络协同合作，即两者的蜂窝系统是可以住相融合的，客户并不会因为穿越两个系统的蜂窝单元而丢失当前的呼叫。第一个商用WCDMA 3G网络是由日本最大的移动电话营运公司NTT DoCoMo公司于2001年5月推出的，同时也是世界上第一个3G移动电话服务。NTT DoCoMo公司把它的第三代移动电话服务命名为FOMA（Freedom Of Mobile multimedia Access，自由移动的多媒体接入）。同年10月，FOMA全面商用，3G正式亮相，世界上首个第三代商用移动网络诞生。

WCDMA技术主要就是将信息扩展成3.84 MHz的宽带后，在5 MHz带宽内进行传输。上行技术参数主要基于欧洲FMA2方案，下行技术参数则基于日本的ARIBW-CDMA的方案。WCDMA技术包括FDD与TDD两种工作方式。前者工作在覆盖面积较大的范围内，其主要特点是可以在分离（上下行频率间隔190 MHz）的两个对称频率信道上进行接收和传送工作，而后者侧重于业务繁重的小范围内。

WCDMA支持高速数据传输，完全支持3G所要求的慢速移动时384 Kb/s，室内走动时2 Mb/s，还支持可变速传输。WCDMA定义了3条可利用的公共控制信道及2条专用信道。公共控制信道包括：广播公共控制信道（BCCH），携带系统和小区特定的信息；寻呼信道（PCH），把消息送到寻呼区的移动台；前向接入信道（FACH），把消息从基站送到一个小区内的移动台。专用控制信道（DCCH）包括两个信道，即主专用控制信道（SDCCH）和辅助专用控制信道（ACCH）。专用业务信道（DTCH）用于上下行中点到点的数据传输。WCDMA将这些控制信道通过不同方式映射到相应的物理信道。在上行链路上，物理有2路专用信道：带有用户数据的专用物理数据信道（DPDCH）和用来携带控制信息的专用物理控制信道（DPCCH）。下行链路有3条公共物理信道：主和辅公共控制信道（CCPCH），携带下行公共控制逻辑信息（BCCH，PCH和FACH的信息）；同步信道（SCH），提供定时信息，并用于移动台的切换检测；专用信道（DPDCH和DPCCH），是时分复用的。

和TDSCDMA只支持同步基站不同，WCDMA可以同时支持异步和同步的基站运行方式，且动态调控多种速率的传输，对多媒体的业务可通过改变扩频比和多码并行传送的方式来实现；上下行快速、高效的功率控制极大减少了系统的多址干扰，不仅提高了系统容量，同时也大幅度降低了传输功率；对于GSM/GPRS网络的兼容可支持软切换和更软切换，切换方式包括三种，即扇区间软切换、小区间软切换和载频间硬切换。

3. CDMA2000

在三种制式中，WCDMA 和 TD-SCDMA 由标准组织 3GPP 制定，而 CDMA2000 由标准组织 3GPP2 制定。CDMA2000 是 IS-95 的一种扩展，并且与 IS-95 完全向后兼容。同 WCDMA 一样，CDMA2000 也使用了一段 5 MHz 的带宽，但是不能与 GSM 协同工作。

从 CDMA 过渡到 3G 的途径有两条：一条是经由 CDMA2000 1X 先过渡到 EV-DO，然后再过渡到 EV-DV；另一条是从 CDMA2000 1X 直接过渡到 EV-DV。EV-DO 的主要技术特点包括：可以在 1.25 MHz 的信道里支持高达 2.4 Mb/s 的数据速率，不能提供到 CDMA2000 1X 的后向兼容；需要部署 EV-DO 需要的专门频谱。而 EV-DV 拥有峰值为 3.1 Mb/s 扇区的数据传送能力，且同时支持实时及非实时业务。EV-DO 采用单独的载波支持数据业务，在 1.25 MHz 的信道中支持峰值速率为 2.4 Mb/s 的高速数据业务；而 EV-DV 在一个 1.25 MHz 的信道中，可以同时提供语音和高速分组数据业务，最高速率可达 3.1 Mb/s。可以看到，EV-DV 的频谱利用率比 EV-DO 要高一些。

从 CDMA 升级到 EV-DO 同样需要经历两步：CDMA→CDMA2000 1X→CDMA2000 1X EV-DO。CDMA2000 1X 是 CDMA 技术标准系列中的一环，是 2.5G 的技术标准，在实际应用中的表现要远好于 GPRS，但从传输速率上看还是属于同一数量级，实际应用不如 EDGE。考虑到 ADSL 等有线网络的竞争，CDMA2000 必须能够保证足够的数据带宽。高通公司从 1996 年就开始开发 HDR（High Data Rate，高数据速率）技术，2000 年形成了 1X EV-DO 标准，并且于 2001 年被 ITU-R 接受为 3G 技术标准之一，2002 年投入商用。

CDMA2000 标准演进路线如图 4.16 所示。

图 4.16　CDMA2000 标准演进路线

CDMA 2000 1X EV-DO Rev A（版本 A）技术在一个无线信道传送高速数据以及报文数据的情况下，支持向前链路数据速率最高为 3.1 Mb/s，在实际应用中的表现基本与 2M ADSL 相当，反向链路速率最高可以达到 1.8 Mb/s。另外，CDMA2001 1X EV-DO Rev A 提供了 QoS 服务质量保障机制和引入了数据源控制信道（DSC），使终端可以预先向网络进行通知，包括同步数据传输队列，然后再根据信道情况选择服务区。这种预先设置可以极大减少切换引起的中断时延，进而实现客户端移动中无缝切换。另外，EV-DO Rev A 系统除了可以明显提高用户对于已在 CDMA 1X 和 EV-DO Rev 0 网络上开展的服务的体验外，还可以支持很多对 QoS 有较高要求的新业务，如可视电话、VoIP 及 VoIP 和数据的并发业务、即时多媒体通信、移动游戏、基于 BCMCS（广播多播业务）的服务等。

2006 年 5 月，3GPP2 发布了 EF-DO Rev B（版本 B）空中接口协议，即多载波 EV-DO。从结构上来看，EV-DO Rev B 协议栈整体并没有太大的改动，只是在物理层、MAC 层和连接层分别增加了一些与多载波相关的协议。物理层在原有的 Subtype1 和 Subtype2 物理层协议的基础上，增加了 Subtype3 物理层协议。MAC 层增加了针对多载波的前向和反向业务信道 MAC 协议。连接层增加了快速空闲协议和多载波路由更新协议，用于提供移动台或接入网之间建立程序或者传递消息，使网络能够了解移动台的大概位置，以确保移动台始终能和网络保持连接。

相比于单载波 EV-DO，EV-DO Rev B 具有如下优势：① 扩大了带宽，多载波的设计可以支持高达 20 MHz 的带宽，这使得终端可以实现负载平衡以及频率选择性。② 进一步提升了前向及反向传输速率，这是因为单载波只能获得时域上的多用户分集，而多载波 EV-DO 除了时域还可以获得频域上的多用户分集，因而能够提高频谱利用率，改善上下行链路的性能。更重要的是，EV-DO Rev B 拥有更多的载波部署方案，除了在版本 A 的系统上增加载波以外，还可以对不同的载波使用不同的频率复用系数，从而提高系统频带的利用率。③ EV-DO Rev B 对 CDMA2000 1X 和 1X EV-DO 网络及终端设备的向后兼容性也是很强的。④ 关于功耗，版本 B 主要采用了快速寻呼信道、非连续传输技术、非连续接收技术等，有效降低了终端的功率开销。

4.7.3 移动互联网

在 3G 网络中，数据的传输首先是多元化的，视频信息、流数据、音乐及电影等多媒体数据都可以轻松、高质量地完成传输。其次是传输的即时性，无论是室内相对固定环境下的 2 Mb/s 的传输速率，还是室外快速移动环境下的 144 Kb/s 的传输速率，中小数据都可以完成及时并且完整的传输。在全面的基站覆盖下，信息的地域性也可以很好地解决，尤其是对于一些很难建立起 Wi-Fi 等无线网络系统的恶劣环境下，利用手机信号传输数据是很好的选择。可以说，3G 技术解决了现实的各种网络业务对信息要求越来越多、越来越快、越来越广的难题，为移动互联网提供了重要技术支撑。所谓移动互联网，就是将移动通信和互联网二者结合起来，成为一体。相比于前两代移动通信服务，利用在传输声音和数据的速度上的提升，3G 能够提供包括网页浏览、视频会议、电子商务、节目电视直播等多种原来只存在于互联网上的应用服务。对于未来的物联网发展，庞大的 3G 用户群是不可或缺的，而且 3G 的许多便捷服务更是物联网服务最基本的保证。下面将具体分析市场上流行的 3G 网络应用，在展现移动互联网魅力的同时，也反映出 3G 通信网络有效迎合物联网的多元要求。

1. 视频电话

在 3G 时代，最先被广泛应用的应该就是 3G 视频电话业务了。作为 2G 移动通信系统里不能支持的新业务，视频电话迎合了人们面对面交谈的习惯，成为引领 2G 用户奔向 3G 的主要手段。从 3G 市场发展上来看，视频电话带来的不仅仅是优于传统语音电话的服务，更重要的是能够让众多的手机移动用户看到更为丰富的数据交流方式，既体现出了 3G 在速度和带宽上面的优势，又实实在在地提高了对移动用户的服务质量。

从传输速度方面来看，3G 完全可以支持视频电话服务。按照数据流量来计算，如果分辨率被设置在 176×144，帧数率为 15fps，经过数据压缩之后，视频电话所使用的带宽并不高。可以说，视频通话给 3G 带来的传输压力非常小。3G 时代的视频应用主要使用两种视频编解码器，第一个是主要用于视频呼叫的 H.263 编解码器，单位码率可以小于 64 Kb/s；第二个协议是 H.264，主要是应用于视频流，这种协议被广泛应用于电影、电视中。

事实上，截至 2010 年初，视频电话业务在全球范围内并未达到预期的效果。其原因有很多，首先在大多数情况下，人们只需要语音通话就可以达到沟通的效果，视频电话作为补充业务，技术的不成熟性和相对高额的费用都是限制其发展的根本。从市场分析的话，3G 视频电话方面仍处于网络建设、方案准备与业务推广阶段，相对活跃的用户量还很少，造成用户互通性明显不足，毕竟中国大规模的 3G 网络建设于 2009 年上半年才开始，截至 2009 年底网络建设才初步覆盖到全国主要市场区域。还有一个重要原因在于移动终端，由于 2G 的手机基本上不能提供视频通话的服务要求，比如相应的应用软件、硬件设备和产品设计服务支撑等，导致视频电话服务无法有效快速地在客户群中使用。可以看到，要推进视频通话市场的增长，离不开运营商的大力发展，离不开功能丰富的手机终端的支持，更离不开整个产业链的支持。另外，出于对隐私性等的考虑，是否应当减少使用甚至不使用 3G 视频电话也是具有一个争议性的话题。

贝叶斯于 2010 年第一季度末推出的《2010 年中国 3G 视频通话专题市场研究报告》中提到，运营市场不应该对于早期的 3G 视频通话抱有过于完美的要求，而只能将其视作 3G 通信时代开始的早期创新业务来进行体验，尽管目前视频通话的服务质量仍未达到客户需求，但其必定成为 3G 后电信业发展战略中的重要板块。首先，视频电话服务利用实时语音和视频双向通信，可以提供用户更切身的交流感受；其次，视频电话技术也是众多其他综合服务业务的基本要求，比如说视频会议、多人网络游戏、远距离医护和可视安全系统等，这些服务都必须由运营商在视频电话业务基础上开发相应的技术需求。

2. 手机电视

目前，绝大多数观众还是坐在家中的沙发上看电视。随着 3G 网络的普及和中国移动多媒体广播（China Mobile Multimedia Broadcasting，CMMB）信号的开通，手机电视逐渐走入大众的视野。其实稍微留意一下就会发现，越来越多的人拿着手机在移动状态下看电视。手机电视的出现填补了广播电视对移动人群服务的空白，满足了人们随时随地看电视的需求。它是广播电视数字化创新发展带来的新产品，给人们带来方便的同时，也带来了新鲜的感受。

从技术上来说，手机电视主要分为两大类，分别源于广播网络和移动通信网络。第一类技术以欧洲的 DVB-H、韩国的 T-DMB、日本的 ISDB-T、美国的 MediaFlo 和中国的 CMMB 为代表，实现以地面广播网络为基础，与移动网络耦合或相对独立组网；第二类技术以 3GPP 的 MBMS 和 3GPP2 的 BCMCS 为代表，以移动通信网络为基础，不能独立组网。下面以 CMMB 为例，讨论当今热门的手机电视技术。

CMMB 是我国自主研发的面向手机、PDA、MP4、数码相机、笔记本电脑多种移动终端的移动多媒体广播系统。CMMB 技术，简单说就是利用无线数字广播电视网向手机、PDA、MP4、GPS 导航仪、笔记本电脑等移动终端提供电视节目。它采用了先进的编码、压缩、调制等数字技术，专为 7 寸以下小尺寸屏幕便携接收终端提供广播电视服务。各种小屏幕便携终端只要加装上一个专门的芯片，就可变成一部可移动收看的手持电视。CMMB 具有自主知识产权。与国外的同类技术（目前主要有美国的 MediaFLO、欧洲的 DVB-H、韩国的 T-DMB 等）相比，具有图像清晰流畅、组网灵活方便、内容丰富多彩的特点。

CMMB 系统采用卫星和地面网络相结合的"天地一体、星网结合、统一标准、全国漫游"方式，实现全国范围移动多媒体广播电视信号的有效覆盖。CMMB 利用大功率 S 波段卫星覆盖全国 100% 国土，利用 S/U 波段增补转发器覆盖卫星信号较弱区（利用 UHF 地而发射覆盖城市楼房密集区），利用无线移动通信网络构建回传通道，从而组成单向广播和双向交互相结合的移动多媒体广播网络。

CMMB 系统借助卫星和地面基站广播，极好地解决了手机电视信号流畅的问题。CMMB 频段范围为 470～798 MHz，传播衰耗小，发射功率能够达到千瓦级别，有效室外覆盖范围为十几到几千米。从覆盖的半径来看，上海仅凭东方明珠和广播大厦上的 2 座 CMMB 基站就覆盖了整个上海市区，而在基站数量增加到 16 个之后，连松江、宝山等郊县区域也能够实现信号的全面覆盖。相比之下，移动通信基站由于技术特点限制，覆盖范围就小得多。还以上海为例，如果 TD-SCDMA 网络要达到 GSM 的覆盖水平，中国移动需要在上海建设 5 000 个 TD 基站。

目前，负责 CMMB 的中广卫星移动广播有限公司与中国移动正式签署了 CMMB 与 TD-SCDMA 的项目业务合作协议。按照协议，CMMB 和 TD 将按照模块捆绑的模式进行运营，双方预计在未来 3 年内总共发展 5 000 万 CMMB 用户。中国移动首批推出的 OPhone 手机中全部内置了 CMMB 模块。在 2009 年上市的 TD 手机普遍加载了 CMMB 功能。

CMMB 广播技术，其优势是广覆盖、相对低成本、可多用户同时观看，其不足之处是难以支持点播和双向互动的业务。而 3G 的视频技术，优势在于交互、点播甚至即时通信，但要实现大规模、广覆盖、多用户情况下的视频传输，却很不经济。这两者的融合，加快了移动电视在手机上的普遍应用。目前，TD 与 CMMB 的合作从技术上来说，并没有做到融合，严格意义上讲只是两种功能的相互组合。但是在 TD＋CMMB 迈出良好的开端之后，电信运营商与广电运营商的下一步合作让人充满期待。

目前，CMMB 已经形成了具有自主知识产权的技术标准体系，颁发了移动多媒体广播信道、复用、电子业务指南、紧急广播、数据广播、条件接收、终端、分发信道、安全播出等 20 个行业标准和规范，形成了端到端的产业链。根据规划，到 2010 年 12 月，全国 337 个地级及以上城市将实现信号良好覆盖，全国百强县实现基本覆盖，到 2011 年 12 月，全国 337 个地级市和百强县实现优质贾盖，覆盖全国 5 亿以上的人口。CMMB 也积极拓展海外应用，已经在塔吉克斯坦开通试播。目前，10 多个国家和地区的相关机构正与我国就这一标准的合作进行深入洽谈。

3. 其他应用

1）手机邮件

手机邮件系统将用户的邮箱账号与用户的手机号码相关联，当用户的邮箱中收到新的邮件时，系统自动采用短信、彩信、WAP Push、客户端消息等方式将邮件推送给用户的手机终端，同时支持用户直接通过手机客户端查看邮件的正文和附件，并进行回复、删除等处理。手机邮件支持多种终端接入方式，降低用户使用门槛；支持多个私人邮箱绑定，降低用户迁移成本；支持多种附件格式，带给用户与互联网 E-mail 非常类似的良好使用体验。

2）WAP

WAP（Wireless Application Protocol）是无线应用协议，它将 Internet 内容和数据服务带入移动电话终端，客户只要携带支持 WAP 协议的移动电话即可上网浏览、发送和接收电子邮件，实现信息共享、信息传递等功能。

3）移动支付

移动支付，也称为手机支付或者手机钱包，允许用户通过手机支付消费的商品或服务。整个移动支付价值链包括移动运营商、支付服务商（如银行、银联等）、应用提供商（公交、校园、公共事业等）、设备提供商（终端厂商、卡供应商、芯片提供商等）、系统集成商、商家和终端用户。用户开通手机支付业务，系统将为用户开设一个手机支付账户，用户可通过该账户进行远程购物（如互联网购物，缴话费、水费、电费、燃气费及有线电视费等）。

4）手机广告

手机广告的特点是具有更好的互动性和定制性，可以针对目标人群，向特定地理区域提供直接的、个性化的广告定向发布，可通过短信、彩信、WAP、声讯等多种手机增值服务平台来实现。手机广告可以利用手机用户数据库，对目标人群细分，定向地发送广告，同时利用手机的互动性，发布效果可以通过互动的量化跟踪和统计得到评估。

5）手机游戏

随着移动网络和终端设备能力逐步增强，手机游戏可以为用户带来良好的游戏体验。例如，加强游戏触觉反馈技术，通过操纵杆真实地感受到屏幕上爆炸、冲撞和射击等场面，将游戏的细节信息传递给用户。

6）手机博客

手机博客即用户利用手机拍照，或者利用手机录下声音，然后通过移动网络，把这些信息以最快的速度发到互联网上，与人分享或与朋友、家人互相交流。手机博客与传统博客通过计算机进行写作不同，主要是通过手机随时随地发布文章。随着 3G 的普及，手机博客将突破上传图片和音视频较慢的瓶颈，逐步成为手机主流应用之一。

7）手机阅读

手机阅读是指利用手机作为阅读内容承载终端的一种移动阅读行为。通过手机，用户可以以多样化的形式阅读各类电子书内容，包括报纸、图书、杂志、漫画、资讯等。统计显示，截至 2009 年底，全国手机报用户已达到 1.5 亿，付费用户达 7 000 万。除了手机报，网络文学和咨询信息也是手机阅读用户经常阅读的内容。随着移动互联网应用的快速普及及用户对手机阅读接受度的不断提升，手机阅读进入了快速发展阶段。

8）移动即时通信

移动即时通信是互联网即时通信（QQ、MSN、Skype 等）在移动通信网络上的拓展。例如，中国移动推出的飞信业务，融合语音（IVR）、GPRS、短信等多种通信方式，覆盖三种不同形态（完全实时的语音服务、准实时的文字和小数据量通信服务、非实时的通信服务）的客户通信需求，多终端（手机、计算机等）登录永不离线，实现互联网和移动网间的无缝通信服务。

9）手机视频点播

手机视频是通过移动通信网络收看音视频节目的新媒体业务，使用户无论身处何地都可以通过手机在线观看（点播）和下载新闻、影视、娱乐、体育等各类精彩视频内容。

10）手机证券

手机证券是通过移动网络平台为移动客户提供全新模式的证券应用服务，内容包括实时行情、在线交易以及方便客户随时随地把握证券市场脉搏的专业股市资讯。它的使用更加有效。这种有效性可以让更多的人使用与以前相同数量的无线频谱做更多的事情。

4.7.4 关于4G

随着3G的不断成熟，很多人已经将目光投向了4G市场。目前来看，3G的确带来了更多高质量的信息服务，也让人们对未来的信息融合与传输技术有了更多的展望。但我们绝对有理由要求更多，比如希望在高速移动中仍然有兆比特级别的数据传输率，希望有更清晰的视频效果等。未来的4G通信将能满足3G不能达到的覆盖范围、通信质量、高速数据和高分辨率多媒体服务等方面的要求。4G系统提供的无线多媒体通信服务将语音、数据、影像等大量信息透过宽频的信道传送出去，为此未来的4G也被称为"多媒体移动通信"。

到目前为止，人们还无法给出4G的精确定义，但不可否认的是，4G在通信速度和智能性方面是远远超过3G的。4G的数据传输速率可以达到10～20 Mb/s，最高甚至可以超过100 Mb/s。这个速率是目前移动电话数据传输速率的1万倍，也是3G移动电话传输速率的50倍。利用高带宽的优势，4G手机可以提供高性能的流媒体内容，也可以实现高分辨率的电影和电视节目。技术方面，4G将引入许多功能强大的突破性技术，使得对无线频率的使用更加有效。这种有效性可以让更多的人使用与以前相同数量的无线频谱做更多的事情。

早在2004年11月，3GPP在魁北克会议上决定开展3G系统的长期演进（Long Term Evolution，LTE）研究项目。世界主要的运营商和设备厂家通过会议、邮件讨论等方式，开始形成对LTE系统的初步需求。作为一种先进的技术，LTE需要系统在提高峰值数据速率、小区边缘速率、频谱利用率，以及降低运营和建网成本方面进行进一步改进，同时为使用户能够获得"Always Online（时时在线）"的体验，需要降低控制和用户平面的时延。另外，该系统必须能够和现有系统（2G/2.5G/3G）共存。

3GPP LTE包括两种制式，即LTE TDD和LTE FDD，而LTE TDD模式就是TD-LTE技术。从名称可以看出，TD-LTE吸纳了很多TD-SCDMA的技术元素，体现了我国在TD-SCDMA产业发展上已取得的成绩。TD-LTE是根据移动宽带业务特点来进行系统架构设计的，所以具有高效益低时延、高带宽低成本等特点，在承载移动宽带业务方面有着明显的优势。同时，TD-LTE标准已被国际产业广泛接受，为我国下一代移动通信产业进入国际主流带来了历史性的机遇。

TDD采用时分复用进行双工，而FDD采用频分复用进行双工。比较这两种模式，FDD的上下行链路固定频谱分配，并且需要频谱隔离度；而TDD制式不需要成对的频带资源支持，因而可以利用目前频谱规划中的散杂频谱资源，灵活性优势非常明显。未来，LTE FDD和TD-LTE将分别在3G现有频段上部署，TDD由于频谱占用的非对称性，在组网和技术难度上比FDD更多一些。目前，TD-LTE与LTE-FDD在统一标准、共芯片以及统一终端等方面已有明显进展，而且部分产品已上市。作为全球最大的移动运营商，中国移动表示将不断推动 TD-LTE 与 LTE FDD 构建融合平台发展，包括系统设备和终端芯片生产在内的产业界，都会加入到 TDD/FDD 融合的 LTE 设备制造中。

相对于 TD-SCDMA 使用的 CDMA 技术，TD-LTE 采用更有效对抗宽带系统多径干扰的 OFDM（正交频分调制）技术。OFDM 源于 20 世纪 60 年代，其后不断完善和发展，90 年代后随着信号处理技术的发展，在数字广播、DSL 和无线局域网等领域得到广泛应用。OFDM 具有抗多径干扰、实现简单、灵活支持不同带宽、频谱利用率高、支持高效自适应调度等优点，是公认的未来 4G 储备技术。为进一步提高频谱效率，MIMO（多输入/多输出）技术也成为 LTE 的必选技术。MIMO 利用多天线系统的空间信道特性，能同时传输多个数据流，从而有效提高数据速率和频谱效率。

2009 年 10 月，中国向 ITU 提交了 TD-LTE-Advanced 技术方案，这一技术正是 3GPP LTE-Advanced（LTE-A）的 TDD 分支。ITU 正式确定 LTE-A 成为 4G 国际标准候选技术。并且，LTE-A 最终成为 4G 国际标准的可能性非常大。

2010 年 4 月 15 日，中国移动在上海世博园区内建设的全球首个 TD-LTE 规模演示网络正式运行。通过 17 个室外站点和 3 个室内站点，TD-LTE 网络信号覆盖到了整个世博园区和穿越园区的黄浦江江面，及中国馆、主题馆、演艺中心、世博中心等 9 个场馆。世博期间，中国移动准备通过 TD-LTE 网络，提供包括移动高清视频监控、移动高清会议、移动高清视频点播和高速上网卡在内的多项特色业务应用演示。比如，通过 TD-LTE 的重要场馆移动高清实况转播业务，参观者在黄浦江渡轮上就能通过基于 TD-LTE 网络的实时高清视频浏览到园区内重要场馆出入门的人流分布情况，从而根据场馆的拥挤情况更为合理地安排参观路线。

现在来看，4G 通信发展还没有柳暗花明，甚至许多人都认为 4G 将是人类有史以来发明的最复杂的系统。从实现的过程来看，除了会遇到 3G 发展过程中的问题，比如说标准的统一、市场的消化普及、基础设施的更新等，其复杂的理论技术则更是需要几年甚至更长时间的研发。目前全世界也正在大力研究 4G 技术在各个领域的应用，ITU 的 4G 全球标准化工作也将全面展开。一旦 4G 技术被各个产业正式应用，其高带宽和高智能性或许可以解决物联网的物物通信之间的大量数据的传输问题。Verizon 通信总裁兼首席执行官伊凡·赛登伯格（Ivan Seidenberg）就曾说过："在 4G 时代，无线将连接一切。这将是真正的没有任何限制的互联：交通工具、家用电器、建筑、道路和医疗设备都将成为网络的一部分。物联网将给所有系统注入智慧，为家庭、公司、社区乃至整个经济带来全新的管理方式。"

第 5 章　物联网数据处理

物联网中信息来源复杂，种类多，形式多样，信息规模大，就特征而言具有海量性、多态性、关联性和语义性。如果我们把物联网系统比作一个健康的人，那么前面介绍的物联网感知层如同人的四肢、眼睛、耳朵等器官，完成基本信息的采集和反馈；传输网络则如同人的身体，确保系统机能正常运转；服务应用层则如同人的大脑，通过软件系统使整个系统形成有机体。所有的信息最终要经由服务应用层，来完成数据管理、处理，从而实现指令下达、协调各部分之间关系等。

本章针对物联网中的数据特征，介绍物联网中对数据进行管理的数据模型技术、数据库技术，以及实现海量数据存储的数据中心和海量存储，阐述物联网中数据处理的中间件技术、嵌入式技术及数据挖掘和融合技术，并通过介绍云计算来说明物联网顶层应用服务。

5.1　物联网数据特征

1. 海量性

物联网中数据来自底层及对底层数据的处理。我们可以假设每个传感器每分钟内仅传回 1KB 的数据，则每天的数据量就达到了约 1.4 GB。如果传感网是部署在更为敏感的应用场合如智能电网、建筑监测等时，则要求传感器有着更高的数据传输率，每天的数据量在 TB（1TB = 1 024 GB）以上。在未来，若是地球上的每个人、每件物品都能互联互通，其产生的数据量之大难以想象。

2. 多态性

物联网的应用领域广泛，其中的数据也令人眼花缭乱，如各种温度、湿度、光照度、风力、风向、海拔高度、二氧化碳浓度等环境数据，多媒体传感网中的视频、音频等多媒体数据，传感网甚至还包含与用户交换信息的结构化通信数据。数据的多态性必将带来处理数据的复杂性：

（1）不同的网络导致数据具有不同的格式。

（2）不同的设备导致数据具有不同的精度。

（3）不同的测量时间、测量条件导致数据具有不同的值。物联网中物体的一个显著特征就在于其动态性。

3. 关联性及语义性

物联网中的数据绝对不是独立的。描述同一个实体的数据在时间上具有关联性，描述不同实体的数据在空间上具有关联性，描述实体的不同维度之间也具有关联性。不同的关联性组合会产生丰富的语义，比如说，部署在森林中的传感器测量的温度一直维持在 30 ℃ 左右，忽然在某一时刻升高到了 80 ℃，根据时间关联性就可以推测，要么是该传感器发生了故障，要么是周围环境发生了特殊变化。假设同时又发现周围的传感器温度都上升到了 80 ℃ 以上，根据空间关联性可以推断附近有极大的可能发生了森林火灾。假设发现周围的传感器温度并没有上升，同时空气湿度远大于 60%。根据维度的关联性，当空气湿度大于 60% 时，火不容易燃烧及蔓延，于是可以推断，这个传感器的温度测量装置很可能发生了故障。

5.2　数据结构

5.2.1　基本概念和术语

数据结构是指相互之间存在一种或多种特定关系的数据元素的集合，是计算机存储、组织数据的方式，同时也是物联网中数据存储和组织的方式。通常情况下，精心选择的数据结构可以带来更高的运行或者存储效率。数据结构往往同高效的检索算法和索引技术有关。

数据结构包括逻辑结构、存储结构（物理结构）和数据的运算。数据的逻辑结构是对数据之间关系的描述，有时就把逻辑结构简称为数据结构。

数据元素相互之间的关系称为结构。有四类基本结构：集合、线性结构、树形结构和图形结构（网状结构）。树形结构和图形结构统称为非线性结构。集合结构中的数据元素除了同属于一种类型外，别无其他关系。线性结构中元素之间存在一对一关系。树形结构中元素之间存在一对多关系。图形结构中元素之间存在多对多关系。在图形结构中，每个结点的前驱结点数和后续结点数可以为任意多个。

算法的设计取决于数据（逻辑）结构，而算法的实现依赖于采用的存储结构。数据的存储结构实质上是它的逻辑结构在计算机存储器中的实现。为了全面地反映一个数据的逻辑结构，它在存储器中的映像包括两方面内容，即数据元素之间的信息和数据元素之间的关系。不同数据结构有其相应的若干运算。数据的运算是在数据的逻辑结构上定义的操作算法，如检索、插入、删除、更新和排序等。

数据的运算是数据结构的一个重要方面，讨论任何一种数据结构时都离不开对该结构上的数据运算及其实现算法的讨论。

数据结构的形式定义为：数据结构是一个二元组，即

$$\text{Data-Structure} = (D, S)$$

其中，D 是数据元素的有限集，S 是 D 上关系的有限集。

数据结构不同于数据类型，也不同于数据对象，它不仅要描述数据类型的数据对象，而且要描述数据对象各元素之间的相互关系。

5.2.2 几种典型数据结构

1. 线性表

线性表是最基本、最简单，也是最常用的一种数据结构。线性表中数据元素之间的关系是一对一的关系，即除了第一个和最后一个数据元素之外，其他数据元素都是首尾相接的。线性表的逻辑结构简单，便于实现和操作。因此，线性表这种数据结构在实际应用中是被广泛采用的一种数据结构。

线性表是一个线性结构，它是一个含有 $n \geqslant 0$ 个结点的有限序列。对于其中的结点，有且仅有一个开始结点没有前驱结点但有一个后继结点，有且仅有一个终端结点没有后继结点但有一个前驱结点，其他结点都有且仅有一个前驱结点和一个后继结点。一般地，一个线性表可以表示成一个线性序列：k_1, k_2, $\cdots$, k_n。其中 k_1 是开始结点，k_n 是终端结点。线性表是一个数据元素的有序（次序）集，如图 5.1 所示。

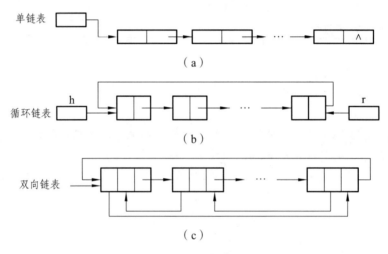

图 5.1　线性表

在实际应用中，线性表都是以栈、队列、字符串和数组等特殊线性表的形式来使用的。由于这些特殊线性表都具有各自的特性，因此，掌握这些特殊线性表的特性，对于提高数据运算的可靠性和操作效率都是至关重要的。

2. 栈

栈，主要表现为一种数据结构，是只能在某一端插入和删除数据的特殊线性表。它按照后进先出的原则存储数据，先进入的数据被压入栈底，最后进入的数据在栈顶；需要读数据的时候从栈顶开始弹出数据（最后一个数据被第一个读出来），如图 5.2 所示。

允许进行插入和删除操作的一端称为栈顶（top），另一端为栈底（bottom）；栈底固定，而栈顶浮动；栈中元素个数为零时称为空栈。插入一般称为进栈（push），删除则称为退栈（pop）。

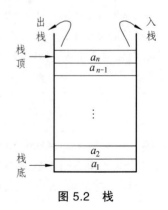

图 5.2　栈

栈也称为先进后出表。

　　栈在程序的运行中有着举足轻重的作用，最重要的是栈保存了一个函数调用时所需要的维护信息，这常常称为堆栈帧或者活动记录。堆栈帧一般包含如下两方面的信息：① 函数的返回地址和参数；② 临时变量，包括函数的非静态局部变量以及编译器自动生成的其他临时变量。

3. 队　列

　　如图 5.3 所示，队列是一种特殊的线性表，它只允许在表的前端（front）进行删除操作，而在表的后端（rear）进行插入操作。进行插入操作的端称为队尾，进行删除操作的端称为队头。队列中没有元素时，称为空队列。在队列这种数据结构中，最先插入的元素将是最先被删除的元素，最后插入的元素将是最后被删除的元素，因此队列又称为"先进先出"（First Input First Output，FIFO）的线性表。

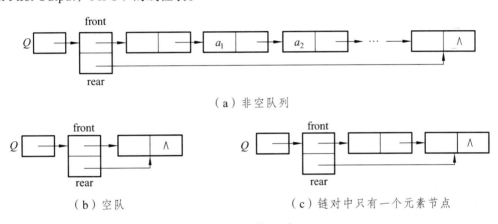

（a）非空队列

（b）空队　　　　　　　　　　　（c）链对中只有一个元素节点

图 5.3　队　列

4. 树

　　树（tree）是包含 n（$n > 0$）个结点的有穷集合 K，且在 K 中定义了一个关系 N。N 满足以下条件：

　　（1）有且仅有一个结点 k_0，它对于关系 N 来说没有前驱结点。k_0 称为树的根结点，简称为根（root）。

　　（2）除 k_0 外，K 中的每个结点，对于关系 N 来说有且仅有一个前驱结点。

　　（3）K 中各结点，对于关系 N 来说可以有 m 个后继结点（$m \geq 0$）。

　　若 $n > 1$，除根结点之外的其余数据元素被分为 m（$m > 0$）个互不相交的集合 T_1，T_2，…，T_m。其中每一个集合 T_i（$1 \leq i \leq m$）本身也是一棵树。树 T_1，T_2，…，T_m 称作根结点的子树（sub tree）。

　　树是由一个集合以及在该集合上定义的一种关系构成的。集合中的元素称为树的结点，所定义的关系称为父子关系。父子关系在树的结点之间建立了一个层次结构。在这种层次结构中有一个结点具有特殊的地位，这个结点称为该树的根结点，或简称为树根。我们可以给出树的递归定义如下：单个结点是一棵树，树根就是该结点本身。

设 T_1，T_2，$\cdots$，T_k 是树，它们的根结点分别为 n_1，n_2，$\cdots$，n_k。用一个新结点 n 作为 n_1，n_2，$\cdots$，n_k 的父亲，则得到一棵新树，结点 n 就是新树的根。我们称 n_1，n_2，$\cdots$，n_k 为一组兄弟结点，它们都是结点 n 的儿子结点。我们还称 n_1，n_2，$\cdots$，n_k 为结点 n 的子树。空集合也是树，称为空树。空树中没有结点，如图 5.4 所示。

5. 图

图（graph）：图 G 由两个集合 V 和 E 组成，记为 $G = (V，E)$。这里，V 是顶点的有穷非空集合，E 是边（或弧）的集合，而边（或弧）是 V 中顶点的偶对。图中的结点又称为顶点，相关顶点的偶对称为边，如图 5.5 所示。

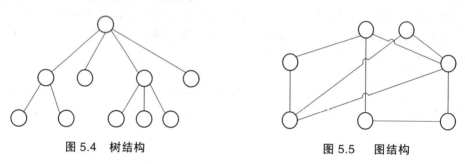

图 5.4　树结构　　　　　　　　图 5.5　图结构

有向图（digraph）：若图 g 中的每条边都是有方向的，则称 g 为有向图。弧（arc）：又称为有向边。在有向图中，一条有向边是由两个顶点组成的有序对，有序对通常用尖括号表示。弧尾（tail）：边的始点。弧头（head）：边的终点。

无向图（undigraph）：若图 g 中的每条边都是没有方向的，则称 g 为无向图。

5.3　数据库技术

5.3.1　数据库的基本概念

物联网中数据的存放和管理是有序的，其基本管理是通过数据库（Data Base，DB）来实现。数据库是按照数据结构来组织、存储和管理数据的仓库。1963 年 6 月这个概念被首次提出。随着信息技术和市场的发展，特别是 20 世纪 90 年代以后，数据管理不再仅仅是存储和管理数据，而转变成用户所需要的各种数据管理方式。数据库有很多种类型，从最简单的存储有各种数据的表格到能够进行海量数据存储的大型数据库系统，都在各个方面得到了广泛的应用。

数据库是一个长期存储在计算机内的、有组织的、有共享的、统一管理的数据集合。它是一个按数据结构来存储和管理数据的计算机软件系统。

数据库的概念实际包括两层意思：

（1）数据库是一个实体，它是能够合理保管数据的"仓库"，用户在该"仓库"中存放要管理的事务数据，"数据"和"库"两个概念结合成为数据库。

（2）数据库是数据管理的新方法和技术，它能更合适地组织数据、更方便地维护数据、更严密地控制数据和更有效地利用数据。

5.3.2 关系数据库

1. 概　述

关系数据库是建立在关系数据库模型基础上的数据库,借助于集合代数等概念和方法来处理数据库中的数据。目前主流的关系数据库有 Oracle,SQL,Access,DB2,Sybase 等。

1970 年,IBM 的研究员,有"关系数据库之父"之称的埃德加·弗兰克·科德(Edgar Frank Codd)博士在刊物 *Communication of the ACM* 上发表了题为"*A Relational Model of Data for Large Shared Data Banks*(大型共享数据库的关系模型)"的论文,文中首次提出了数据库关系模型的概念,奠定了关系模型的理论基础。后来 Codd 又陆续发表多篇文章,论述了范式理论和衡量关系系统的 12 条标准,用数学理论奠定了关系数据库的基础。IBM 的 Ray Boyce 和 Don Chamberlin 将 Codd 关系数据库的 12 条准则的数学定义以简单的关键字语法表现出来,里程碑式地提出了 SQL 语言。由于其关系模型简单明了、具有坚实的数学理论基础,所以一经推出就受到了学术界和产业界的高度重视和广泛响应,并很快成为数据库市场的主流。20 世纪 80 年代以来,计算机厂商推出的数据库管理系统几乎都支持关系模型,数据库领域当前的研究工作大都以关系模型为基础。

2. 关系数据库的设计原则

在实现设计阶段,常常使用关系规范化理论来指导关系数据库设计。其基本思想为,每个关系都应该满足一定的规范,从而使关系模式设计合理,达到减少冗余、提高查询效率的目的。为了建立冗余较小、结构合理的数据库,将关系数据库中关系应满足的规范划分为若干等级,每一级称为一个"范式"。

范式的概念最早是由 Codd 提出的,他从 1971 年开始相继提出了三级规范化形式,即满足最低要求的第一范式(1NF)、在 1NF 基础上又满足某些特性的第二范式(2NF),以及在 2NF 基础上再满足一些要求的第三范式(3NF)。1974 年,Codd 和 Boyce 共同提出了一个新的范式概念,即 Boyce-Codd 范式,简称 BC 范式。1976 年,Fagin 提出了第四范式(4NF),后来又有人定义了第五范式(5NF)。至此,在关系数据库规范中建立了一个范式系列:1NF,2NF,3NF,BCNF,4NF 和 5NF。

1)第一范式

在任何一个关系数据库中,第一范式是对关系模型的基本要求,不满足第一范式的数据库就不是关系数据库。

所谓第一范式,是指数据库表的每一列都是不可再分割的基本数据项,同一列不能有多个值,即实体中的某个属性不能有多个值或者不能有重复的属性。如果出现重复的属性,就可能需要定义一个新的实体,新的实体由重复的属性构成。新实体与原实体之间为一对多关系。在第一范式中表的每一行只包含一个实例的信息。

2)第二范式

第二范式是在第一范式的基础上建立起来的,即满足第二范式必须先满足第一范式。第二范式要求数据库表中的每个实例或行必须可以被唯一地区分。为实现区分,通常需要为表加上一个列，以存储各个实例的唯一标识。第二范式要求实体的属性完全依赖于主关键字。所谓"完全依赖"是指不能存在仅依赖主关键字一部分的属性，如果存在，那么这个属性和主关键字的这一部分应该分离出来形成一个新的实体。新实体与原实体之间是一对多的关系。简而言之，第二范式就是非主属性部分依赖于主关键字。

3）第三范式

满足第三范式必须先满足第二范式。也就是说，第三范式要求一个数据库表中不包含已在其他表中包含的非主关键字信息。简而言之，第三范式就是属性不依赖于其他非主属性。

5.4 分布式数据库

分布式数据库系统通常使用较小的计算机系统，每台计算机可单独放在一个地方，每台计算机中都有 DBMS 的一份完整拷贝副本，并具有自己局部的数据库。位于不同地点的许多计算机通过网络互相连接，共同组成一个完整的、全局的大型数据库。

5.4.1 分布式数据库简介

这种组织数据库的方法克服了物理中心数据库组织的弱点。第一，降低了数据传送代价，因为大多数对数据库的访问操作都是针对局部数据库的，而不是针对其他位置的数据库；第二，系统的可靠性提高了很多，因为当网络出现故障时，仍然允许对局部数据库的操作，而且一个位置的故障不影响其他位置的处理工作，只有当访问出现故障位置的数据时，在某种程度上才受影响；第三，便于系统的扩充，增加一个新的局部数据库，或在某个位置扩充一台适当的小型计算机，都很容易实现。然而有些功能要付出更高的代价。例如，为了调配在几个位置上的活动，事务管理的性能比在中心数据库时花费更高，而且甚至抵消许多其他的优点。

分布式软件系统（Distributed Software Systems）是支持分布式处理的软件系统，是在由通信网络互联的多处理机体系结构上执行任务的系统。它包括分布式操作系统、分布式程序设计语言及其编译（解释）系统、分布式文件系统和分布式数据库系统等。

分布式操作系统负责管理分布式处理系统资源和控制分布式程序运行。它和集中式操作系统的区别在于资源管理、进程通信和系统结构等方面。分布式程序设计语言用于编写运行于分布式计算机系统上的分布式程序。一个分布式程序由若干个可以独立执行的程序模块组成，它们分布于一个分布式处理系统的多台计算机上，被同时执行。它与集中式的程序设计语言相比有三个特点：分布性、通信性和稳健性。分布式文件系统具有执行远程文件存取的能力，并以透明方式对分布在网络上的文件进行管理和存取。分布式数据库系统由分布于多个计算机结点上的若干个数据库系统组成，它提供有效的存取手段来操纵这些结点上的子数据库。分布式数据库在使用上可视为一个完整的数据库，而实际上它是分布在地理分散的各个结点上。当然，分布在各个结点上的子数据库在逻辑上是相关的。

1. 基 本 特 征

分布式数据库的基本特征包括以下几点:

（1）多数处理就地完成。

（2）各地的计算机由数据通信网络负责联系。

（3）克服了中心数据库的弱点，降低了数据传输代价。

（4）提高了系统的可靠性，局部系统发生故障，其他部分还可继续工作。

（5）各个数据库的位置是透明的，方便系统的扩充。

（6）为了协调整个系统的事务活动，事务管理的性能花费高。

2. 体 系 结 构

根据我国制定的《分布式数据库系统标准》，分布式数据库系统抽象为 4 层的结构模式。这种结构模式得到了国内外的支持和认同。

4 层模式的分布式数据库分为全局外层、全局概念层、局部概念层和局部内层，在各层间还有相应的层间映射，如图 5.6 所示。这种 4 层模式适用于同构型分布式数据库系统，也适用于异构型分布式数据库系统。

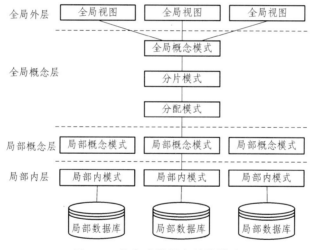

图 5.6　分布式数据库结构模式

3. 数 据 分 片 类 型

分布式数据库系统是以分布式应用为主，为了提高系统扩展性将整体数据库进行分片，形成 4 种分片类型。

（1）水平分片：按一定的条件把全局关系的所有元组划分成若干不相交的子集，每个子集为关系的一个片段。

（2）垂直分片：把一个全局关系的属性集分成若干子集，并在这些子集上作投影运算，每个投影称为垂直分片。

（3）导出分片：又称为导出水平分片，即水平分片的条件不是本关系属性的条件，而是其他关系属性的条件。

（4）混合分片：以上三种方法的混合。可以先水平分片再垂直分片，也可先垂直分片再水平分片，或者采用其他形式，但它们的结果是不相同的。

4 种分片依据以下条件实施：

（1）完备性条件：必须把全局关系的所有数据映射到片段中，决不允许有属于全局关系的数据却不属于它的任何一个片段。

（2）可重构条件：必须保证能够由同一个全局关系的各个片段来重建该全局关系。对于水平分片可用并操作重构全局关系，对于垂直分片可用联接操作重构全局关系。

（3）不相交条件：要求一个全局关系被分割后所得的各个数据片段互不重叠（对垂直分片的主键除外）。

4. 数据分配方式

对于数据的分配有以下模式：

（1）集中式：所有数据片段都安排在同一个场地上。

（2）分割式：所有数据只有一份，它被分割成若干逻辑片段，每个逻辑片段被指派在一个特定的场地上。

（3）全复制式：数据在每个场地重复存储，也就是每个场地上都有一个完整的数据副本。

（4）混合式：这是一种介于分割式和全复制式之间的分配方式。

目前分布式数据库分配的设计，越来越多地采用寻找最优解的算法，比如遗传算法、退火算法等。

5.4.2 查询优化

查询优化指在执行分布式查询时选择查询执行计划的方法和关系运算符的实现算法。根据系统环境的不同，查询优化所使用的算法也有所不同，通常分为远程广域网环境和高速局域网环境，其区别主要在网络的带宽。对于一元运算符可以采用集中式数据库中的查询优化方法。而对于二元运算符，由于涉及场地间的数据传输，因此必须考虑通信代价。分布式查询中常见的连接运算执行策略包括：

（1）半连接方法：利用半连接运算的转换方法 $R\infty S = (R\&micro；S)\infty S$。假设场地 1 和场地 2 上分别有关系 R 和关系 S，首先在 S 上执行连接属性上的投影并将结果传输至场地 1，在场地 1 上执行关系 R 与投影的连接操作，再将结果传输至场地 2 与关系 S 执行连接操作。这种方法能够降低执行连接运算时的网络通信代价，主要适用于带宽较低的远程广域网络。

（2）枚举法方法：指枚举关系运算符的物理执行计划，通过对比执行计划的代价选择执行算法的方法。其中，连接运算符的物理执行计划包括嵌套循环方法、哈希连接法和归并连接法。枚举法主要适用于以磁盘 IO 代价为主的高速局域网环境。

5.5 数据仓库

5.5.1 定 义

数据仓库（Data Warehouse）是在数据库已经大量存在的情况下，为了进一步挖掘数据资源、为了决策需要而提出的，它并不是所谓的"大型数据库"。物联网中的数据特征决定着数据仓库具有极高的使用价值。数据仓库方案建设的目的，是为前端查询和分析提供数据基础，但由于有较大的冗余，所以需要的存储也较大。数据仓库是决策支持系统（DSS）和联机分析应用数据源的结构化数据环境。数据仓库研究和解决从数据库中获取信息的问题。

数据仓库之父 William H. Inmon 在 1991 年出版的 *Building the Data Warehouse* 一书中所提出的定义是：数据仓库是一个面向主题的、集成的、相对稳定的、反映历史变化的数据集合，用于支持管理决策。这里的主题指用户使用数据仓库进行决策时所关心的重点方面，如收入、客户、销售渠道等。所谓面向主题，是指数据仓库内的信息是按主题进行组织的，而不是像业务支撑系统那样是按照业务功能进行组织的。这里的集成数据仓库中的信息不是从各个业务系统中简单抽取出来的，而是经过一系列加工、整理和汇总的过程，因此数据仓库中的信息是关于整个企业一致的全局信息。这里的随时间变化指数据仓库内的信息并不只是反映企业当前的状态，而是记录了从过去某一时刻到当前各个阶段的信息。通过这些信息，可以对企业的发展历程和未来趋势做出定量分析和预测。

5.5.2 数据库和数据仓库的区别

数据仓库与数据库虽然只有一字之差，但在结构模式、组成、原则等方面具有明显区别。

（1）出发点不同：数据库是面向事务设计的，数据仓库是面向主题设计的。

（2）存储的数据不同：数据库存储操作时的数据，数据仓库存储历史数据。

（3）设计规则不同：数据库设计是尽量避免冗余，一般采用符合范式的规则来设计；数据仓库在设计时有意引入冗余，采用反范式的方式来设计。

（4）提供的功能不同：数据库是为捕获数据而设计的，数据仓库是为分析数据而设计的。

（5）基本元素不同：数据库的基本元素是事实表，数据仓库的基本元素是维度表。

（6）容量不同：数据库在基本容量上要比数据仓库小得多。

（7）服务对象不同：数据库是为了高效的事务处理而设计的，服务对象为企业业务处理方面的工作人员；数据仓库是为了分析数据进行决策而设计的，服务对象为企业高层决策人员。

5.6 数据挖掘与融合

物联网中存在大量的数据，这些数据不仅种类多，而且数量庞大，要合理地实现对数据的二次甚至多次应用，需要通过智能化的技术方法实现数据处理。

5.6.1　数据挖掘

简单地说，数据挖掘是从大量数据中提取或"挖掘"知识。注意，从矿石或砂子挖掘黄金称作黄金挖掘，而不是砂石挖掘。这样，数据挖掘其实应当更准确地命名为"从数据中挖掘知识"，只是这一术语太长，不便于使用。若命名为"知识挖掘"，虽是一个短术语，但不能强调从大量数据中挖掘。毕竟，挖掘是一个很生动的术语，它抓住了从大量的、未加工的材料中发现少量金块这一过程的特点，如图 5.7 所示。这样，这种用词不当携带了"数据"和"挖掘"，成了流行的选择。还有一些术语，具有和数据挖掘类似，但稍有不同的含义，如数据库中知识挖掘、知识提取、数据/模式分析、数据考古和数据捕捞。

图 5.7　数据挖掘：在你的数据中搜索知识

许多人把数据挖掘视为另一个常用的术语"数据库中知识发现"或 KDD（Knowledge Discovery in Databases）的同义词。而另一些人只是把数据挖掘视为数据库中知识发现过程的一个基本步骤。知识发现过程如图 5.8 所示，由以下步骤组成：

（1）数据清理：消除噪声或不一致数据。

（2）数据集成：多种数据源可以组合在一起。

（3）数据选择：从数据库中提取与分析任务相关的数据。

（4）数据变换：将数据变换或统一成适合挖掘的形式，如通过汇总或聚集操作。

（5）数据挖掘：基本步骤，使用智能方法提取数据。

（6）模式评估：根据某种兴趣度量，识别提供知识的真正有趣的模式。

（7）知识表示：使用可视化和知识表示技术，向用户提供挖掘的知识。

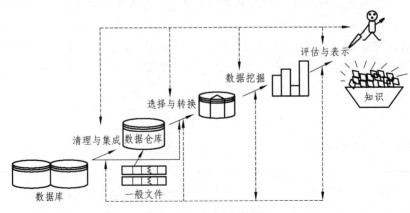

图 5.8　知识发现过程

数据挖掘步骤可以与用户或知识库交互，将有趣的模式提供给用户，或作为新的知识存放在知识库中。注意，根据这种观点，数据挖掘只是整个过程中的一步，但是最重要的一步，因为它发现隐藏的模式。

我们同意数据挖掘是知识发现过程的一个步骤。然而，在工业界、媒体和数据库研究界，"数据挖掘"比较长的术语"数据库中知识发现"更流行。因此，在本书中，我们选用术语数据挖掘。我们采用数据挖掘的广义观点：数据挖掘是从存放在数据库、数据仓库或其他信息库中的大量数据中挖掘有趣知识的过程。

基于这种观点，典型的数据挖掘系统结构如图 5.9 所示。

（1）数据库、数据仓库或其他信息库：这是一个或一组数据库、数据仓库、展开的表或其他类型的信息库，可以在数据上进行数据清理和集成。

（2）数据库或数据仓库服务器：根据用户的数据挖掘请求，数据库或数据仓库服务器负责提取相关数据。

（3）知识库：这是领域知识，用于指导搜索，或评估结果模式的兴趣度。这种知识可能包括概念分层，用于将属性或属性值组织成不同的抽象层。用户确信方面的知识也可以包含在内。可以使用这种知识，根据非期望性评估模式的兴趣度。领域知识的其他例子有兴趣度限制或阈值和元数据（例如，描述来自多个异种数据源的数据）。

（4）数据挖掘引擎：这是数据挖掘系统基本的部分，由一组功能模块组成，用于特征、关联、分类、聚类分析、演变和偏差分析。

（5）模式评估模块：该部分通常使用兴趣度度量，并与挖掘模块交互，以便将搜索聚焦在有趣的模式上。它可能使用兴趣度阈值过滤发现的模式。模式评估模块也可以与挖掘模块集成在一起，这依赖于所用的数据挖掘方法的实现。对于有效的数据挖掘，建议尽可能地将模式评估推进到挖掘过程之中，以便将搜索限制在有兴趣的模式上。

（6）图形用户界面：该模块在用户和挖掘系统之间通信，允许用户与系统交互，指定数据挖掘查询或任务，提供信息、帮助搜索聚焦，根据数据挖掘的中间结果进行探索式数据挖掘。此外，图形用户界面还允许用户浏览数据库和数据仓库模式或数据结构，评估挖掘的模式，以不同的形式对模式可视化。

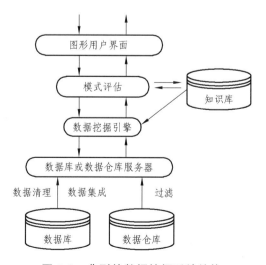

图 5.9 典型的数据挖掘系统结构

147

按照数据仓库的观点，可以将数据挖掘看作联机分析处理（OLAP）的高级阶段。然而，通过结合更高级的数据理解技术，数据挖掘比数据仓库的汇总型分析处理走得更远。

尽管市场上已有许多"数据挖掘系统"，但是并非所有的都能进行真正的数据挖掘。不能处理大量数据的数据分析系统，最多称作机器学习系统、统计数据分析工具或实验系统原型。一个系统只能够进行数据或信息提取，包括在大型数据库找出聚集值或回答演绎查询，应当归类为数据库系统，或信息提取系统，或演绎数据库系统。

数据挖掘涉及多学科技术的集成，包括数据库技术、统计、机器学习、高性能计算、模式识别、神经网络、数据可视化、信息提取、图像与信号处理和空间数据分析。在本书讨论数据挖掘时，我们采用数据库观点。即，着重强调大型数据库中有效的和可规模化的数据挖掘技术。一个算法是可规模化的，如果给定内存和磁盘空间等可利用的系统资源，其运行时间应当随数据库大小线性增加。通过数据挖掘，可以从数据库提取有趣的知识、规律或高层信息，并可以从不同角度观察或浏览。发现的知识可以用于决策、过程控制、信息管理、查询处理等。因此，数据挖掘被信息产业界认为是数据库系统最重要的前沿之一，是信息产业最有前途的交叉学科。

5.6.2 数据融合

1. 简 介

随着计算机技术、通信技术的快速发展且日趋紧密地互相结合，加之军事应用迫切的特殊需求，数据融合技术作为数据处理的新兴技术，在近 10 年中得到惊人发展并已进入诸多军事应用领域。

数据融合技术，包括对各种信息源给出的有用信息的采集、传输、综合、过滤、相关及合成，以便辅助人们进行态势/环境判定、规划、探测、验证、诊断。这对战场上及时准确地获取各种有用的信息，对战场情况和威胁及其重要程度进行适时的完整评价，实施战术、战略辅助决策与对作战部队的指挥控制，是极其重要的。未来战场瞬息万变，且影响决策的因素更多更复杂，要求指挥员在最短的时间内，对战场态势做出最准确的判断，对作战部队实施最有效的指挥控制。而这一系列"最"的实现，必须有最先进的数据处理技术做基本保证。否则，再高明的军事领导人和指挥官也会被浩如烟海的数据所淹没，或导致判断失误，或延误决策丧失战机而造成灾难性后果。

数据融合的概念虽始于20世纪70年代初期,但真正的技术进步和发展乃是80年代的事,尤其是近几年来引起了世界范围内的普遍关注，美、英、日、德、意等发达国家不但在所部署的一些重大研究项目上取得了突破性进展，而且已陆续开发出一些实用性系统投入实际应用和运行。不少数据融合技术的研究成果和实用系统已经在 1991 年的海湾战争中得到实战验证，取得了理想的效果。

我国"八五"规划也已把数据融合技术列为发展计算机技术的关键技术之一，并部署了一些重点研究项目，尽可能给予了适当的经费投入。但这毕竟是刚刚起步，我们所面临的挑战和困难是十分严峻的，当然也有机遇并存。这就需要认真研究，针对我国的国情和军情，采取相应的对策措施，以期取得事半功倍的效果。

2. 工作原理

数据融合中心对来自多个传感器的信息进行融合，也可以将来自多个传感器的信息和人机界面的观测事实进行信息融合（这种融合通常是决策级融合），提取征兆信息，在推理机作用下，将征兆与知识库中的知识匹配，做出故障诊断决策，提供给用户。在基于信息融合的故障诊断系统中可以加入自学习模块。故障决策经自学习模块反馈给知识库，并对相应的置信度因子进行修改，更新知识库。同时，自学习模块能根据知识库中的知识和用户对系统提问的动态应答进行推理，以获得新知识，总结新经验，不断扩充知识库，实现专家系统的自学习功能。

3. 用 途

随着系统的复杂性日益提高，依靠单个传感器对物理量进行监测显然限制颇多。因此在故障诊断系统中使用多传感器技术对多种特征量实现监测（如振动、温度、压力、流量等），并对这些传感器的信息进行融合，以提高故障定位的准确性和可靠性。此外，人工的观测也是故障诊断的重要信息源。但是，这一信息来源往往由于不便量化或不够精确而被人们所忽略。信息融合技术的出现为解决这些问题提供了有力的工具，为故障诊断的发展和应用开辟了广阔的前景。通过信息融合将多个传感器检测的信息与人工观测事实进行科学、合理的综合处理，可以提高状态监测和故障诊断智能化程度。

信息融合是利用计算机技术将来自多个传感器或多源的观测信息进行分析、综合处理，从而得出决策和估计任务所需的信息的处理过程。另一种说法是信息融合就是数据融合，但其内涵更广泛、更确切、更合理，也更具有概括性，不仅包括数据，而且包括了信号和知识，由于习惯上的原因，很多文献仍使用数据融合。信息融合的基本原理是：充分利用传感器资源，通过对各种传感器及人工观测信息的合理支配与使用，将各种传感器在空间和时间上的互补与冗余信息依据某种优化准则或算法组合起来，产生对观测对象的一致性解释和描述。其目标是基于各传感器检测信息分解人工观测信息，通过对信息的优化组合来导出更多的有效信息。

复杂工业过程控制是数据融合应用的一个重要领域。通过时间序列分析、频率分析、小波分析，从传感器获取的信号模式中提取出特征数据，同时将所提取的特征数据输入神经网络模式识别器，由其进行特征级数据融合，以识别出系统的特征数据，并输入到模糊专家系统进行决策级融合。专家系统推理时，从知识库和数据库中取出领域规则和参数，与特征数据进行匹配（融合）。最后，决策出被测系统的运行状态、设备工作状况和故障。

4. 数据融合的分类

1）像素级融合

它是直接在采集到的原始数据层上进行的融合，在各种传感器的原始测报经预处理之前就进行数据的综合与分析。数据层融合一般采用集中式融合体系进行融合处理。这是低层次的融合，如成像传感器中通过对包含若一像素的模糊图像进行图像处理来确认目标属性的过程就属于数据层融合。

2）特征层融合

特征层融合属于中间层次的融合。它先对来自传感器的原始信息进行特征提取（特征可以是目标的边缘、方向、速度等），然后对特征信息进行综合分析和处理。特征层融合的优点在于实现了可观的信息压缩，有利于实时处理，并且由于所提取的特征直接与决策分析有关，因而融合结果能最大限度地给出决策分析所需要的特征信息。特征层融合一般采用分布式或集中式的融合体系。特征层融合可分为两大类：一类是目标状态融合，另一类是目标特性融合。

3）决策层融合

决策层融合通过不同类型的传感器观测同一个目标，每个传感器在本地完成基本的处理，其中包括预处理、特征抽取、识别或判决，以建立对所观察目标的初步结论。然后通过关联处理进行决策层融合判决，最终获得联合推断结果。

物联网中的传感节点产生的数据可看作数据流。无线传感器网络中的数据流与互联网中的有很大的不同：在互联网中，数据流是从丰富的网络资源流向终端设备；而在无线传感器网络中，数据流是从终端设备即传感器流向网络。数据融合，即怎样从网络中无数的数据流中筛选出感兴趣的数据，也是无线传感器网络跨向大规模应用所必须越过的障碍。为此，数据流管理系统（Data Stream Management System，DSMS）的思想被提出，用以处理多数据流。

图 5.10 展示了无线传感器网络中数据流管理系统的基本框架。传感器收集的数据作为数据源被传送到 DSMS 中；DSMS 将这些数据或者存储在传感器端，或者存储在网关端；连续查询常驻于 DSMS 内部，一直在被执行；快照查询被用户以 Ad Hoc 的方式发出，在 DSMS 中执行后返回。

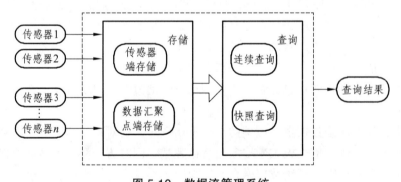

图 5.10　数据流管理系统

5.7　数据存储

数据存储是物联网的重要组成部分，合理地运用存储技术和方法是对数据有效管理的关键。

5.7.1　存储模式

物联网中传感器所产生的数据既可以存储在传感器的内部（即分布式存储），也可以发送回网络的网关（即集中式存储）。这两种策略各有其优缺点。在分析之前，先要先明确传感器的一些特征：计算能力有限，存储容量有限，电池能量紧缺，数据包经常丢失，通信比计算更加耗能。

图 5.11 所示的存储方式为分布式存储。其中，每个圆圈都代表网络中的一个传感器，实心的圆圈表示可用来存储数据的传感器，而空心的圆圈表示该传感器只能用来传递而不能存储数据。当传感器采集到数据时，会将原始数据沿着实线实箭头的方向传回数据汇聚点（Sink）。若在途中遇到可存储数据的节点，则将数据就地保存在存储节点中，不再传回 Sink。当查询沿着虚线的方向被分发到网络中去时，每一个收到查询的存储节点都会在自身保存的数据中进行查询，然后将结果返回。

图 5.12 所示的存储方式为集中式存储。不同于分布式存储的是，网络中不存在存储节点，所有的数据都被发送回 Sink；查询也仅在 Sink 一端进行，不被分发到网络中。

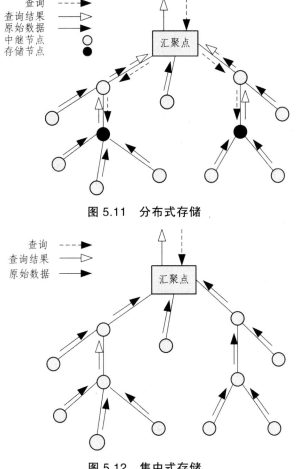

图 5.11　分布式存储

图 5.12　集中式存储

分布式存储的好处是，因为用户不可能对所有数据都感兴趣，值得用户关注的只占其中一部分，所以将数据存储在节点上能够减少不必要的数据传输。但是，其缺点也很明显：① 由于传感器的内存以及外部存储容量都很有限，对于长时间的部署任务，数据量可能会远大于存储容量；② 传感器发生故障而重启或者电源用尽时，内存中的所有数据都会丢失；

③ 由于所有数据都存储在传感器节点上，网关对各个传感器可能的数据分布毫不知情，所以每当有查询时，网关会将查询发送到网络中所有的传感器上，等传感器返回各自的结果，带来大量的通信开销；④ 若部分传感器节点存储的数据是查询的热点，这些节点的电量很快会被用完，导致网络不能正常工作，这就是所谓的"热点"问题。为了解决"热点"问题，部分研究采用了特殊的存储策略，使得感知的数据按照一定的机制存储在网络中，有效保持了一定程度的负载均衡。通俗来讲，此时传感器 A 产生的数据可能不再保存在 A 本身，而是按照某种策略，建立类似于数据库中的索引，将数据保存在传感器 B 上。

集中式存储的好处是所有收回来的数据都能被永久保存，不会存在历史数据的缺失，而且由于数据都保存在网关端，网关不需要将收到的查询请求分发到网络中去，直接操作本地数据库即可。其缺点是，由于传感器节点的通信能力受限，部分数据包可能会在传输的途中丢失，带来数据的不完整性。更为严重的是，传感器网络是多跳的，传回一个数据包就需要若干传感器通力合作，以接力的形式将数据包传回网关，于是每多传一个数据包，都会造成这条链路上的所有传感器的能量损耗。

5.7.2 海量存储

正如之前所述，传感网乃至整个物联网所产生的数据是海量的，主要表现在两个方面：

（1）单个物体在持续地产生数据，比如在医疗护理的应用中，由于性命攸关，传感器会不断地测量患者的体温、心率、血压等指标，产生大量的实时数据。

（2）网络中拥有数以百万计甚至数以亿计的物体，比如物流系统需要同时跟踪上千万件物品，即使每个物品的数据更新量都很小，乘以千万级别的物品总量，总数据量也不可小觑。

单个物体产生的海量数据要求在网络中传输时尽可能采用压缩的数据，否则大通信量不仅会迅速消耗传感器节点的能量，而且会造成网络通信拥塞。海量物体产生的数据要求数据库或者数据中心在存储数据时，尽可能地压缩数据，剔除冗余数据，甄别无用数据。近年来，随着存储设备占用的空间、消耗的电费与日俱增，数据压缩存储已经成为一项极为迫切的需求。

5.7.3 网络附加存储

网络附加存储（Network Attached Storage，NAS）是一种文件级的计算机数据存储架构。在 NAS 中，计算机连接到一个仅为其他设备提供基于文件级数据存储服务的网络。NAS 包括存储器件（如硬盘、CD 或 DVD 驱动器、磁带驱动器或可移动的存储介质）和专用服务器。NAS 系统的存储器是由多个磁盘以独立冗余磁盘阵列（RAID）的形式构成的。虽然从技术上讲，NAS 中的服务器也可以运行其他软件，但 NAS 并不是为通用的服务器设计的，因此可能缺少一些外部设备。例如，一套 NAS 中可能没有键盘或显示器，通常也是使用浏览器通过网络进行配置设定。NAS 设备也不需要具有完整功能的操作系统，一般使用的都是简化版的操作系统。例如 FreeNAS 是一个针对商用计算机软件设计的开源 NAS 操作系统，事实上它就是去掉了 FreeBSD 的一些功能而得到的一个简化版本，但是对文件系统管理和访问做了优化。NAS 支持使用多种基于文件的协议，如 UNIX 系统中常用的网络文件系统（Network File System，NSF）协议等。

NAS 与 DAS（Direct Attached Storage）存在本质上的区别。DAS 是一种对已有服务器的简单扩展，并没有真正实现网络互联。NAS 则是将网络作为存储实体，更容易实现文件级别的共享。NAS 内在的 RAID 和集群存储能力增强了数据的可访问性。此外，由于 NAS 仅提供文件服务，服务器不需要负责其他运算，而 DAS 的服务器除了存储外还需要负责其他进程的处理，因此 NAS 在性能上也比 DAS 有所增强。然而需要注意的是，NAS 的性能严重依赖于网络中的流量，当用户数过多、读写操作过于频繁或计算机处理能力不能满足需求时，NAS 的性能就会受到限制。

5.7.4　存储区域网络

存储区域网络（SAN）是一种通过网络方式连接存储设备和应用服务器的存储架构，它为了实现大量原始数据的传输而进行了专门的优化。

存储区域网络由服务器、存储设备和 SAN 连接设备组成。其中，存储设备包括磁带库、磁盘阵列和光盘库等，连接设备包括集线器、交换机、主机总线适配器、各种介质的连接线等。SAN 使用的典型技术是小型计算机系统应用接口（Small Computer System Interface，SCSI）和光纤通道（Fiber Channel，FC）。SCSI 是关于计算机与外围设备之间物理连接和传输数据的一系列标准，定义了相关的指令、协议和接口规范。SCSI 最常用于硬盘和磁带驱动器，也能用于扫描仪和光盘驱动器。FC 是一种拥有传输速率达到 Gb/s 的传输技术，起初主要用于超级计算机领域，随后逐渐成为 SAN 的标准连接方式。正是由于终端用户和 SAN 之间使用 FC 传递数据，导致 SAN 的建设费用比较昂贵。

SAN 的一个重要特点就是存储共享。前面提到的 NAS 往往会形成信息孤岛，然而 SAN 却能使用高速网络把这些信息孤岛融合到一起。因为在 SAN 中，存储共享使得多个服务器将它们的私有存储空间合并为磁盘阵列，不仅简化了对存储的管理，还有利于提高存储容量的利用率。SAN 的另一个特点是它支持服务器从 SAN 直接启动，这使得新服务器可以访问位于损坏的服务器上的存储空间，从而在不丢失数据的情况下恢复系统的功能。

SAN 与 NAS 有很多相似之处，但 SAN 仅支持存储块（一般是连续的多个字节）级别的操作，并没有直接提供文件级别的访问能力。一种变通的方式是在 SAN 上建立文件系统（一般称作 SAN 文件系统或共享磁盘文件系统）来提供对文件的抽象。

5.8　数据中心

数据中心通常被认为是一整套复杂的设施。它不仅仅包括计算机系统和其他与之配套的设备（如通信和存储系统），还包含冗余的数据通信连接、环境控制设备、监控设备以及各种安全装置。谷歌在其发布的 *The Datacenter as a Computer* 一书中，将数据中心解释为"多功能的建筑物，能容纳多个服务器以及通信设备。这些设备被放置在一起是因为它们具有相同的对环境的要求以及物理安全上的需求，并且这样放置便于维护"，而"并不仅仅是一些服务器的集合"。物联网的行业应用系统中的数据中心，是数据管理的重要设施之一。

5.8.1 数据中心的起源及发展

数据中心起源于计算机工业早期的大型计算机（简称大型机）。大型机具有很强的计算能力，在商用领域赢得了广泛认可。如图 5.13 所示为 20 世纪 60 年代晚期的 IBM 大型机。大型机的操作和维护工作比较复杂，对环境的要求非常高。大量的电缆用于连接构成计算机系统的各个部件，以至于如何组织和放置这些电缆都成为必须仔细设计的问题。大型机具有使用率高、计算能力强大等优势，但其造价昂贵，从订购到实际应用耗费时日。此外，在大型机上的应用开发和部署也有其特定的要求。由于上述原因，越来越多的商业用户逐渐迁移到更快和更便宜的计算存储平台。

图 5.13 20 世纪 60 年代晚期的 IBM 大型机

随着微型计算机（简称微型机）时代的到来，尤其是在 20 世纪 80 年代，计算机对使用环境的要求降低。微型机在体积上要远小于大型机，并且在价格上低廉很多。随着技术的发展，分布式系统登上了历史的舞台。以 UNIX 为代表的操作系统提供了在小型的低成本服务器上使用的分布式计算环境。到 20 世纪 90 年代，随着廉价网络设备的出现，人们开始设计使用层次化的方案对大量的微型机（现在也被称作服务器）进行管理，并将这些微型机部署在一个特别设计的房间内，如图 5.14 所示。正是在这个阶段，"数据中心"作为一个专业术语得到广泛的认同。

图 5.14 20 世纪 80 年代出现的几种微型机

数据中心在"互联网泡沫"期间得到了迅速的发展。许多商业公司需要快速的互联网连接以及不间断的服务，为商业活动提供多种系统部署和运行的解决方案。日益增长的大规模在线应用和企业级基础服务（如网页搜索、文件共享、电子邮件、域名解析服务、在线游戏等）的需求促使十万级甚至百万级服务器的数据中心（Mega Data Center）诞生。从 2007 年起，数据中心网络逐渐成为国内外学术界和工业界的热点，关于数据中心网络的成果和产品纷纷涌现。一些专业的组织机构，例如电信产业协会（Telecommunication Industry Association，TIA）提出了数据中心的相关标准文件，对数据中心设计的各项需求进行了详细的说明。

5.8.2　数据中心的相关标准

如何规划一个新的数据中心，或者对已有数据中心进行升级，是数据中心建设者必须面对的两个难题。工作往往从确定应用需求开始，然后研究数据中心设计和建造中的必要条件。由于数据中心建设所涉及的范围比较广，而当前数据中心的建设才刚刚起步，为了避免建设者对相关问题的重复探索，将相关的经验进行总结归纳以便后来者参考就显得尤为重要。基于这样的原因，一些大型公司和研究机构提出了一些标准，用来指导数据中心的建设。本节主要介绍 TIA 提出并由 ANSI 批准的 ANSI/TIA/EIA-942 数据中心标准。

1. 选址与布局

为数据中心选址时，需要考虑多个因素：建设和运营成本、应用需求、政策优惠以及其他数据中心布局。特别地，数据中心在设计时应该留有一定的弹性空白区域，以便容纳扩容时新增的机柜。

TIA-942 标准用了相当多的篇幅描述各种数据中心中的设施。标准中建议设置一些功能区域，用来规范层次化星形拓扑设计中设备的放置，如图 5.15 所示。这些功能区域的设置能尽量减少数据中心升级时所需的中断时间。功能区域主要包括以下几部分：

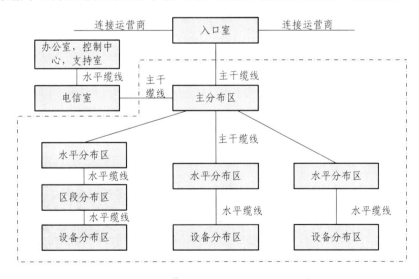

图 5.15　数据中心的功能区域及布局

1）入口室

这是放置互联网接入点设备的场所。基于安全因素的考虑，入口室建议设置在放置数据处理设备的计算机室的外面。对于超大规模的数据中心，可能会因为接入点缆线长度的限制而设置多个入口室。

2）主分布区

这是数据中心的核心区域，各个 LAN 和 SAN 结构的核心路由器以及交换机都放置在这个区域。主分布区一般与数个水平分布区通过主干缆线相连，也可能与一个较近的设备分布区直接相连。标准中要求数据中心至少包含一个主分布区，其中安装有数个机架用来放置光纤、双绞线以及同轴电缆。

3）水平分布区

水平分布区在树形层次结构中处于主分布区的下一层，各个水平分布区是并列的关系。水平分布区是水平缆线系统的集中点，放置有通往设备分布区的缆线，并安放各种缆线的机架。此外，标准还建议通过使用交换机和接线板来缩短缆线的长度，从而有利于对缆线的管理。水平分布区的多少取决于缆线系统的复杂程度以及数据中心的总体规模。

4）设备分布区

该区域是放置各种服务器以及其他设备机架和机柜的场所，是水平缆线的终点。标准中描述了几种可选的机架和机柜放置模式。这些模式能形成"热"通道和"冷"通道，有利于电器设备散发热量。

5）区段分布区

该区域是水平分布区和设备分布区之间可选的连接点。它能增强数据中心在重新配置时的弹性，为独立设备（如大型机）提供放置的场所。

6）主干缆线和水平缆线

主干缆线提供了数据中心内部主分布区与水平分布区以及入口室之间的连接。水平缆线则提供水平分布区、区段分布区以及设备分布区之间的连接。水平分布区之间也可有选择性地布置主干缆线，提供冗余的连接，从而提高网络的可靠性。

除了上述主要区域外，数据中心一般还有电信室、工作人员办公室、控制中心等各种辅助区域。

2. 缆线系统

典型的数据中心缆线如图 5.16 所示。

基于已有的 TIA-568 和 TIA-569 标准，TIA-942 标准制定了通用的通信缆线系统规范，详细描述了对标准单模光纤、62.5 μm 与 50 μm 多模光纤、75 Ω 同轴电缆、6 类非屏蔽双绞线及屏蔽双绞线这几种缆线的要求。

该标准建议使用 50 μm 规格的激光器优化多模光纤作为主干缆线。这种光纤能在相当长的距离内提供比单模更高的网络速度，具有更高的费效比。而对于水平缆线系统，该标准则建议使用具有最高信道容量的传输介质，从而减少因未来带宽需求的增加而需要重新布设

图 5.16 数据中心缆线

缆线的可能。该标准对主干缆线和水平缆线的最大延伸长度做了规定：主干缆线的长度一般

不超过 300 m，而水平缆线的长度一般被限制在 100 m 以内。此外，TIA-942 标准还对如何放置和管理缆线提出了一些建议。

3. 可靠性分级

根据数据中心的应用需求，其可靠性分为四个等级。不同等级的数据中心在结构、安全性、通信能力等方面有不同要求。最简单是第一级数据中心，仅有一个最基本的服务器室。而最严格的是第四级数据中心，它被设计用来放置一些运行关键应用程序的计算机系统，并且配有充足的冗余子系统，以及被分隔开并使用生物特征识别技术的保密区域。四个不同等级的数据中心的可靠性要求如表 5.1 所示。

表 5.1　四个不同等级数据中心的可靠性要求

级别	需　求
1	• 具有 99.671% 的可靠性； • 没有冗余的能源和降温系统； • 不一定使用架空地板、UPS 或发电机； • 需要 3 个月的时间进行建设； • 每年停止工作的时间不超过 28.8 小时； • 在进行维护时必须完全关闭
2	• 具有 99.741% 的可靠性； • 有一套冗余的能源和降温系统，但部分组件有冗余； • 使用架空地板、UPS 或发电机； • 需要 3～6 个月的时间进行建设； • 每年停止工作的时间不超过 22 小时； • 在对能源系统以及网络基础设备进行维护时必须关闭
3	• 具有 99.982% 的可靠性； • 有多套能源和降温系统，但仅有一套处于工作状态，包含有冗余组件； • 需要 15～20 个月的时间进行建设； • 每年停止工作的时间不超过 1.6 小时； • 使用架空地板，并且有足够大的空间，使得在对数据中心的一部分进行维护时，其负载可由其他部分承担
4	• 具有 99.995% 的可靠性； • 多层同时工作的能源和降温系统，包含冗余组件； • 建设周期为 15～20 个月； • 每年停止工作时间不超过 0.4 小时

4. 能源系统

稳定可靠的能源系统是实现数据中心持续在线的基础。数据中心所提供的数据存储、文件检索等服务一般都是为了满足高时效性的应用，因断电导致数据中心停止工作将带来非常大的损失。能源系统的配置要由可靠性分级模型来确定。数据中心一般为计算机系统和其他设备安排至少两套能量来源。当外部的供电意外停止时，数据中心会首先切换到由如图 5.17 所示常备电池组进行短期供电，随后会启动发电机提供临时电能。

图 5.17 数据中心中的电池组

拥有了这些能源系统配置，仍然不能保证完全的可靠性。仅 2010 年上半年，就发生了数起大型数据中心因断电导致性能受到严重影响甚至停止工作的事件。例如 2010 年 2 月，Google 的数据中心发生供电故障，导致在两个多小时的时间内，该公司供开发人员使用的应用程序引擎几乎无法工作。Google 在其事故总结报告中表示，事先没有考虑到断电可能出现的所有情况，从而导致在复杂的决策过程中出现失误，部分服务器不能恢复到正常状态。此后不久，Terremark 公司也经历了一次持续近 7 个小时的断电事故，导致其数据中心无法提供服务，引起了租用该公司数据中心客户的强烈不满。

5.8.3 数据中心举例——谷歌（Google）数据中心

1. 简 介

先来看一组与 Google 相关的数据：

（1）每月将近 3.8 亿个用户。

（2）每月约 30 亿次的搜索查询。

（3）每天要处理超过 20PB 的数据。

（4）存储有数十亿的网页地址、数亿用户的个人资料。

（5）截至 2007 年 10 月，Google 站点的可靠性超过了 99.99%。

这一切惊人的数据，都必须归功于 Google 数据中心的支持。

Google 一直对其数据中心的建设情况保密，认为数据中心的规模以及电量消耗等信息对于其竞争对手具有很高的利用价值。为了保护这些秘密，Google 甚至通过一些看起来与其不相关的公司实施数据中心相关项目。因此，外界无法确切地知道 Google 到底有多少个数据中心，一般都猜测有数十个数据中心分散在全世界。一个名为"数据中心知识"的网站出版了一份《Google 数据中心常见问题解答》，列出了已知的 Google 数据中心的位置，其中大部分数据中心位于美国和欧洲。根据 Google 公司提供的收入报告，2006 年 Google 在数据中心项目上的花费为 19 亿美元，而 2007 年该项支出增加到 24 亿美元。

Google 在为数据中心选取地址时，一般会考虑下面这些因素：

（1）是否能够获取大量且廉价的电能。

（2）是否有利于获取风能、水力等低碳电能，从而实现 Google 对低碳排放的承诺。

（3）是否靠近较大型水源（如河流、湖泊），为降温设备提供便利。

（4）是否有较大面积的空地，从而在数据中心和邻近的公路之间提供缓冲地带，提高数据中心的保密性。

（5）与其他数据中心间的距离，是否能保证数据中心间的高速互连。

（6）是否有税收优惠。

虽然 Google 没有公开单个数据中心的大小，但仍然可以通过一些已知的数据中心建造情况窥知一二。在美国俄勒冈州，Google 数据中心的建筑规划包括了 3 个约 6 400 m² 的数据中心机房，如图 5.18 所示。而在美国北卡罗来纳州，地方政府的文件显示 Google 在当地的数据中心建筑面积大约有 13 000 m²，还有约 31 000 m² 的扩展用地，总造价大约为 4 000 万美元。Google 的发言人曾表示，该公司并没有统一的数据中心的建设标准，新数据中心的设计方案将会根据技术的发展和需求的变化而进行修改。

图 5.18　Google 在俄勒冈州哥伦比亚河边的数据中心

目前，大中型数据中心的能耗比（Power Usage Effectiveness，PUE），即数据中心总能耗与 IT 设备能耗比，普遍在 2 左右。也就是说，在服务器等计算设备上耗 1 度电，在降温系统等辅助设备上也要消耗 1 度电。但是 Google 通过一些有效的设计使部分数据中心的 PUE 达到业界领先的 1.16。其特色在于数据中心高温化，使数据中心内的计算设备运行在偏高的温度下。Google 负责能源方面的总监 Erik Teetzell 在谈到这点的时候说："数据中心普遍在 70 °F（即 21 °C）下面工作，而我们则推荐 80 °F（即 27 °C）。"但是在提高数据中心的温度方面会有两个常见的限制条件：一是精准预测服务器设备的崩溃点，二是温度控制的精确程度。如果这两个条件都能很好满足，数据中心就能够在高温下工作。

那么，Google 在这些大规模的数据中心中使用了什么样的硬件和软件，才能实现本小节开篇时提到的那些数据？Google 使用的商用网络服务器是特殊定制的，与该公司的工程师们研究出的一种集成了电池的能源系统兼容。该能源系统集成了电池组，能像 UPS 一样工作。由于传统的 UPS 在资源方面比较浪费，所以 Google 在这方面另辟蹊径，采用了给每台服务器配一个专用的 12 V 电池的做法来替换常用的 UPS。如果主电源系统出现故障，将由该电池负责对服务器供电。虽然大型的 UPS 可以达到 92%～95% 的效率，但是比起内置电池 99.99% 的效率而言还是有一定差距。而由于能量守恒的原因，这部分未被 UPS 充分利用的电力会被转化成热能，提高了数据中心的温度，从而增加了降温系统的能耗。此外，也有报道指出 Google 在数据中心中使用了自己研发的 10 Gb/s 以太网交换机。

Google 为数据中心研发的一些软件技术也相当著名，在计算机领域的顶级会议上发表了数篇相关的论文。这些技术包括 Google File System（GFS），MapReduce，BigTable 等。以下将分别对 GFS 和 MapReduce 进行介绍。

2. GFS（Google File System）

GFS 是 Google 设计用来处理超大规模数据密集型应用的分布式文件系统。GFS 与过去的分布文件式系统有许多相同的目标，如性能、可扩展性、可靠性以及可用性。然而，它的设计还受到其他因素的影响，其中包括 Google 对应用负载和技术环境的观察。Google 重新审视了传统的选择，采取了完全不同的设计观点。

（1）组件失效不再被认为是意外，而是被看作正常的现象。GFS 包括几百甚至几千台普通廉价部件构成的存储机器，这样的组件数量和质量，几乎可以肯定，在任何给定时间都存在某些组件无法工作，或某些组件无法从它们目前的失效状态恢复。失效可能的原因包括：应用程序错误，操作系统错误，人为原因，甚至硬盘、内存、连接器、网络以及电源失效等。因此，GFS 在设计中集成了常量监视器、错误侦测、容错以及自动恢复系统。

（2）按照传统的标准来看，Google 的文件非常巨大，通常以 GB 为单位衡量。每个文件通常包含许多应用程序对象，比如 Web 文档。传统情况下，当数据集达到数 TB 容量、对象达到数亿的时候，即使文件系统能支持，处理数据集的方式也就是笨拙地管理数亿个 KB 尺寸的小文件。所以，相对这些传统的系统，GFS 的设计预期和参数（如 I/O 操作和块尺寸）都要重新考虑。

（3）Google 对文件的操作具有特定的模式。对大部分文件的修改，不是覆盖原有数据，而是在文件尾部追加新数据。对文件的随机写操作更是几乎不存在。一般情况下，文件在被写入后就只会被读，而且通常是按顺序读。对于这类巨大文件的访问模式，客户端对数据块缓存失去了意义，追加操作成为性能优化和原子性保证的焦点。

（4）应用程序和文件系统 API 的协同设计提高整个系统的灵活性。例如，GFS 放松了对一致性模型的要求，这样不用加重应用程序的负担，就极大地简化了文件系统的设计。GFS 还引入了原子性的追加操作，这样多个客户端同时进行追加的时候，就不需要额外的同步操作。

为了不同的应用，Google 部署了许多 GFS 集群。有的集群拥有超过 1 000 个存储节点，超过 300 TB 的硬盘空间，被不同机器上的数百个客户端连续不断地频繁访问着。

图 5.19 给出了 GFS 的系统架构。一个 GFS 集群包含一个主服务器和多个块服务器，并且被多个客户端访问。文件被分割成固定大小的"块"。每个块在创建时都由主服务器分配一个固定不变的、全球唯一的、64 位长的句柄唯一标识。块服务器把块作为 Linux 文件存储在本地磁盘上，并根据指定的块句柄和字节范围对数据块进行读写操作。为了保证可靠性，每个块都被复制到多个块服务器上。默认情况下，每个块有三个副本。用户也可为文件名字空间的不同部分指定不同的复制份数。

主服务器维护所有文件系统的元数据，包括名字空间、访问控制信息、文件到块的映射信息以及块当前的位置。此外，主服务器还控制其他系统级的活动，如垃圾收集等。主服务器周期性地与块服务器通信，以下达指令和收集状态。

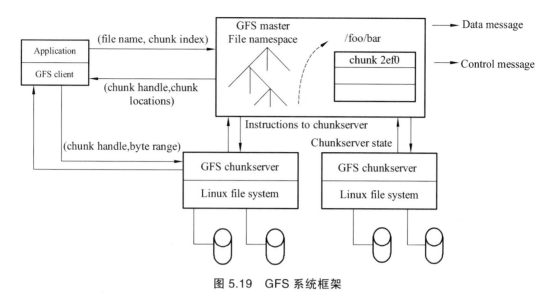

图 5.19 GFS 系统框架

GFS 客户端代码被嵌入到每个应用中。它实现了文件系统 API，实现主服务器与块服务器的通信从而代表应用实现读写操作。客户端与服务器交互从而实现元数据操作，但所有的数据操作都通过直接与块服务器交互而完成。

3. MapReduce

MapReduce 是一种针对超大规模数据集的编程模型和系统，其主要思想借鉴了函数式编程语言中的一些思想。用 MapReduce 开发出的程序可在大量商用计算机集群上并行执行，处理计算机的失效以及调度计算机间的通信，以达到对网络和磁盘资源的高效利用。MapReduce 的基本思想很直接，它包括用户写的两个程序——Map 和 Reduce，以及一个在计算机集群上执行多个程序实例的框架。Map 程序从输入文件中读取数据集合，执行所需的过滤或转换，并以（key, value）的形式输出数据集合。Reduce 程序按照用户定义的规则对 Map 的输出结果进行合并。

MapReduce 程序的执行过程如图 5.20 所示。当用户程序调用 MapReduce 函数时，下列操作按顺序发生：

（1）用户程序中的 MapReduce 类库首先将输入文件分割成大小通常为 16～64 MB 的文件片段（用户也可通过设置参数对大小进行控制）。随后，在集群中的多个服务器上开始执行多个用户程序的副本。

（2）在这些副本中，有一个程序的地位比较特别，被称为 master。其他程序被称为 worker，由 master 分配任务。总共需要分配 M 个 map 任务和 R 个 reduce 任务。master 选择空闲的 worker 并为其分配一个 map 任务或 reduce 任务。

（3）被分配到 map 任务的 worker 读取对应的输入文件片段，从输入数据中解析出（key, value）对并将其传递给用户定义的 Map 函数。由 Map 函数产生的（key, value）对则被缓存在内存中。

（4）缓存的（key, value）对被周期性地写入到本地磁盘，并被分成 R 个区域。这些缓存数据在本地磁盘上的地址被传递至 master，由 master 再将这些地址发送到负责 reduce 任务的 worker。

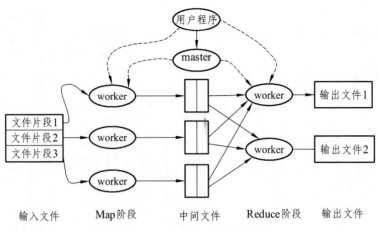

图 5.20　MapReduce 程序执行过程

（5）当负责 reduce 任务的 worker 得到 master 关于上述地址的通知时，它使用远程过程调用从本地磁盘读取缓存数据。随后，worker 将所有读取的数据按 key 排序，使得具有相同 key 的对被排列到一起。

（6）对于每个唯一的 key，负责 reduce 任务的 worker 将对应的数据集传递给用户定义的 Reduce 函数。这个 Reduce 函数的输出被作为此 reduce 分区的结果添加到最终的输出文件中。

（7）当所有的 map 任务和 reduce 任务都完成时，master 唤醒用户程序。此时，用户程序的 MapReduce 调用向用户的代码返回结果。

5.9　嵌入式技术

物联网中的 RFID 系统、无线传感网络、智能化终端设备中的数据处理在极大程度上依赖于嵌入式系统技术。就目前的技术发展来看，嵌入式控制系统主要出现在物联网的下中、中和中上层之间，嵌入式软件越来越多地以中间件的形式出现。

5.9.1　嵌入式系统的基本概念

嵌入式系统是用来控制、监视或辅助设备、机器和工程运行的装置。它是以应用为中心，以计算机技术为基础，软硬件可裁剪，适用于应用系统，对功能、可靠性、成本、体积、功耗等有特殊要求的专用计算机系统。

嵌入式系统是将一个计算机系统嵌入到对象中。这个对象可以是庞大的计算机系统，也可以是小巧的手持设备，而嵌入式系统的用户并不关心该计算机系统是否存在，即嵌入式系统和通用计算机系统的系统应用不同，这就是两者的本质区别。

如今，在电子科技领域，嵌入式系统已经成为最为热门的方向之一。家电设备、手持通信设备、信息终端、仪器仪表、汽车、航空航天设备等诸多领域为嵌入式系统提供了广阔的市场和发展前景。

嵌入式系统在人们生活中出现的频率越来越高，品种也越来越多，如手机、PDA、MP3、机顶盒、机载系统等都是嵌入式系统。

嵌入式系统中的计算机只是系统的一部分，所以嵌入式操作系统的需求随着应用的不同而差异很大。商业嵌入式操作系统的开发商着重于处理器调度（特别是实时调度），使操作系统使用的内存和处理器周期最少，并设计操作系统使运行在其上的软件使用尽可能少的电量。

1. 嵌入式系统的发展及分类

嵌入式系统从单片机出现到今天各种嵌入式微处理器、微控制器的广泛应用，经历了30多年的历史。嵌入式系统的发展一般分为四个阶段。第一个阶段是没有操作系统阶段，主要是基于单片机的嵌入式系统，结构和功能单一，处理效率较低，存储器容量小，主要应用在工业控制领域。第二个阶段是简单操作系统阶段，这一阶段的嵌入式系统的主要特点是出现了较高可靠性、低功耗的嵌入式处理器和一些简单的嵌入式操作系统。微处理器的出现提高了嵌入式系统的处理效率，操作系统的出现给设计者提供了更高效的设计平台。第三个阶段是具有实时操作系统的嵌入式系统阶段，这一阶段的主要特点是嵌入式实时操作系统的应用提高了嵌入式系统的实时性能，同时嵌入式操作系统的各种管理功能和应用接口的完备为嵌入式系统的发展提供了更高的性能发展空间。第四个阶段是面向 Internet 的阶段。

嵌入式系统按其规模可以分为三种：

（1）小型嵌入式系统：这样的嵌入式系统一般采用 8 位或 16 位的微控制器设计，硬件和软件复杂度很小，甚至可以用电池驱动。

（2）中型嵌入式系统：这样的嵌入式系统采用 16 位或 32 位的微控制器、DSP 或者精简指令集计算机设计，硬件和软件复杂度都比较大。

（3）复杂嵌入式系统：这种嵌入式系统的软件和硬件设计都很复杂，需要可升级的处理器或者可配置的处理器和可编程逻辑阵列。

2. 嵌入式系统的硬件组成及要求

计算机一般由以下硬件组成：① 微处理器；② 大型存储器，包括主存储器（RAM、ROM及高速缓存等）和辅助存储器（硬盘、磁盘和光存储器等）；③ 人机交互单元（键盘、鼠标、显示器和打印机等）；④ 网络单元（以太网卡等）；⑤ I/O 单元（调制解调器、传真机等）。

与普通计算机的硬件相比，嵌入式系统由其面向特定应用目的的特性决定了它的硬件系统具有如下特点：

（1）体积小，集成效率高。嵌入式系统力求用最小的系统完成目标功能，精简硬件结构。

（2）面向特定应用。具体的嵌入式系统只能适合某一特定应用，针对其他应用目的就需要重新设计硬件系统。

（3）低功耗，电磁兼容性好，能够适应各种恶劣的工作环境。

嵌入式系统硬件的基本组成如图 5.21 所示。

3. 嵌入式系统的软件系统

嵌入式软件系统是应用程序和操作系统一体化的程序。在 PC 机、工作站等通用计算机系统中，操作系统等系统软件和应用软件之间界限分明，应用软件是独立运行的，而在嵌入

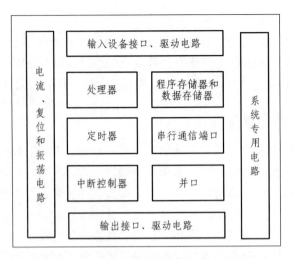

图 5.21　嵌入式系统硬件的基本组成

式系统中，这个界限是不明显的。针对不同的系统配置，常常采用不同配置的操作系统和应用程序，连接装配成统一的运行软件系统，提供不同的驱动软件等针对不同平台的特殊软件。就是说，针对不同的应用目的，不同的应用硬件结构，要采用不同配置的软件系统，包括操作系统和应用程序，而对硬件控制功能的实现是由这两部分共同完成的。

嵌入式系统具有高速处理、配置专一、结构紧凑和坚固等特点，相应的软件系统应是一种有特色、要求更高的实时软件。

（1）嵌入式系统的软件系统要具有很好的实时性，反应时间必须要短，不管当时系统内部状态如何，都是可预测的。

（2）嵌入式系统软件的研发与硬件的设计密切相关，一般固化在 Flash 或 ROM 中。

（3）嵌入式系统软件要有处理异步并发事件的能力。实际环境中，嵌入式系统处理的外部事件不是单一的，而是同时出现的，而且发生的时刻是随机的，即异步的，嵌入式软件应有有效处理这种异步外部事件的能力。

（4）嵌入式系统的软件系统还要有快速启动、出错处理和自动复位能力，这主要是针对机动性强、所处环境复杂的智能系统的要求。嵌入式系统的实时软件要求事先固化在系统只读存储器中，开机自动运行，并且在出错死机后能够自动恢复先前运行状态，因此嵌入式软件系统应采用特殊的容错、出错处理措施。

嵌入式软件系统的开发需要独立的开发平台。这主要是因为受到嵌入式应用系统的软件开发时间和存储空间的限制。同时，在软件设计中同样受到很多限制：

（1）可用的系统存储器的容量的限制。

（2）可用的嵌入式处理器速度限制。

（3）当以等待事件、运行、停止和唤醒的周期连续运行系统时，对功耗的限制。

嵌入式系统软件开发和调试手段的不断完善，以及软件工程思想融入嵌入式软件设计，促进了嵌入式软件系统的发展。

4. 嵌入式系统发展新趋势和新技术

嵌入式系统先行技术和 PC 积累技术正面临着现今嵌入式系统应用的更高要求的挑战。

计算机应用的普及、Internet 技术的使用以及纳米微电子技术的突破，正有力地推动嵌入式系统的发展，也为嵌入式系统产品造就了崭新而巨大的商机，如从沟通信息高速公路的交换机、路由器等，到 CIMS 所需的 DCS、机器人以及大规模的家用汽车电子系统等。最有产量效益的是 Internet 上的信息家电，如 Web 可视电话、Web 游戏机、PDA、手机、多媒体产品、STB、DVD、电子阅读机等。

伴随硬件技术的成熟及软件技术的广泛应用，软件已逐步取代硬件成为系统的主要组成部分，软件能使嵌入式系统的灵活性、适应性、可扩展性更加突出。通信领域的软件无线电、测试领域的"软件就是仪器"等概念就是最好的例子。

嵌入式 CPU 是嵌入式系统的核心，拥有自己的嵌入式 CPU 和支撑硬件是发展自主知识产权嵌入式系统的前提条件和基础。同时，在嵌入式系统中，研制自主版权的嵌入式操作系统的意义同样重大。形成自己的嵌入式系统硬件生产体系，防止不合国情的国外产品成为实施标准，嵌入式系统标准的制定面临着迫切的要求。根据专业性的特征加以吸收，建立嵌入式硬件和软件开发基地，形成软件开发商、硬件制造商、信息服务商、信息运营商联盟，发挥总体优势是我国嵌入式系统行业迎接国际化挑战的最好方法。

开展新技术的研究是嵌入式系统行业迎接新挑战的必要途径。对嵌入式系统发展具有深远影响的新软件技术有：

（1）行业性开放系统和自由软件技术。设计技术的共享和软件复用、构件兼容、维护方便和合作生产是增强行业性产品竞争力的有效手段，对嵌入式产品标准的制定，特别是软件的编程接口规范的制定就是最重要的方法之一。例如，欧盟汽车产业联盟规定 OSEK 标准为开发汽车嵌入式系统的公开平台和应用编程接口。WindRiver 推出的 MotoWorks 操作系统对该标准的兼容为其赚得大笔商业利润。我国自主制定的数字电视产业标准提高了中国数字产品的竞争力。此外，随着国际自由软件运动的发展，CPL 概念也正对嵌入式软件产生深远的影响。嵌入式 Linux 操作系统和 GNU 软件开发工具的实用化进程为我国嵌入式软件技术的发展提供了良机。

（2）无线网络操作系统。移动通信网络对于多功能的移动终端设备等嵌入式设备的支持，以及嵌入式移动设备的广阔前景，使无线网络操作系统成为嵌入式系统发展的一个重要领域。为了有效发挥移动通信系统的优势，正在开发的无线网络操作系统成为众多设备厂商的着力点。EPOC 的出现就是最好的例子。

（3）IP（Intellectual Property Kernel，知识产权核）构件库技术。嵌入式系统的最高形式是 SoC（片上系统），而 SoC 的关键是 IP 核构件。IP 核构件中的硬件核主要指 MPU 核和 DSP 核等处理器核，软件核包括软件供货商提供的 RTOS 内核及其功能扩展软件。Microtec 提供的 VRTXoc forARM 就是一个典型的软件核例子。此外 IP 核还包括固件核。

（4）J2ME（Java 2 Platform Micro Edition）技术。Sun 公司的 Java 虚拟机（JVM）技术的有序开放，使 Java 软件真正实现跨平台运行。这对于信息家电等网络设备提供了十分有利的软件手段。

5.9.2　嵌入式处理器

处理器是嵌入式系统硬件的核心，也是整个嵌入式系统的核心。处理器的两个基本单元是：程序流控制单元（CU）和执行单元（EU）。CU中包含了一个取址单元，用于从存储器中取指令。EU中含有执行指令的电路，用于数据转移操作以及数据从一种形式到另一种形式的转换操作。在处理器的指令集中定义的指令按照它们从存储器中取回的顺序执行。

在嵌入式系统中，处理器芯片或者核可以是通用处理器（GPP）、专用系统处理器（ASSP）、多处理器系统、嵌入到一个专用集成电路（ASIC）中或者一个大规模集成电路（VLSI）中的GPP核或者ASIP核，或者芯片中集成了处理器单元的FPGA核。在现今嵌入式系统应用领域中，处理器的选择以通用处理器中的嵌入式微处理器（MPU）和数字信号处理器（DSP）为主。微控制单元（MCU）以其单片化、体积小、功耗和成本低的特点在嵌入式系统发展初期占据着主导地位。片上系统（SoC）作为半导体工艺高度发展的产物，引导着嵌入式系统向更高、更复杂的集成方向前进。

在应用中，将微处理器装配在专门设计的电路板上，只保留和嵌入式应用有关的母板功能，这样可以大幅度减小系统的体积和功耗。为了满足嵌入式应用的特殊要求，嵌入式微处理器虽然在功能上和标准微处理器基本是一样的，但在工作温度、抗电磁干扰、可靠性等方面一般都做了各种增强。嵌入式微处理器主要分为基于ARM架构的嵌入式微处理器、基于MIPS架构的嵌入式微处理器和基于PowerPC架构的嵌入式微处理器。

在这一节，将首先介绍一些关于嵌入式微处理器体系结构的基本知识，这些是嵌入式系统设计者在设计、研制嵌入式系统之前必须要掌握的。在此基础上将介绍嵌入式处理器的一些主要产品和处理器核。

1. 冯·诺依曼结构与哈佛结构

1）冯·诺依曼结构

冯·诺依曼（Von Neumann）结构，也称普林斯顿结构，是一种将程序指令存储器和数据存储器合并在一起的存储器结构。冯·诺依曼结构的计算机，其程序和数据共用一个存储空间，程序指令存储地址和数据存储地址指向同一个存储器的不同物理位置；它采用单一的地址及数据总线，程序指令和数据的宽度相同。冯·诺依曼结构计算机的处理器执行指令时，先从存储器中取出指令解码，再取操作数执行运算，即使单条指令也要耗费几个甚至几十个周期，在高速运算时，在传输通道上会出现瓶颈效应。

如图5.22所示，冯·诺依曼结构的计算机由CPU和存储器构成。程序计数器（PC）是CPU内部指示指令和数据的存储位置的寄存器。CPU通过程序计数器提供的地址信息，对存储器进行寻址，找到所需要的指令或数据，然后对指令进行译码，最后执行指令规定的操作。

在这种体系结构中，程序计数器只负责提供程序执行所需要的指令或数据，而不决定程序流程，要控制程序流程，则必须修改指令。

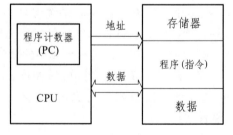

图5.22 冯·诺依曼体系结构

目前使用冯·诺依曼结构的CPU和微控制器有很多，其中包括Intel公司的8086及其他CPU，ARM公司的ARM7，MIPS公司的MIPS处理器也采用了冯·诺依曼结构。

2）哈佛结构

哈佛（Harvard）结构，如图 5.23 所示，是一种将程序指令存储和数据存储分开的存储器结构。哈佛结构是一种并行体系结构，它的主要特点是将程序和数据存储在不同的存储空间中，即程序存储器和数据存储器是两个相对独立的存储器，每个存储器独立编址、独立访问。与两个存储器相对应的是系统中的四套总线：程序的数据总线与地址总线，数据的数据总线与地址总线。这种分离的程序总线和数据总线可允许在一个机器周期内同时获取指令字（来自程序存储器）和操作数（来自数据存储器），从而提高了执行速度，使数据的吞吐率提高了一倍。又由于程序和数据存储在两个分开的物理空间中，因此取指和执行能完全重叠。

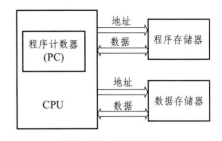

图 5.23　哈佛结构

哈佛结构的 CPU 通常具有较高的执行效率。目前使用哈佛结构的 CPU 和微控制器有很多，除了所有的 DSP 处理器，还有 Motorola 公司的 MC68 系列，Zilog 公司的 Z8 系列，Atmel 公司的 AVR 系列和 ARM 公司的 ARM9，ARM10 和 ARM11 等。

2. 基于 ARM 架构的嵌入式处理器

ARM（Advanced RISC Machines）是一个公司的名字，同时也是一类著名的嵌入式微处理器的名字。ARM 公司在 1990 年 11 月成立于英国剑桥，它是一家专门从事 16/32 位 RISC 微处理器知识产权设计的供应商。ARM 公司并不直接生产芯片也不销售芯片，而是为其合作伙伴提供 ARM 微处理器 IP 核，同时提供基于 ARM 架构的开发设计技术。

ARM 拥有广泛的全球技术合作伙伴，这其中包括半导体系统厂商、实时操作系统（RTOS）开发商、电子设计自动化和工具供应商、应用软件公司、芯片制造商和设计中心。与 ARM 签订了硬件技术使用许可协议的半导体公司包括 Intel，IBM，LG，NEC，Sony，Philips 和国民半导体等大公司。至于软件系统的合伙人，则包括微软、升阳和 MRI 等一系列知名公司。

ARM 公司设计先进的数字产品核心应用技术，应用领域涉及无线设备、网络、消费娱乐、影像、汽车电子、安全应用及存储装置等，生产的产品包括 16/32 位 RISC 微处理器、数据引擎、三维图形处理器、数字单元库、嵌入式存储器、外设、软件、开发工具以及模拟和高速连接产品。

1）ARM 微处理器的特点

ARM 微处理器具有 RISC 体系的一般特点，如：

（1）具有大量的寄存器，指令执行速度快。

（2）绝大多数操作都在寄存器中进行，通过 Load/Store 的体系结构在内存和寄存器之间传递数据。

（3）寻址方式简单。

（4）采用固定长度的指令格式。

除此之外，ARM 体系采用了一些特别的技术，在保证高性能的同时尽量减小芯片体积，降低芯片的功耗。这些技术包括：

（1）在同一条数据处理指令中包含算术逻辑处理单元处理和移位处理。

（2）使用地址自动增加（或减少）来优化程序中的循环处理。

（3）Load/Store 指令可以批量传输数据，从而提高数据传输的效率。

（4）所有指令都可以根据前面指令执行的结果，决定是否执行，以提高指令执行的效率。

迄今为止，ARM 体系结构共定义了 7 个版本。版本号分别为 1~7。从版本 1 到版本 7，ARM 体系的指令集功能不断扩大。从版本 2 开始支持协处理器，从版本 3 开始处理器的地址空间从 26 位扩展到 32 位，版本 5 增加了软件断点指令，版本 6 提供了增强的功耗管理功能，版本 7 针对不同应用定义了 3 个不同的微处理器结构等。

ARM 各版本中还有一些变种，这些变种定义了该版本指令集中不同的功能。版本 4 增加了 T 变种，可以使处理器状态切换到 Thumb 状态，在这种状态下的指令集是 15 位的 Thumb 指令集。Thumb 指令集是将 ARM 指令集的一个子集重新编码而形成的一个指令集。ARM 指令长度为 32 位，Thumb 指令长度为 16 位。这样，使用 Thumb 指令集可以得到密度更高的代码，这对于需要严格控制产品成本的设计是非常有意义的。这个变种出现在版本 4 和 5 中。还有其他的变种，比如 M 变种，即长乘法指令，这个变种增加了两条用于进行长乘法操作的 ARM 指令，适合于应用长乘法的场合，首先出现在版本 3 中；E 变种，即增强型 DSP 指令，增强了处理器对一些典型的 DSP 算法的处理性能，首先出现在版本 5T 中；J 变种，即 Java 加速器 Jazelle，首先出现在版本 4TEJ 中；SIMD 变种，即 ARM 媒体功能扩展，为嵌入式应用系统提供了高性能的音频/视频处理技术。

ARM 处理器系列中的各种处理器，其采用的实现技术各不相同，性能差别很大，应用场合也有所不同，但是只要它们支持相同的 ARM 体系版本，基于它们的应用软件将是兼容的。

2）ARM 处理器系列

ARM 处理器目前包括下面几个系列的处理器产品以及其他厂商实现的基于 ARM 体系结构的处理器：ARM7 系列、ARM9 系列、ARM9E 系列、ARM10E 系列、ARM11 系列、SecurCore 系列、Intel 的 XScale 系列、Intel 的 StrongARM 系列、Conex 系列。

对于支持同样 ARM 体系版本的处理器，其软件是兼容的。这些处理器在很多应用领域得到了广泛的应用。如开放应用平台，包括无线系统、消费产品以及成像设备等；实时嵌入式应用，包括存储设备、汽车、工业和网络设备；安全系统，包括信用卡和 SIM 卡等。

3. 基于 MIPS 架构的嵌入式微处理器

1）MIPS 体系结构的历史

MIPS 体系结构源于斯坦福大学启动的研究。与 Berkeley RISC 项目一起，Stanford MIPS 项目是精简指令集计算机（RISC）体系结构最初公开的实现方案之一。MIPS 的意思是 Microprocessor without Interlocked Piped Stages，即"无互锁流水级的微处理器"，其机制是尽量利用软件办法避免流水线中的数据相关问题。1984 年创立的 MIPS 公司的 R 系列处理器就是在此基础上开发的 RISC 工业产品的微处理器。这些系列产品已被很多计算机公司采用来构成各种工作站和计算机系统。

从 MIPS 处理器发明到现在的 20 多年里，MIPS 处理器以其高性能的处理能力被广泛应用于宽带接入、路由器、调制解调设备、电视、游戏、打印机、办公用品、DVD 播放等广泛的领域。

和 ARM 公司一样，MIPS 公司本身并不从事芯片的生产活动（只进行设计），不过其他公司如果要生产该芯片，则必须得到 MIPS 公司的许可。

MIPS 32 位处理器内核有如下几种。

（1）M4KTM 系列：针对多 CPU 集成的 SoC，应用领域为下一代消费类产品、下一代网络和宽带产品。M4KTM 系列包含 4KpTM 和 4KcTM 内核，针对 SoC 系统优化，其内存、指令缓存和数据缓存都可以根据具体应用调整大小。

（2）4KETM 系列：包含 4KEpTM，4KEmTM 和 4KEcTM 内核；它们和 4KTM 系列类似，但能提供更高性能，在同样时钟频率下指令执行周期更短。

（3）4KSTM 系列：包含 4KScTM 和 4KSdTM 内核，用于数据通信。其特点是采用了 SmartMIPSTM 结构。拥有反黑客的特性，可以让数据加密更加快速，在网络处理、智能卡、机顶盒等方面有广泛应用。

（4）Pro SeriesTM 系列：包含 M4K ProTM，4KE PrvTM，4KEm ProTM，4KEc ProTM 和 4KSd ProTM 内核。该系列内核包含了空前的特性：允许 SoC 的设计者创造自己的 CorExtendTM 扩展指令集。这样可以根据具体应用设计出性能更好，效率更高的产品。

（5）24KTM 系列：用于图形、JAVA 方面，包含了最快的浮点乘法器，也支持 CorExtendTM 扩展指令集，是数字电视、机顶盒和 DVD 等多媒体应用的理想选择。

2）MIPS 体系的组成

（1）MIPS 指令集体系 ISA（MIPS Instruction Set Architecture）。

从最早的 MIPS Ⅰ ISA 开始发展到 MIPS Ⅴ ISA，再到现在的 MIPS 32 和 MIPS 64 结构，其所有版本都是与前一个版本兼容的。在 MIPS Ⅲ 的 ISA 中，增加了 64 位整数和 64 位地址；在 MIPS Ⅳ 和 MIPS Ⅴ 的 ISA 中，增加了浮点数的操作等。

MIPS 32 和 MIPS 64 体系是为满足高性能、成本敏感的需求而设计的。MIPS 32 体系是基于 MIPS Ⅴ ISA 的，并从 MIPS Ⅲ，MIPS Ⅳ 和 MIPS Ⅴ 中选择一些指令以增强数据及代码的有效操作。MIPS 64 体系是基于 MIPS Ⅴ ISA 并与 MIPS 32 体系兼容的。MIPS 32 和 MIPS 64 体系都将特权环境（privileged environment）引入体系，以满足操作系统或其他核心软件的需要。同时 MIPS 32 和 MIPS 64 体系支持 ASE（Application Specific Extensions），UDI（User Defined Instructions）等协处理器，以满足特定领域的应用需求。

（2）MIPS 特权资源体系 PRA（MIPS Privileged Resource Architecture）。

MIPS 32 和 MIPS 64 的 PRA 定义了一组指令，其中大多数指令只能在特权模式下使用。有些指令在非特权模式下也是可见的，如虚拟内存布局。PRA 提供了管理处理器资源所必需的机制，如虚存、cache 异常和用户的上下文等。

（3）MIPS 特定应用扩展 ASE（MIPS Application Specific Extensions）。

MIPS 32 和 MIPS 64 体系支持可选的特定应用的扩展 ASE。ASE 是对基本体系的扩展，不承担体系中指令的实现，在 ISA 和 PRA 基础上完成特定领域应用的需要。

（4）MIPS 用户定义指令集 UDI（MIPS User Defined Instructions）。

除了支持 ASE 外，MIPS 32 和 MIPS 64 体系还提供专门的指令，即用户定义指令集 UDI。这些指令的功能是在具体实现时进行定义的。

4. 基于 PowerPC 架构的嵌入式微处理器

PowerPC 内核的主要特点如下：

（1）独特分支处理单元可以让指令领取效率大大提高，即使指令流水线上出现跳转指令，也不会影响到其运算单元的运算效率。

（2）超标量（Superscale）设计。分支单元、浮点运算单元和定点运算单元，每个单元有自己独立的指令集并可独立运行。

（3）可处理"字节非对齐"的数据存储。

（4）同时支持大端/小端（Big/Little-Endian）数据类型。

Motorola 公司在 1989 年推出了 MC68302 芯片并从此进入通信处理器市场，这也是该行业第一款多协议微处理芯片。继 MC68302 之后，Motorola 公司于 1996 年推出了多用途 PowerQUICC 系列处理器，1998 年推出了 PowerQUICC Ⅱ（TM）系列处理器。在继续加大对整个 PowerQUICC 产品系列的投资的同时，Motorola 公司又推出了 PowerQUICC Ⅲ（TM）系列处理器。PowerQUICC 家族包括以下一些极为经典的通信处理器：

（1）MPC860：MPC860 PowerQUICC 内部集成了微处理器和一些控制领域的常用外围组件，特别适用于通信产品。PawerQUICC 可以称为 MC68360 在网络和数据通信领域的新一代产品，提高了器件运行的各方面性能，包括器件的适应性、扩展能力和集成度等。类似于 MC68360QUICC，MPC860 PowerQUICC 集成了两个处理块，一个是嵌入的 PowerPC 核，另一个是通信处理模块（CPM）。由于 CPM 分担了嵌入式 PowerPC 核的外围工作任务，这种双处理器体系结构的功耗要低于传统的体系结构的处理器。

（2）MPC8245：MPC8245 PowerPC 集成处理器适用于那些对成本、空间、功耗和性能都有很高要求的应用领域。该器件有较高的集成度，它集 5 个芯片于一体，从而降低了系统的组成开销。高集成度的结果是简化了电路板的设计，降低了功耗和加快了开发调试时间。这种低成本多用途的集成处理器的设计目标是使用 PCI 接口的网络基础结构、电信和其他嵌入式应用。它可用于路由器、接线器、网络存储应用和图像显示系统。

（3）MPC8260：MPC8260 PowerQUICC Ⅱ 处理器是目前最先进的为电信和网络市场而设计的集成通信微处理器。高速的嵌入式 PowerPC 内核连同极高的网络和通信外围设备集成，使 Motorola 公司为用户提供了一个全新的整个系统解决方案来建立高端通信系统。MPC8260 PowerQUICC Ⅱ可以称作是 MPC860 PowerQUICC 的下一代产品，它在各方面提供更高的性能，包括更大的灵活性、更强的扩展能力和更高的集成度。与 MPC860 相似，MPC8260 也有两个主要的组成部分：嵌入的 PowerPC 内核和 CPM。由于 CPM 分担了嵌入式 PowerPC 核的外围工作任务，这种双处理器体系结构的功耗要低于传统体系结构的处理器。CPM 同时支持 3 个快速的串行通信控制器（FCC）、2 个多通道控制器（MCC）、4 个串行通信控制器（SCC）、2 个串行管理控制器（SMC）、1 个串行外围接口（SPI）和一个 I^2C 接口。PowerPC 内核和 CPM 的组合，加上 MPC8260 的多功能和高性能，为用户在网络和通信产品的开发方面提供了巨大的潜力，并缩短了开发周期，加速了产品的上市。

5. 数字信号处理器（DSP）

DSP 处理器对系统结构和指令进行了特殊设计，使其适合于执行 DSP 算法，编译效率较高，指令执行速度也较高。在数字滤波、FFT、谱分析等方面，DSP 算法正在大量进入嵌入式领域，DSP 应用正在从通用单片机中以普通指令实现 DSP 功能，过渡到采用嵌入式 DSP 处理器。嵌入式 DSP 处理器有两个发展来源，一是 DSP 处理器经过单片化、EMC 改造、增加片上外设成为嵌入式 DSP 处理器，TI 的 TMS320C2000/C5000/C6000 平台等属于此范畴；二是在通用单片机或 SoC 中增加 DSP 协处理器，例如 Intel 的 MCS-296 和 Infineon（Siemens）的 TriCore。

推动嵌入式 DSP 处理器发展的另一个因素是嵌入式系统的智能化，例如，各种带有智能逻辑的消费类产品、生物信息识别终端、带有加解密算法的键盘、实时语音压解系统、虚拟现实显示等。这类智能化算法一般都运算量较大，特别是向量运算、指针线性寻址等较多，而这些正是 DSP 处理器的长处所在。

嵌入式 DSP 处理器比较有代表性的产品是 TI 的 TMS320 系列和 Motorola 的 DSP56000 系列。TMS320 系列处理器包括用于控制的 C2000 系列、移动通信的 C5000 系列以及性能更高的 C6000 和 C8000 系列。DSP56000 目前已经发展成为 DSP5600D，DSP56100，DSP56200 和 DSP56300 等几个不同系列的处理器。另外 Philips 公司也推出了基于低成本、低功耗的可重置嵌入式 DSP 结构技术制造的 R.E.A.L DSP 处理器，其特点是具备双哈佛结构和双乘/累加单元，应用目标是大批量消费类产品。

6. 嵌入式微控制单元

嵌入式微控制单元（Micro Controller Unit，MCU）又称单片机。顾名思义，就是将整个计算机系统集成到一块芯片中。MCU 一般以某一种微处理器内核为核心，芯片内部集成 ROM/EPROM、RAM、总线、总线逻辑、定时/计数器、WatchDog、I/O、串行口、脉宽调制输出、A/D、D/A、Flash RAM、EEPROMi 等各种必要功能和外设。为适应不同的应用需求，一般一个系列的单片机具有多种衍生产品，每种衍生产品的处理器内核都是一样的，不同的是存储器和外设的配置及封装。这样可以使单片机最大限度地和应用需求相匹配，功能不多不少，从而减少功耗和成本。

和嵌入式微处理器相比，微控制器的最大特点是单片化，体积大大减小，从而使功耗和成本下降、可靠性提高。微控制器是目前嵌入式系统工业的主流。微控制器的片上外设资源一般比较丰富，适合于控制，因此称为微控制器。

MCU 按其存储器类型可分为 Mask（掩模）ROM、OTP（一次性可编程）ROM、Flash ROM 等类型。Mask ROM 的 MCU 价格便宜，但程序在出厂时已经固化，适合程序固定不变的应用场合；Falsh ROM 的 MCU 程序可以反复擦写，灵活性很强，但价格较高，适合对价格不敏感的应用场合或用于开发；OTP ROM 的 MCU 价格介于前两者之间，同时又拥有一次性可编程能力，适合既要求一定灵活性，又要求低成本的应用场合，尤其是功能不断翻新、需要迅速量产的电子产品。

微控制器经过这几年不断的研究发展，历经 4 位、8 位到现在的 16 位及 32 位，甚至 64 位。4 位 MCU 大部分应用在计算器、车用仪表、车用防盗装置、呼叫器、无线电话、CD 播放器、LCD 驱动控制器、LCDl 游戏机、儿童玩具、磅秤、充电器、胎压计、温湿度计、遥控器及傻瓜相机等；8 位 MCU 大部分应用在电表、马达控制器、电动玩具机、变频式冷气机、呼叫器、传真机、来电辨识器（Caller ID）、电话录音机、CRT 显示器、键盘及 USB 等；16

位 MCU 大部分应用在移动电话、数字相机及摄录放影机等；32 位 MCU 大部分应用在 Modem、GPS、PDA、HPC、STB、Hub、Bridge、Router、工作站、ISDN 电话、激光打印机与彩色传真机；64 位 MCU 大部分应用在高阶工作站、多媒体互动系统、高级电视游乐器（如 SEGA 的 Dreamcast 及 Nintendo 的 GameBoy）及高级终端机等。

嵌入式微控制器目前的品种和数量最多，比较有代表性的通用系列包括 8051、P51XA、MCS-251、MCS-96/196/296、C166/167、MC68HC05/11/12/16、68300 等。另外还有许多半通用系列，如：支持 USB 接口的 MCU 8XC930/931，C540，C541；支持 I^2C，CAN-Bus，LCD 等的众多专用 MCU 和兼容系列。目前 MCU 占嵌入式系统约 70% 的市场份额。

特别值得注意的是，近年来，提供 X86 微处理器的著名厂商 AMD 公司，将 Am186CC/CH/CU 等嵌入式处理器称为 Microcontroller，Motorola 公司把以 PowerPC 为基础的 PPC505 和 PPC555 也列入 MCU 行列，TI 公司也将其 TMS320C2××× 系列 DSP 作为 MCU 进行推广。

7. 嵌入式 SoC

20 世纪 90 年代中期，随着 EDI 的推广、VLSI 设计的普及化及半导体工艺的迅速发展，在一个硅片上实现一个更为复杂的系统的时代已来临，这就是片上系统（System on Chip，SoC）。各种通用处理器内核将作为 SoC 设计公司的标准库，和许多其他嵌入式系统外设一样，成为 VLSI 设计中一种标准的器件，用标准的 VHDL 等语言描述，存储在器件库中。用户只需提出其整个应用系统，仿真通过后就可以将设计图交给半导体工厂制作样品。这样除个别无法集成的器件以外，整个嵌入式系统大部分均可集成到一块或几块芯片中去，应用系统电路板将变得很简洁，对于减小体积和功耗、提高可靠性非常有利。

SoC 的定义多种多样，由于其内涵丰富、应用范围广，很难给出准确定义。从狭义角度讲，它是信息系统核心的芯片集成，是将系统关键部件集成在一块芯片上；从广义角度讲，SoC 是一个微小型系统，如果说中央处理器（CPU）是大脑，那么 SoC 就是包括大脑、心脏、眼睛和手的系统。国内外学术界一般倾向于将 SoC 定义为把微处理器、模拟 IP 核、数字 IP 核和存储器（或片外存储控制接口）集成在单一芯片上。它拥有独立的处理器以及固定基础的软件，通常是客户定制的，或是面向特定用途的标准产品。

SoC 可以分为通用和专用两类。通用系列包括 Infineon 的 TriCore，Motorola 的 M-Core，某些 ARM 系列器件，Echelon 和 Motorola 联合研制的 Neuron 芯片等。专用 SoC 一般专用于某个或某类系统中，不为一般用户所知。一个有代表性的产品是 Philips 的 Smart XA，它将 XA 单片机内核和支持超过 2 048 位复杂 RSA 算法的 CCU 单元制作在一块硅片上，形成一个可加载 Java 或 C 语言的专用的 SoC，可用于公众互联网如 Internet 安全方面。

SoC 作为新兴的跨学科的技术，其核心技术包括总线架构技术、IP 核可复用技术、软硬件协同设计技术、SoC 验证技术、可测试设计技术、低功耗设计技术、超深亚微米集成电路实现技术、嵌入式软件移植开发技术。相信在 3~5 年内，高端嵌了入式处理器将以 SoC 的发展为代表，成为各相关学科的交汇点。在 SoC 相关学科领域中，势必吸收与培养其他学科（如光、机、电等学科）的人才不断改善 SoC 研究队伍组织结构，加强跨学科的 SoC 综合技术研讨，积极沟通观念、信息与技术，以培养 SoC 的跨学科高级人才。

SoC 在中高端方面将取代传统意义上的 CPU，向系统性能更好、功耗更小、成本更低、可靠性更高、开发更容易的方向发展，将满足人们以 GUI 屏幕为中心的多媒体界面与信息终端交互需求，如手写文字输入、语音拨号上网、收发电子邮件、传送彩色图形/图像及语言同声翻译等。SoC 将具有 32 位、64 位 RISC 芯片或信号处理器 DSP 等增强处理能力，同时支持嵌入式 RTOS 发展，采用实时多任务编程技术和交叉开发工具技术来控制功能复杂性，简化应用程序设计，保障软件质量，缩短开发周期。

8. 嵌入式处理器的发展趋势

MPU 领域正在朝着高度集成化的 SoC 方向发展。在微处理器 IP 核发展的基础上，各芯片厂商结合自身技术及芯片市场定位等因素，使芯片设计最优化，从而产生了一大批高度集成的 SoC 芯片。Intel 公司的 XScale 系列集成了 LCD 控制器、音频编/解码器，定位于智能 PDA 市场；Atmel 公司的 AT91 系列片内集成大量 Flash 和 RAM、高精度 A/D 转换器，适合工业控制领域；Philips 公司的 LPC2000 系列片内集成了 128 位宽的零等待 Flash 存储器等。这些都对传统的 8/16 位 MCU 提出了严峻挑战。

同时，软核与硬核同步发展的 SOPC 技术的发展真正实现了可编程片上系统，处理器 IP 核和 HDL 语言开发的逻辑部件可以结合在一片 FPGA 芯片中，使嵌入式处理器实现高速度与编程能力的完美结合，并通过各种嵌入的 IP 核实现多种标准工业接口。

MPU，MCU，DSP 之间的融合趋势越来越明显，使处理器更加多功能化，适应多种需求成为可能。

5.9.3 嵌入式系统中的操作系统（EOS）

作为连接嵌入式系统硬件和应用软件的关键部分，嵌入式操作系统（Embedded Operation System，EOS）承担着一个指挥者的责任，它协调着嵌入式系统的所有组件，并使得各个组件能够依照某个计划协同工作。

效率和功能是一个操作系统可以承担责任的关键。要针对应用目的和具体硬件选择一个合适的操作系统，必须要了解嵌入式操作系统的特点。当今流行的嵌入式操作系统有 Linux，Windows CE，VxWorks 等。

5.10 中间件技术

中间件（middleware）是一种独立的系统软件或服务程序，物联网中大量的分布式应用软件借助这种软件在不同的技术之间共享资源。中间件位于客户机服务器的操作系统之上，管理计算资源和网络通信。中间件是基础软件的一大类，属于可复用软件的范畴。顾名思义，中间件处于操作系统软件与用户的应用软件的中间，如图 5.24 所示。物联网中间件工作在各类控制及操作系统、网络和数据库之上，各类应用软件之下，总的作用是为处于自己上层的应用软件提供运行与开发的环境，帮助用户灵活、高效地开发和集成复杂的应用软件。

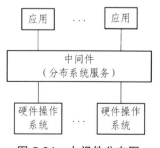

图 5.24　中间件分布图

173

5.10.1 中间件基本概念

1. 中间件的由来

计算机技术迅速发展，从硬件技术看，CPU 速度越来越高，处理能力越来越强；从软件技术看，应用程序的规模不断扩大，特别是 Internet 及 WWW 的出现，使计算机的应用范围更为广阔，许多应用程序需在网络环境的异构平台上运行。这一切都对新一代的软件开发提出了新的需求。在这种分布异构环境中，通常存在多种硬件系统平台（如 PC、工作站、小型机等），在这些硬件平台上又存在各种各样的系统软件（如不同的操作系统、数据库、语言编译器等），以及多种风格各异的用户界面，这些硬件系统平台还可能采用不同的网络协议和网络体系结构连接，如何把这些系统集成起来并开发新的应用是一个非常现实而困难的问题。

2. 基本定义

中间件可以满足大量应用的需要，运行于多种硬件和 OS 平台，支持分布计算，提供跨网络、硬件和 OS 平台的透明性的应用或服务的交互支持标准的协议支持标准的接口。

由于标准接口对于可移植性和标准协议对于互操作性的重要性，中间件已成为许多标准化工作的主要部分。对于应用软件开发，中间件远比操作系统和网络服务更为重要，中间件提供的程序接口定义了一个相对稳定的高层应用环境，不管底层的计算机硬件和系统软件怎样更新换代，只要将中间件升级更新，并保持中间件对外的接口定义不变，应用软件几乎不需任何修改，从而保护了企业在应用软件开发和维护中的重大投资。

3. 主要功能

中间件所涵盖的范围十分广，针对不同的应用需求涌现出多种各具特色的中间件产品。至今中间件还没有一个比较精确的定义，因此，在不同的角度或不同的层次上，对中间件的理解也会有所不同。由于中间件需要屏蔽分布环境中异构的操作系统和网络协议，它必须能够提供分布环境下的通信服务，我们将这种通信服务称为平台。基于目的和实现机制的不同，实现的功能有如下分类：

1）远程过程调用

远程过程调用是一种广泛使用的分布式应用程序处理方法，即一个应用程序使用 RPC 来"远程"执行一个位于不同地址空间里的过程，并且从效果上看和执行本地调用相同。事实上，一个 RPC 应用分为两个部分：server 和 client。server 提供一个或多个远程过程，client 向 server 发出远程调用。server 和 client 可以位于同一台计算机，也可以位于不同的计算机，甚至可以运行在不同的操作系统之上。它们通过网络进行通信。相应的 stub 和运行支持提供数据转换和通信服务，从而屏蔽不同的操作系统和网络协议。在这里 RPC 通信是同步的，采用线程可以进行异步调用。

在 RPC 模型中，client 和 server 只要具备了相应的 RPC 接口，并且具有 RPC 运行支持，就可以完成相应的互操作，而不必限制于特定的 server。因此，RPC 为 client/server 分布式计算提供了有力的支持。同时，远程过程调用 RPC 所提供的是基于过程的服务访问，client 与

server 进行直接连接，没有中间机构来处理请求，因此也具有一定的局限性。比如，RPC 通常需要一些网络细节以定位 server；在 client 发出请求的同时，要求 server 必须是活动的等。

2）面向消息处理

面向消息（MOM）指的是利用高效可靠的消息传递机制进行平台无关的数据交流，并基于数据通信来进行分布式系统的集成。通过提供消息传递和消息排队模型，它可在分布环境下扩展进程间的通信，并支持多通信协议、语言、应用程序、硬件和软件平台。目前流行的 MOM 中间件产品有 IBM 的 MQSeries、BEA 的 MessageQ 等。消息传递和排队技术有以下三个特点：

（1）通信程序可在不同的时间运行。程序不在网络上直接相互通话，而是间接地将消息放入消息队列。因为程序间没有直接的联系，所以它们不必同时运行。消息放入适当的队列时，目标程序甚至根本不需要正在运行；即使目标程序在运行，也不意味着要立即处理该消息。

（2）对应用程序的结构没有约束。在复杂的应用场合中，通信程序之间不仅可以是一对一的方式，还可以是一对多和多对一方式，甚至是上述多种方式的组合。多种通信方式的构造并没有增加应用程序的复杂性。

（3）程序将消息放入消息队列或从消息队列中取出消息来进行通信，与此关联的全部活动，比如维护消息队列、维护程序和队列之间的关系、处理网络的重新启动和在网络中移动消息等是 MOM 的任务，程序不直接与其他程序通话，并且它们不涉及网络通信的复杂性。

3）对象请求代理

随着对象技术与分布式计算技术的发展，两者相互结合形成了分布对象计算，并发展为当今软件技术的主流方向。1990 年底，对象管理集团 OMG 首次推出对象管理结构 OMA（Object Management Architecture），对象请求代理（Object Request Broker，ORB）是这个模型的核心组件。它的作用在于提供一个通信框架，透明地在异构的分布计算环境中传递对象请求。CORBA 规范包括了 ORB 的所有标准接口。1991 年推出的 CORBA1.1 定义了接口描述语言 OMGIDL 和支持 client/server 对象在具体的 ORB 上进行互操作的 API。CORBA2.0 规范描述的是不同厂商提供的 ORB 之间的互操作。

ORB 是对象总线，它在 CORBA 规范中处于核心地位，定义异构环境下对象透明地发送请求和接收响应的基本机制，是建立对象之间 client/server 关系的中间件。ORB 使得对象可以透明地向其他对象发出请求或接受其他对象的响应，这些对象可以位于本地也可以位于远程机器。ORB 拦截请求调用，并负责找到可以实现请求的对象、传送参数、调用相应的方法、返回结果等。client 对象并不知道同 server 对象通信、激活或存储 server 对象的机制，也不必知道 server 对象位于何处、它是用何种语言实现的、使用什么操作系统或其他不属于对象接口的系统成分。

值得指出的是，client 和 server 角色只是用来协调对象之间的相互作用，根据相应的场合，ORB 上的对象可以是 client，也可以是 server，甚至兼有两者。当对象发出一个请求时，它是处于 client 角色；当它在接收请求时，它就处于 server 角色。大部分的对象都是既扮演 client 角色又扮演 server 角色。另外，由于 ORB 负责对象请求的传送和 server 的管理，client 和 server 之间并不直接连接，因此，与 RPC 所支持的单纯的 client/server 结构相比，ORB 可以支持更加复杂的结构。

4）事务处理监控

事务处理监控（transaction processing monitors）最早出现在大型机上，为其提供支持大规模事务处理的可靠运行环境。随着分布计算技术的发展，分布应用系统对大规模的事务处理提出了需求，比如商业活动中大量的关键事务处理。事务处理监控界于 client 和 server 之间，进行事务管理与协调、负载平衡、失败恢复等，以提高系统的整体性能，如图 5.25 所示。它可以被看作是事务处理应用程序的"操作系统"。总体上来说，事务处理监控有以下功能：

（1）进程管理，包括启动 server 进程、为其分配任务、监控其执行并对负载进行平衡。

（2）事务管理，即保证在其监控下的事务处理的原子性、一致性、独立性和持久性。

（3）通信管理，为 client 和 server 之间提供了多种通信机制，包括请求响应、会话、排队、订阅发布和广播等。

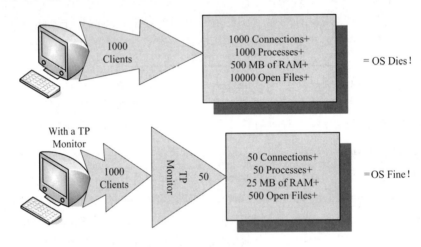

图 5.25　事务处理监控

事务处理监控能够为大量的 client 提供服务，如果 server 为每一个 client 都分配其所需要的资源的话，那 server 将不堪重负。但实际上，在同一时刻并不是所有的 client 都需要请求服务，而一旦某个 client 请求了服务，它希望得到快速的响应。事务处理监控在操作系统之上提供一组服务，对 client 请求进行管理并为其分配相应的服务进程，使 server 在有限的系统资源下能够高效地为大规模的客户提供服务。

5.10.2　中间件分类

随着 Web、数据库技术的发展及用户需求的变化，产生了以下几种通用中间件：

（1）企业服务总线（Enterprise Service Bus，ESB）：ESB 是一种开放的、基于标准的分布式同步或异步信息传递中间件。通过 XML、Web 服务接口以及标准化基于规则的路由选择文档等支持，ESB 为企业应用程序提供安全互用性。

（2）分布式计算环境（Distributed Computing Environment，DCE）：指创建运行在不同平台上的分布式应用程序所需的一组技术服务。

（3）数据库访问中间件（Database Access Middleware）：支持用户访问各种操作系统或应

用程序中的数据库。SQL 是该类中间件的一种。

（4）信息传递（Message Passing）：电子邮件系统是该类中间件的一种。

（5）基于 XML 的中间件（XML-Based Middleware）：XML 允许开发人员为实现在 Internet 中交换结构化信息而创建文档。

5.10.3 技术分析

1. 面临的问题

中间件能够屏蔽操作系统和网络协议的差异，为应用程序提供多种通信机制，并提供相应的平台以满足不同领域的需要。因此，中间件为应用程序建立了一个相对稳定的高层应用环境。然而，中间件服务也并非"万能药"。中间件所应遵循的一些原则离实际还有很大距离。多数流行的中间件服务使用专有的 API 和专有的协议，使得应用建立于单一厂家的产品，不同厂家很难实现互操作。有些中间件服务只提供一些平台的实现，从而限制了应用在异构系统之间的移植。应用开发者在这些中间件服务之上建立自己的应用还要承担相当大的风险，随着技术的发展他们往往还需重写他们的系统。尽管中间件服务提高了分布计算的抽象化程度，但应用开发者还需面临许多艰难的设计选择，例如，开发者还需决定分布应用在 client 方和 server 方的功能分配。通常将表示服务放在 client 以方便使用不同类型的显示设备，将数据服务放在 server 以靠近数据库，但也并不总是如此，何况其他应用功能如何分配也是不容易确定的。

2. 发展现状及趋势

伴随着互联网技术的发展和全球经济一体化时代的来临，企业应用开始从局部自治的单业务种类、部门级应用向企业级应用转变，并促进了企业应用集成、企业间动态电子商务等网络信息系统技术的发展。网络信息系统的目标就是把分布在各处的多个局部自治的异构信息系统通过网络集成在一起，以实现信息资源的广泛共享、集约化管理和协调工作。其中需要解决的一个关键问题就是如何将各局部自治的系统联合成为能够发挥综合效能并能够不断成长的大系统。据此，促进了中间件技术的发展，并形成了较完善的技术谱系，如图 5.26 所示。

1）发展现状

（1）技术现状。

中间件技术是在克服复杂网络应用的共性问题中不断发展和壮大起来的，这些问题可以归纳为四个方面：

① 从计算环境来看，中间件面对的是一个复杂、不断变化的计算环境，要求中间件技术具有足够的灵活性和可成长性。

② 从资源管理的角度来看，操作系统和数据库管理系统管理的是有限资源，资源种类有限，资源量也有限，而中间件需要管理的资源类型（数据、服务、应用）更丰富，且资源扩展的边界是发散的。

③ 从应用支撑角度来看，中间件需要提供分布应用开发、集成、部署和运行管理的整个生命周期的总体运行模型。

```
➢    基础中间件
   ■  对象请求代理（ORB）
     ◆ Microsoft COM+
     ◆ Java RMI
     ◆ CORBA
   ■  消息中间件（MOM）
     ◆ 消息队列（Message Queue）
     ◆ 消息代理（Message Broker）
   ■  应用服务器（Application Server）
     ◆ 事务处理中间件（Transaction Process Monitor，简称TPM）
     ◆ J2EE应用服务器
     ◆ CCM（CORBA Component Model）应用服务器
➢    应用中间件（Application Middleware）
   ■  资源集成（Resource Integrator）
     ◆ 统一数据访问（Universal Data Access）：JDBC,ODBC,…
     ◆ 内容管理系统（Content Management System）
     ◆ XML数据库
     ◆ ETL工具（Extracting，Tranformating and Loading）
     ◆ 数据集成（Data Integrator）
     ◆ 元数据管理系统（Meta-data Management System）
   ■  应用集成（Enterprise Application Integrator）
     ◆ 企业应用集成框架（多采用消息代理）
     ◆ 技术适配器与应用适配器
   ■  流程集成中间件（Business Integrator）
     ◆ 工组流管理系统（Workflow Mamagement System）
     ◆ 业务流程管理系统（Business Process Management System）
   ■  服务集成（Service-Oriented Integrator）
   ■  门户集成（Portal Server）
➢    应用框架（Application Framework）
   ■  面向行业（Domain-Oriented）
   ■  面向问题域（Problem-Oriented）
```

图 5.26　中间件技术谱系

④ 从应用的角度来看，利用中间件完成的往往是复杂、大范围的企业级应用，其关系错综复杂，流程交织。例如，客户关系管理系统需要集成多个企业内部应用，而供应链管理则涉及企业之间的应用集成。

（2）产品与市场现状。

中间件作为基础软件的重要组成，已与操作系统、数据库齐头并进，在世界范围内呈现出迅猛发展的势头，已经形成一个巨大的产业。

（3）现状分析。

综合产业界的发展情况，中国中间件产业在 2004 年呈现出如下发展特点：

① 技术多样化。中间件已经成为网络应用系统开发、集成、部署、运行和管理必不可少的工具。由于中间件技术涉及网络应用的各个层面，涵盖从基础通信、数据访问、业务流程集成到应用展现等众多的环节，因此，中间件技术呈现出多样化的发展特点。

② 产品平台化。由于传统的中间件技术门槛较高，学习周期较长，已经不能适应信息化建设对中间件的广泛应用需求。为此，中间件产品从解决网络计算中的关键问题开始向一体化平台方向发展，以提高中间件产品的使用便利性，更全面地满足各种网络应用软件所要求的可靠性、可伸缩性和安全性的需要。

③ 应用普及化。中间件技术已经是成熟的技术。中国大型信息化建设项目采纳中间件已经成为一种自然、例行的举措。中间件的广泛使用，也进一步促进了应用框架技术的丰富和发展，并为建立企业信息化业务基础架构奠定了基础。

应对"成长性"的挑战	应对"适应性"的挑战
■基于Agent的分布系统行为建模 ■基于XML的数据交换与共享 ■面向服务的交互和功能聚合 ■面向语义的系统集成和互操作 ■模型驱动 ■架构构件化的系统开发和实现	■具有反射机制的中间件系统 ■基于Agent的行为自治 ■构件化的灵活系统组织 ■基于回馈控制的系统适应 ■支持分布实时嵌入式的中间件 ■移动中间件技术
应对"管理性"的挑战	应对"高可信性"的挑战
■自主计算技术 ■具有反射机制的中间件系统 ■标准管理接口，如JMX	■Dependable computing技术，如Fault Tolerant CORBA ■高性能服务器系统技术 ■可信计算技术 ■信息安全技术，如SSL、CORBA Security Services和信任管理技术

图 5.27 中间件技术应对应用需求的挑战

2）应用需求的新特点与中间件技术走向

由于网络世界是开放的、可成长的和多变的，分布性、自治性、异构性已经成为信息系统的固有特征。实现信息系统的综合集成，已经成为国家信息化建设的普遍需求，并直接反映了整个国家信息化建设的水平，中间件通过网络互连、数据集成、应用整合、流程衔接、用户互动等形式，已经成为大型网络应用系统开发、集成、部署、运行与管理的关键支撑软件。

随着中间件在中国信息化建设中的广泛应用，中间件应用需求也表现出一些新的特点：

可成长性。Internet是无边界的，中间件必须支持建立在Internet之上的网络应用系统的生长与代谢，维护相对稳的应用视图。

适应性。环境和应用需求不断变化，应用系统需要不断演进，作为企业计算的基础设施，中间件需要感知、适应变化，提供对下列环境的支持：支持移动、无线环境下的分布应用，适应多样性的设备特性以及不断变化的网络环境；支持流媒体应用，适应不断变化的访问流量和带宽约束；在 DRE（DIstributedReal-timeEnbeded）环境下，适应强 QoS 的分布应用的软硬件约束；能适应未来还未确定的应用要求。

可管理性。领域问题越来越复杂、IT 应用系统越来越庞大，其自身管理维护则变得越来越复杂，中间件必须具有自主管理能力，简化系统管理成本。

面对新的应用目标和变化的环境，支持复杂应用系统的自主再配置；支持复杂应用系统的自我诊断和恢复；支持复杂应用系统的自主优化；支持复杂应用系统的自主防护。

高可信性。提供安全、可信任的信息服务；支持大规模的并发客户访问；提供 99.99%以上的系统可用性；提供安全、可信任的信息服务。

这些新的应用特点对中间件技术的发展提出了新的挑战，也决定了中间件技术未来几年的发展方向，为了解决上述问题，中间件技术呈现出丰富多彩的格局，图 5.28 给出了解决各类问题的一些新的中间件技术。

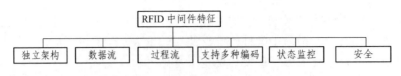

图 5.28 物联网 RFID 中间件特点

3）中间件产品与市场走向

由于应用复杂性及需求广泛性，用户需求多样化导致中间件产品进一步细分，中间件产品在未来 3~5 年时间仍将呈现多元化发展格局，中间件产品整体走向将表现出如下特点：

集成化中间件产品将大行其道：覆盖企业级应用设计、开发、集成、部署、运行和管理的集成化中间件产品（KillerApp）将会出现。MDA 技术已经为中间件设计开发平台与运行平台的整合准备了方法学基础，IBM 和 BOrland 等公司已经开始在其中间件产品中开始集成 MDA 工具，从而中间件将为信息系统的资源层、业务逻辑层、展现层提供全面的支持，同时，中间件也将演变成网络应用全生命周期支持工具。

基于构件的软件开发将成为主流：随着中间件作为网络应用开发环境和运行环境双重支撑平台地位的确立，中间件产品研发重点将从运行平台逐渐向开发平台转移的，软件构件库管理平台将受到进一步关注。各个层面的构件资源将得到极大地丰富和发展，独立的构件交易商将会出现，CBSD 将成为软件开发主流。

在底层，中间件产品将进一步融合操作系统、数据库管理系统和其他资源管理平台（如元数据管理、目录管理、内容管理）的功能，形成一层厚实的基础软件；在上层，基于中间件的应用框架产品将得到极大丰富，例如面向金融的数据中心平台、电信业务运行支撑平台、电子政务信息交换平台、电子商务供应链管理平台等应用框架型领域中间件将不断丰富完善。

5.10.4 CICS

最早具有中间件技术思想及功能的软件是 IBM 的 CICS，但由于 CICS 不是分布式环境的产物，因此人们一般把 Tuxedo 作为第一个严格意义上的中间件产品。Tuxedo 是 1984 年在当时属于 AT&T 的贝尔实验室开发完成的，但由于分布式处理当时并没有在商业应用上获得像今天一样的成功，Tuxedo 在很长一段时期里只是实验室产品，后来被 Novell 收购，在经过 Novell 并不成功的商业推广之后，1995 年被现在的 BEA 公司收购。尽管中间件的概念很早就已经产生，但中间件技术的广泛运用却是在最近 10 年之中。BEA 公司 1995 年成立后收购 Tuxedo 才成为一个真正的中间件厂商，IBM 的中间件 MQSeries 也是 90 年代的产品，其他许多中间件产品也都是最近几年才成熟起来的。

1998 年 IDC 公司对于中间件有一个定义，并根据用途将其划分为六个类别。如今所保留下来的只有消息中间件和交易中间件，其他的已经被逐步融合到其他产品中，在市场上已经没有单独的产品形态出现了。例如，当时有一个叫作屏幕数据转换的中间件，其主要是针对 IBM 大机终端而设计的产品，用于将 IBM 大机终端的字符界面转化为用户所喜欢的图形界面，类似的东西当时都称为中间件。但随着 IBM 大机环境越来越少，盛行一时的此类中间件如今已经很少再被单独提及。

1. 应用服务器

2000 年前后，互联网盛行起来，随之产生了一个新的东西，就是应用服务器。实际上，交易中间件也属于应用服务器。为了区分，人们将传统的交易中间件称为分布交易中间件，因它主要应用在分布式环境下，而将新的应用服务器，称为 J2EE 中间件。到目前为止，这都是市场上非常热门的产品。EAI 概念出来之后，市场上又推出了一些新的软件产品，例如工作流、Portal 等，但从分类上不知道怎么归类，向上不能够归入应用软件，往下又不能归入操作系统，于是就把它归入了中间件，如此中间件的概念更加扩大了。目前，市场上对于中间件，各家的说法不一，客观上也导致了理解上的复杂性。

2. 技术实现方法

如今，市场上又推出了很多新的概念，例如三层结构、构件、Web 服务，其中风头最劲的当属 SOA（面向服务的架构）。实际上，它们都不是一个产品，而是一种技术的实现方法，是开发一个软件的一种方法论。我们知道，最早软件开发方法就是编程、写代码，其缺点在于无法复用。为此提出了构件化的软件开发方法，通过把编程中一些常用功能进行封装，并规范统一接口，供其他程序调用。例如，我们开发一个新软件，可能要用到构件 1、构件 2、构件 3，那么，我们只要对其进行本地组装，就可以得到我们想要的应用软件。在互联网得到普及重视之后，软件开发方法在构件化基础上又有新发展，核心思想是软件并不需要囊括构件，所需要的仅仅是构件的运行结果。例如，编写一个通信传输软件，就可以到网上寻找构件，并提出服务请求，得到结果后返回，而不需要下载构件并打包，这就是现在所说的 SOA。想要实现 SOA，就要规范构件接口，同时还要规范构件所提交的服务结果，如此，新的软件开发的思想才能够行得通。但 SOA 并不是一个产品，而是一种思想，而实现这种思想的基础，如今看来只有中间件。

5.10.5 物联网的中间件

与物联网相关中间件有很多种类，如嵌入式中间件、数字电视中间件、RFID 中间件和通用 M2M 物联网中间件等，中间件在物联网中无处不在。IBM、Microsoft、SUN 等软件巨头纷纷推出中间件的具体技术方案。

1. RFID 中间件

IBM 推出以 WebSphere 中间件为基础的 RFID 解决方案，Microsoft 总部设立了专门的 RFID 中间件研发中心，这些都在表明物联网中间件技术的浪潮已经到来。

RFID 中间件结构和图 5.24 一样，只是以 RFID 读写系统替代硬件系统。其作用是建立读写器与应用软件间的自由连接。此外，同样采用分布式架构，利用消息传递机制进行数据交流，并基于数据通信来进行物联网中子系统间的集成，支持多种通信协议、语言、应用程序和软硬件平台。

RFID 中间件逻辑结构包括读写适配层、事件管理器和应用层接口三部分。

一般来说，RFID 中间件具有如图 5.28 所示特征：

（1）独立架构：RFID 中间件介于读写器和后台应用程序之间，并支持和多个 RFID 读写器及后台连接。

（2）数据流：RFID 中间件具有数据收集、过滤、整合与传递等特性。

（3）过程流：RFID 中间件采用程序逻辑和存储再传送功能，提供顺序消息流。

（4）支持多种编码标准。

（5）状态监控：RFID 中间件提供读写器状态监控，并自动汇报。

（6）安全功能：通过 RFID 中间件安全模块可完成网络防火墙功能。

2. Web 服务中间件

Web 中间件主要以 Java 中间件应用为主，作用于 Web 应用和 HTML、JSP/servlet 等之间。Web 中间件分为轻量级、重量级中间件。

OSGi（Open Services Gateway initiative）是一个 1999 年成立的开放标准联盟，是为无所不在的、开放的 Java 语言打造的一个模块化的服务平台，实现了完整的动态构件模式。基于 OSGi 技术的应用和模块可以在不停机的状态下实现远程安装、启停、升级和卸载。OSGi 的出现完成了 Eclipse 在集成开发上的统一。

5.11 云计算

云计算是一个 IT 平台，也是一个在物联网环境下的新的企业业务应用模式。企业需要改变自己以适应这个新的模式。对于什么是云计算，IT 人员和企业管理者有着不同的定义。

5.11.1 IT 人员对云计算的定义

从 IT 的角度来说，云计算就是提供基于互联网的软件服务。云计算的最重要理念是用户所使用的软件并不需要在他们自己的电脑里，而是利用互联网，通过浏览器访问在外部的机器上的软件完成全部的工作。用户所使用的软件由其他人运转和维护，用户只需要通过互联网建立起连接就可以了。用户的文件和数据，也存储在那些外部的机器里。

电子邮件就是云计算的一个简单例子。我们登录电子邮箱（如 Gmail、163 电子邮箱、Hotmail 等）收发电子邮件，这其实就已经在使用云计算了。我们的电子邮件是存储在外部机器中（如谷歌、网易、微软的数据中心），而不是我们自己的个人计算机之中。

当大多数人逐步习惯于使用这些个人云服务（如电子邮件），通过相同的方式访问企业云服务也越来越获得认可。虽然企业的软件服务非常复杂，但是随着互联网网速的不断提升，企业的云服务也变得现实了。有一些企业已经开始使用云计算为其客户提供基于互联网的软件服务了，另一些大企业也把它们自己的软件系统移到云计算平台上。

亚马逊（Amazon）是全球最早提出云计算概念，并将云计算应用于中小企业的领导厂商之一。2006 年，亚马逊推出云计算的初衷是让自己闲置的 IT 设备变成有价值的运算能力。当时亚马逊已经建成了庞大的 IT 系统，但这个系统是按照销售高峰期（如美国的圣诞节前后）的需求来建立的，所以在大多数的时候，很多资源是被闲置的。与此同时，更多的企业需要这样的资源，但却又没有钱去做前期的投入。于是，亚马逊首先推出简单云计算服务（Simple Storage Service，S3），出租闲置的计算能力。因为拥有大量的商户基础，亚马逊的云计算从一开始就不缺少客户，所以亚马逊不仅是云计算概念的倡导者，更重要的是一个实践者。

亚马逊向大量中小企业提供 IT 系统基础架构。目前提供了一个名为 EC2（Elastic Compute Cloud，弹性计算云）的云计算服务，如图 5.29 所示。纳斯达克和纽约时报都是该服务的客户。纽约时报将 4TB（1T = 1 024 GB）的新闻报道放在亚马逊的云计算平台上。纳斯达克证券交易所也将股票的历史交易数据放在亚马逊的云计算平台上。2010 年，亚马逊在云计算领域的营业收入约为 5 亿美元，40 万家企业是它云计算的客户。

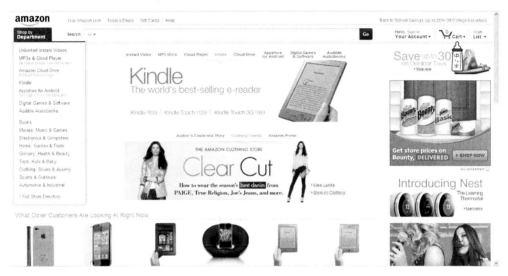

图 5.29　亚马逊云计算平台

一个完全使用云计算来提供企业级软件服务的公司是 Salesforce.com 和 force.com（它们是同一个公司的平台）。Salesforce.com 公司由前 Oracle 公司的 Marc Benioff 创建，是通过互联网提供企业软件服务的先驱。该公司建立了基于 Internet 的客户关系管理（CRM）业务架。Salesforce 公司除了自己提供云服务之外，还为其他企业提供云计算平台。比如，JobSciense 在 force.com 平台上实现了自己的招聘服务。成立十几年的 Salesforce 公司的收入超过 10 亿美元，并且以每年 20% 的速度增长。星巴克(STARBUCKS)、戴尔(DELL)、西门子(SIEMENS)等都是 Salesforce 云计算平台的客户。

美国苹果（Apple）公司也在使用云计算。iPhone 和 iPad 用户通过互联网上的苹果应用商店购买应用程序（比如游戏）。这些软件都在云上面，而不是在苹果应用商店里。大量的软件开发商和个人在 iPhone 平台上提供了几十万个应用程序（只有审批通过后，该应用程序才能放在苹果的云平台上）。如图 5.30 所示，苹果应用商店提供了众多的企业应用。

很多大型 IT 公司都在快速地部署云计。微软公司在 2010 年正式推出 Windows Azure，如图 5.31 所示。在该平台上，软件开发商可以使用.Net 库创建应用程序，微软利用自己的数据中心来运转和维护这些程序，而用户则通过互联网接入。IBM 公司在 Watson 和 San Jose 等地建立了云计算中心。Google 公司提供了 Google App Engine 平台，如图 5.32 所示，软件开发人员可以在其平台上开发传统的网上应用系统。Google 还提供了为其 AppEngine 服务的 MegaStore 数据中心。还有很多公司在实施云计算平台，比如 Facebook。

图 5.30　苹果公司的应用商店

图 5.31　微软公司的 Azure 云计算平台

图 5.32　谷歌公司的 App Engine 云计算平台

5.11.2　云计算的体系结构

很多厂商都提供了这些平台，如 IBM 的 SmartCloud 和亚马逊的 EC2 主要是云计算的硬件平台（硬件作为一个服务），Google 的 Application Engine 主要是一个云平台，Salesforce 则是云服务的提供商。硬件平台和云平台为高性能计算、海量信息存储、并行处理、数据挖掘等方面提供可靠的支撑环境。

简单地说，云计算包含图 5.33 所示的三个层次。

图 5.33　云计算的三层结构

1. 硬件平台

硬件平台是包括服务器、网络设备、存储设备等在内的所有硬件设施。它是云计算的数据中心。硬件平台首先要具有可扩展性（scaling），用户可以假定硬件资源无穷多（这是因为云计算的出现才提出的一个新概念）。根据自己的需要，用户动态地使用这些资源，并根据使用量来支付服务费。用户不再为"系统正常运转后，需要多少硬件设备来支持当前的访问量"这样的问题而烦恼了。

当前的虚拟技术可以让多个操作系统共享一个大的硬件设施，使得硬件平台的提供者可以灵活地提供各类云平台的硬件需求。目前市场上有收费的虚拟技术（如 VMware），也有免费的开源虚拟技术（如 Xen）。Hadoop 等产品也可以让一堆低档机器组成一个大的虚拟机。

对于硬件平台，还需要考虑其存储结构。这对于云计算来说也是非常重要的，因为无论是操作系统，还是服务程序的数据，它们都保存在存储器中。在考虑云计算平台的存储体系结构的时候，不仅仅需要考虑存储的容量。实际上，随着硬盘容量的不断扩充以及硬盘价格的不断下降，使用当前的磁盘技术，我们可以很容易地通过使用多个磁盘的方式获得很大的磁盘容量。因此，相较于磁盘的容量，在云计算平台的存储中，磁盘数据的读写（I/O）速度是一个更重要的问题。单个磁盘的速度很有可能限制服务程序对于数据的访问，因此在实际使用的过程中，需要将数据分布到多个磁盘（乃至多个服务器）之上，并且通过对多个磁盘的同时读写达到提高速度的目的。

在云计算平台中，数据如何放置是一个非常重要的问题。在实际使用时，需要将数据分配到多个节点的多个磁盘当中。当前有两种方式能够实现这一存储技术：一种是类似于 Google File System 的集群文件系统，另外一种是基于块设备的存储区域网络（SAN）系统。总体来说，云计算的存储体系结构应该包含类似于 Google File System 的集群文件系统或者 SAN。另外，开源代码 Hadoop HDFS（HADoop Distributed File System）也实现了类似 Google File System 的功能，这为想要做硬件平台（或者 IDC）的公司提供了解决方案。Hadoop HDFS

将磁盘附着于节点的内部，并且为外部提供一个共享的分布式文件系统空间，并且在文件系统级别做冗余，以提高可靠性。

需要注意的是，SAN 系统与分布式文件系统并不是相互对立的系统，而是在构建集群系统的时候可供选择的两种方案。其中，在选择 SAN 系统的时候，为了应用程序的读写还需要为应用程序提供上层的语义接口，此时就需要在 SAN 之上构建文件系统。而 Google File System 正好是一个分布式的文件系统，它能够建立在 SAN 系统之上。

很多人往往忽视硬件平台在云计算上的重要性。其实，只有当硬件平台具备用较低的成本来实现大规模处理量的能力时，整个云计算才能为用户提供低价的服务。另外，硬件平台毕竟是一大堆设备，所以，硬件设备所需要的资源（如电）的收费也需要考虑进去。对于那些想要做硬件平台的 IT 企业来说，可能需要考虑设备的价格、电费、当地的温度（机器不能太热）、管理人员的成本等各类因素。

2. 云平台

云平台首先提供了服务开发工具和基础软件（如数据库、分布式操作系统等），从而帮助云服务的开发者开发服务。另外，它也是云服务的运行平台，所以云平台要具有 Java 运行库、Web 2.0 应用运行库、各类中间件等。

云平台和硬件平台之间，可以是一个操作系统（确切地说是一个分布式操作系统），该操作系统直接动态分配底层的硬件；也可以是两个操作系统，一个是与硬件接口并提供虚拟机的分布式操作系统（往往由硬件平台提供），另一个是在这个虚拟机上的当前流行的操作系统（如 Linux、UNIX、Windows 等）。前一种方案的问题是，该操作系统可能提供了很多私有的接口和开发工具，开发的应用很难迁移到其他平台。这正是后一个方案的优势：开发人员使用他熟悉的开发语言开发程序；也可以将该程序无缝迁移到其他类似平台；所有物理资源的分配，完全由下面的虚拟机完成。

云平台提供商和硬件平台提供商一起构筑一个大型的数据和运营中心，用户不再需要建立自己的小型数据中心。虽然"用多少付多少"的方式不能从单个用户上获得很多收益，但是，用户数量优势将帮助平台提供商最终实现盈利。

3. 云服务

云服务就是只可以在互联网上使用一种标准接口来访问的一个或多个软件功能（比如财务管理软件功能）。调用云服务的传输协议不限于 HTTP 和 HTTPS，还可以通过消息传递机制来实现。我们建议使用 Web 服务标准来实施云服务。

云服务也很容易同 SaaS（Software as a Service，软件即服务）相混淆。一般而言，在"软件即服务"的系统上，服务提供商自己提供和管理硬件平台和系统软件。对于云计算平台上的云服务，服务提供商一般不需要提供硬件平台和云平台（系统软件）。这是云服务和"软件即服务"的一个主要区别。或者说，云计算允许软件公司在不属于自己的硬件平台和系统软件上提供软件服务。这对于软件公司来说，是一个好事：软件公司将硬件和系统软件问题委托云平台来负责了。

从更广泛的角度来说，云计算包含了如图 5.34 所示的体系结构。企业作为云服务的客户，通过访问服务目录来查询相关软件服务，然后订购服务。云平台提供了统一的用户管理和访问控制管理。从而，一个用户使用一个用户名和密码，就可以访问所订购的多个服务。云平台还需要定义服务响应的时间。如果超过该时间，云平台需要考虑负载平衡，如安装服务到一个新的服务器上。平台还要考虑容错性，当一个服务器瘫痪时，其他服务器能够接管。在整个接管过程中，要保证数据不丢失。多个客户在云计算平台上使用云服务，要保证各个客户的数据安全性和私密性。要让各个客户觉得只有他自己在使用该服务。服务定义工具包括使用服务流程将各个小服务组合成一个大服务。

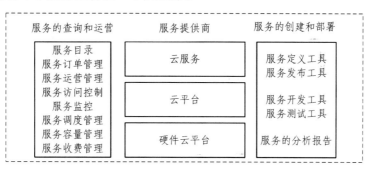

图 5.34　云计算体系结构

5.11.3　商务人员对云计算的定义

整个企业业务分成两大类：面向客户的业务（外部业务）和内部业务（操作）。面向客户的业务为企业创造效益，内部业务是企业的成本开销。另外，当今的企业能否成功取决于如何快速和高效地适应市场的变化。在美国，把能够快速适应变化的企业叫作 agile 企业（agile 的中文意思是"灵活的"）。简单地说，就是同时间的竞争，包括产品设计的时间、产品生产的时间、进入市场的时间、领先的时间、响应客户的时间等。这就需要一个灵活的系统，该系统能够最大化地接近客户，帮助企业抓住动态的商务机会。所以，企业的业务处理必须走出自己企业的范围，同多个客户和合作伙伴协调。

企业的业务处理也需要包含一些自动处理，从而根据动态的数据，产生自动操作。比如，中网在线公司为零售店、批发商和厂商提供了消息服务。一个零售店给批发商所发的订单中往往包含多个厂商的产品。在传统的方式下，该批发商分别给厂商打电话，询问有多少现货。中网的订单服务就提供了一个自动化服务，帮助零售店立即获得订单确认信息。如图 5.35 所示，一个零售店发送一个订单信息给一个批发商。批发商收到订单（虚线），检查自己库存。

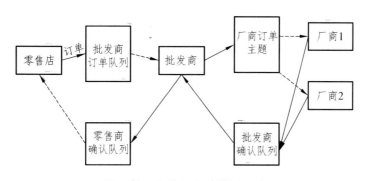

图 5.35　多企业自动协调系统

如果自己库存不够，那么，批发商系统自动发送订单到多个厂商。各个厂商收到该订单，检查自己的库存。如果自己的库存没有足够的商品，就返回一个当前库存中的数量值；如果有足够的库存，就返回一个要求的数量值。所有这些信息都发送到批发商确认队列。批发商监听该队列（粗线），并根据得到的结果返回信息到零售商确认队列。最后零售店收到自己的订单结果。从这个例子，可以发现，零售店的一个订单处理，跨越了多个系统，在很短的时间内就获得了结果。这只有通过云计算平台才能很好地实现。

一个企业往往有多个供应商，它们分布在不同的地方。一个理想的模式是，企业的业务流程管理是一个基于互联网的管理。通过云计算，将本企业的业务流程同合作伙伴（供应商和客户）的业务流程协同起来，提供端到端的业务流程管理，如图 5.36 所示。比如：一个客户订购了该企业的大量产品，从而使得该企业的库存数量低于某一个预先设置的水平。这时，该企业的业务流程通过云计算平台，自动向多个供货商订货。

从商务人员的角度来看，云计算不是一个企业门户系统，不是一个供应链管理系统，而是一个商务圈和增值链（value chain），是一个企业与客户、企业与合作企业的社交网络。他们拥有共同的兴趣（即业务）。云计算超越了单个企业的销售和客户服务，为企业和客户建立了一个增值的信息链。如图 5.37 所示，云计算平台提供了多个企业的端到端的业务处理。这个业务处理包含了事务性的操作和协作性的操作。通过云计算平台所提供的 7×24 小时的云服务，企业、客户和供应商都能随时随地使用它。

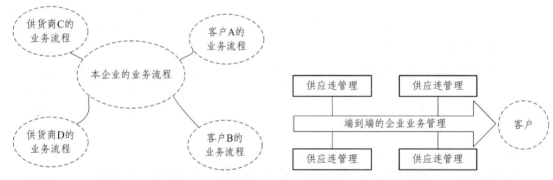

图 5.36　云计算平台上的企业业务管理　　　　图 5.37　端到端的企业业务处理

既然多个企业在一个增值链上，那么，只有一个健全的信息链才能完成相互的协作和同步，各个企业才能优化它们的企业效益。通过云计算平台，企业获取实时的业务数据（企业内部、客户和合作企业的数据），从而实时地响应正在发生的事件，帮助企业快速地做出正确决策，帮助企业快速地调整业务模式。在降低企业风险的同时，提高了企业的效益。

总之，从商务人员的角度出发，云计算是一个 7×24 小时的全天候企业操作平台（Business Operations Platform）。在这个平台上，各个业务流程相互操作，各个企业协调工作。所以，云服务是一个独立的商业服务，而不是一个独立的 IT 系统。企业可以根据它们的需要组合它们自己的业务系统。企业可以像买菜一样，在市场上订购不同的云服务，组合成一个所需要的业务系统。从某种意义上说，软件开发人员所开发的服务就像一个模板，不同的企业订购这些模板，组合成一个大的系统，进行相关的配置，就变成该企业所需要的软件系统。这个组合和配置的过程可能需要几个小时或几天即可完成。

我们的企业正在面对一个多变的市场，快速、高效、低成本地响应这些变化，从而更好地保持现有客户并开发新的客户，是各个企业的目标。这样的企业必须要有一套系统，用来加快各个部门之间的信息流动，同客户和合作伙伴之间建立一个信任的关系。企业作为 IT 软件的消费者，通过云计算模式获得以下优势：

（1）标准化软件服务，而不是一个定制的软件应用。它们采用面向服务的结构。

（2）快速的部署，而不需要等待几个月到几年的开发。

（3）低价的 IT 系统，而不再需要前期投入大量成本购买硬件、软件和雇佣 IT 管理人员。根据美国权威机构的统计分析，使用云计算的企业可以节省 84% 的成本。

（4）灵活的软件服务。使用服务的时间和容量也是动态的。通过云平台，企业就像使用电和水一样按使用量付费。

（5）方便快捷的访问。那种通过 VPN 方式访问企业防火墙内的系统逐步消失。

（6）高度的可扩展性。企业弹性地使用云服务，当新的业务需求出现时，就订购新的服务；当业务规模增长时，就扩大服务的使用量。

（7）最新和最安全的软件服务。企业不需要自己安装补丁，云服务提供商总是提供最新的服务。云服务提供商提供多种安全设施来保证系统的安全性。

5.11.4 公共云计算、私有云计算和传统 IT 系统

未来不会只有一个云计算平台，而是按照业务和行业形成多个云计算平台。正如互联网是多个网络的网络，云计算平台也会是多个云计算平台的网络（cloud network），各个平台包含了多类应用和服务。还有，私有的云平台也会长期存在。它们为一个大型公司、企业或机构所拥有。表 5.2 比较了公共云计算和私有云计算的区别。

表 5.2 公共云计算和私有云计算的区别

公共云计算平台	私有云计算平台
由服务提供者拥有和管理	为云计算所服务的客户所拥有，客户自己管理或服务提供方代为管理
在互联网上，所有客户都可以通过服务订购的方式访问	在客户的防火墙后面，只有客户和其合作伙伴才能访问
标准的服务，客户按照使用量（时间、用户量）付费	往往包含高成本的私有功能

公共云计算、私有云计算和传统云计算三种模式并存有其客观原因，所以，在相当长的时间之内，三种模式将一起为企业提供软件服务，如图 5.38 所示。但是随着云计算的普及，越来越多的传统 IT 系统将向云计算模式发展。

我们来看一些实际的例子。我国在几个城市试点政府云，比如无锡城市云平台就是一个政府云，这是一个公共云计算平台。一些行业在做行

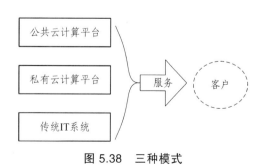

图 5.38 三种模式

业云，比如环保行业的环保专用云平台，这是一个私有云计算平台。当然，公共云计算平台不等同于政府云平台，企业也可以提供公共云计算平台，比如中网在线公司就为它的上万家连锁企业客户提供了公共云平台，帮助这些连锁企业实现总部与分部的业务往来和本身的进销存管理。

行业云一般提供具有行业特征的云服务。比如环保行业云的数据挖掘服务是对大量实时和历史环保数据进行高性能计算和数据挖掘，准确判断环境状况和变化趋势，为环保危机事件进行预警、态势分析、应急联动等计算任务提供准确的结果，并能评价环境状况，预测未来环境状况变化趋势。

5.11.5　云计算包含的内容

一个 IT 公司在实施云服务时，或者一个企业在选择云服务时，应该确定云计算包含了以下内容：

1. SOA

采用面向服务的体系架构（Service-Oriented Architecture，SOA）来设计云服务，各个服务自己管理自己，一个服务的失败不会影响另一个服务（即各服务之间是松耦合的）。采用 SOA，所设计的云服务才能满足软件的互操作性和 mashup（中文意思为"糅合"，即将多种软件服务合成一个新的服务）。当使用 SOA 来设计云服务时，要重点关注两个方面：服务接口和将多个服务组合成一个业务流程，而不是服务的实现方法。一个服务既可以使用 .NET 或 Java 来实现，也可以使用传统的方法（C/C++）。我们推荐云服务都采用 Web 服务标准。

2. Web2.0

同 Web1.0 不同，Web2.0 允许用户成为信息的提供者。有人把 Web1.0 称为"制度互联网"，而把 Web2.0 称为"可读写的互联网"。比如：通过 Web2.0，一个或多个客户可以向企业提供一些具体的产品需求，所以，客户不再是企业系统的使用者，而是参与者。企业软件服务应该是包含其客户在内的动态服务，而不是静态的软件服务。

在软件设计时，需要考虑软件的自动服务、可扩展性、易用性和稳定性。同传统的企业软件不同，使用云服务的客户的计算机水平参差不齐，很难通过培训等手段让其拥有类似的技术。这就需要云服务易于操作，乃至自动服务。另外，使用云服务的用户数目可能快速增长，要求有较强的可扩展性。所以云服务应该符合 Web2.0 标准，应该使用 Ajax 来增强应用的交互性，使用 RIA（Rice Internet Applications）来增强用户界面的美观和实用性。可以考虑 Dojo 等技术。

当越来越多的用户使用云服务时，云服务也变得越来越有价值。比如，当一个企业的更多合作伙伴使用云服务来开展业务时，该企业也从云服务上获得了更多的价值，这就是网络效应。比如你买了一个手机，当你的更多朋友也买了手机时，你所购买的手机对你有更多的价值，因为你可以使用手机联系更多的朋友了。Web 2.0 通过帮助企业同客户协作，从而扩大网络效应。

3. Mashup

Mashup 帮助我们从已经存在于各地的服务中快速地开发和组合新的服务。Mashup 技术充分使用了上述的 SOA 和 Web 2.0。比如：一个环保行业的云计算平台提供了环境质量信息，通过 Mashup 功能，我们可以将气象局的云计算平台上的气象服务同环境质量服务结合起来，从而为广大市民提供一个完整的环境气象信息。

4. MDM 服务

MDM（Master Data Management，核心数据管理）服务确保在不同云服务之间的核心数据的一致性。比如：当一个企业更改了发货地址，那么，不同云服务都立即使用新改的发货地址。

5. BPM 服务

一个企业的业务流程管理（Business Process Management，BPM）是企业成功的要素。现代企业家越来越注重完整的企业业务流程管理，而不再是一个部门的功能管理。企业家注重业务流程的整个生命周期。在云计算平台上，业务流程可能包含多个企业的协同工作。另外，云计算的重心是确立正确的服务意识和服务的可重用性，而这些服务是一个业务流程或流程中的某一项业务。

在不久的将来，云计算平台上可能出现一些公共的 BPU（Business Process Utilities，业务流程工具包），比如：人力资源管理、客户关系管理、行业的供应链管理等。

6. BRM 服务

BRM（Business Rule Management，业务规则管理）指通过企业规则引擎来处理各类规则。

7. BAM 服务

BAM（Business Activity Management，业务活动管理）监控企业的实时业务活动。比如：一个企业的库存存量低于某一个水平时，自动通过互联网向供货商定货，并发布提醒信息给企业管理人员。

8. BI 服务

BI（Business Intelligence，业务智能）服务提供企业指标数据（dashboard），帮助企业发现哪些是对企业最有利的客户，帮助企业优化供应链和定价，并识别提高企业效益的因素。

9. CEP（Complex Event Processing，复杂事件处理）服务

当低层次的事件积累到一定量之后，引起处理复杂度增加，则采取 CEP 服务。

第6章 物联网控制技术

物联网系统既涉及具体的"点"，又涉及由"点"组成的"面"，最终的系统整体需要在跨区域、跨网络的条件下实现。要确保系统的有机、协同、协调运作，在点、面、系统间，需要采用合理的控制技术。在物联网的各个层面采用自动控制、计算机控制和网络控制等控制技术，是确保系统稳定性和有效性的关键。

本章重点介绍自控控制的基本原理、控制模型、采样控制以及计算机控制基本原理、控制模型，控制技术及其设计过程等，并对网络控制进行了简明阐述。

6.1　自动控制技术

自动化控制（automation control），简称自动控制，属于自动化技术的一个分支。从广义来讲，自动控制是指：在无人参与的情况，利用控制装置操作机器或机构，使被控对象或过程能按照预定规律运行，来达成人类所期盼执行的工作。从狭义来讲，以生化、机电、计算机、通信、水力、蒸汽等科学知识与应用工具，进行设计来代替人力或减轻人力或简化人类工作程序的机构机制都可称为自动控制。

自动控制系统的理论主要是反馈论，包括从功能的观点对机器和物体中（神经系统、内分泌及其他系统）的调节和控制的一般规律的研究。自动控制系统的研究，几乎涵盖所有应用科学知识与技术。作为交叉学科，自动控制与其他很多学科有关联，尤其是数学和信息学。自动控制系统在制造、医药、交通、机器人以及经济学、社会学中的应用也都非常广泛。飞机和船舶中的自动驾驶、汽车中的防抱死和速度控制器都是其典型的应用。

自动控制是工程科学的一个分支。它涉及利用反馈原理的对动态系统的自动影响，以使得输出值接近我们想要的值。从方法的角度看，它以数学的系统理论为基础。我们今天称作自动控制的理论是 20 世纪中叶产生的控制论的一个分支，其基础的理论是由诺伯特·维纳、鲁道夫·卡尔曼提出的。

6.1.1　自动控制基本原理

自动控制最常见的控制方式有两种：开环控制和闭环控制。对于某一个具体的系统，采用什么样的控制方式，应该根据具体的用途和目的而定。

1. 开环控制系统

系统的控制作用不受输出影响的控制系统称为开环控制系统。在开环控制系统中，输入端与输出端之间，只有信号的前向通道而不存在由输出端到输入端的反馈通路。

图 6.1（a）所示的直流电动机转速控制系统就是一个开环控制系统。它的任务是控制直流电动机以恒定的转速带动负载工作。系统的工作原理是：调节电位器 R_P 的滑臂，使其输出给定参考电压 u_e，u_e 经电压放大和功率放大后成为 u_s，送到电动机的电枢端，用来控制电动机转速。在负载恒定的条件下，直流电动机的转速 w 与电枢电压 u_a 成正比，只要改变给定电压 U_e 便可得到相应的电动机转速 w。在本系统中，直流电动机是被控对象，电动机的转速 w 是被控量，也称为系统的输出量或输出信号。通常把参考电压 u_e 称为系统的给定量或输入量。就图 6.1（a）而言，只有输入量 u_e 对输出量 w 的单向控制作用，而输出量 w 对输入量 u_e 却没有任何影响，这种系统称为开环控制系统。

直流电动机转速开环控制系统可用图 6.1（b）所示的方框图表示。图中用方框代表系统中具有相应职能的元部件，用箭头表示元部件之间的信号及其传递方向。电动机负载转矩 M_e 的任何变动，都会使输出量 w 偏离希望值，这种作用称之为干扰或扰动，在图 6.1（b）中用一个作用在电动机上的箭头来表示。

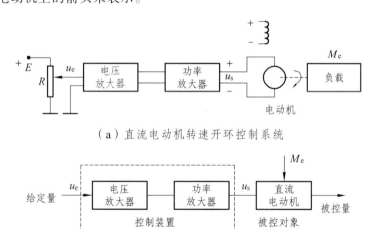

（a）直流电动机转速开环控制系统

（b）直流电动机转速开环控制系统方框图

图 6.1　直流电动机转速控制系统

2. 闭环控制系统

开环控制系统的缺点是精度不高和适应性不强。其主要原因是缺少从系统输出到输入的反馈回路。若要提高控制精度，就必须把输出量的信息反馈到输入端，通过比较输入值与输出值，产生偏差信号，并使该偏差信号以一定的控制规律产生控制作用，逐步减小以至消除这一偏差，从而实现所要求的控制性能。系统的控制作用受输出量影响的控制系统称为闭环控制系统。

在图 6.1（a）所示的直流电动机转速开环控制系统中，加入一台测速发电机，并对电路稍作改变，便构成了如图 6.2（a）所示的直流电动机转速闭环控制系统。

在图 6.2（a）中，测速发电机由电动机同轴带动，它将电动机的实际转速 w（系统输出量）测量出来，并转换成电压 u_e。，再反馈到系统的输入端，与给定电压 u_r（系统输入量）

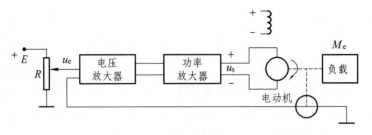

（a）直流电动机转速闭环控制系统

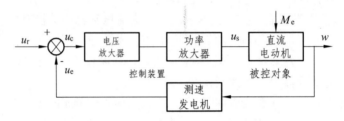

（b）直流电动机转速闭环控制系统方框图

图 6.2　直流电动机转速闭环控制系统

进行比较，从而得出电压 $u_c = u_r - u_e$。由于该电压能间接反映出误差的性质（即大小和正负方向），通常称之为偏差信号，简称偏差。偏差 u_c 经放大器放大后成为 u_s，用以控制电动机转速 w。

直流电动机转速闭环控制系统可用图 6.2（b）所示的方框图来表示。通常，把从系统输入量到输出量的通道称为前向通道，把从输出量到反馈信号的通道称为反馈通道。方框图中用符号"$\otimes$"表示比较环节，其输出量等于各个输入量的代数和。因此，各个输入量均须用正、负号表明其极性。图中清楚地表明，由于采用了反馈回路，信号的传输路径形成闭合回路，使输出量反过来直接影响控制作用。这种通过反馈回路使系统构成闭环，并按偏差产生控制作用，用以减小或消除偏差的控制系统，称为闭环控制系统，或称为反馈控制系统。

必须指出，在系统主反馈通道中，只有采用负反馈才能达到控制的目的。若采用正反馈，将使偏差越来越大，导致系统发散而无法工作。

闭环系统工作的本质机理是：将系统的输出信号引回到输入端，与输入信号相比较，利用所得的偏差信号对系统进行调节，达到减小偏差或消除偏差的目的。这就是负反馈控制原理，它是构成闭环控制系统的核心。

闭环控制是最常用的控制方式，我们所说的控制系统，一般都是指闭环控制系统。

3. 开环控制系统与闭环控制系统的比较

一般来说，开环控制系统结构比较简单，成本较低。开环控制系统的缺点是控制精度不高，抑制干扰能力差，而且对系统参数变化比较敏感，一般用于可以不考虑外界影响或精度要求不高的场合，如洗衣机、步进电机控制及水位调节等。在闭环控制系统中，不论是输入信号的变化，或者干扰的影响，或者系统内部的变化，只要是被控量偏离了规定值，都会产生相应的作用去消除偏差。因此，闭环控制抑制干扰能力强，与开环控制相比，系统对参数变化不敏感，可以选用不太精密的元件构成较为精密的控制系统，获得满意的动态特性和控制精度。但是采用反馈装置需要添加元部件，造价较高，同时也增加了系统的复杂性。如果系统的结构参数选取不适当，控制过程则可能变得很差，甚至出现振荡或发散等不稳定的情况。因此，如何分析系统、合理选择系统的结构参数，从而获得满意的系统性能，是自动控制理论必须研究和解决的问题。

4. 自动控制系统的基本组成

任何一个自动控制系统都是由被控对象和控制器构成的。自动控制系统根据被控对象和具体用途不同，可以有各种不同的结构形式。图 6.3 是一个典型自动控制系统的功能框图。图中的每一个方框，代表一个具有特定功能的元件。除被控对象外，控制装置通常是由测量元件、比较元件、放大元件、执行机构、校正元件以及给定元件组成的。这些功能元件分别承担相应的职能，共同完成控制任务。

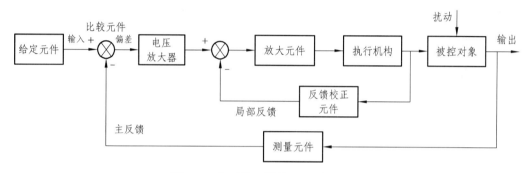

图 6.3　典型的反馈控制系统方框图

（1）被控对象：一般是指生产过程中需要进行控制的工作机械、装置或生产过程。描述被控对象工作状态的、需要进行控制的物理量就是被控量。

（2）给定元件：主要用于产生给定信号或控制输入信号。例如，图 6.2（a）所示直流电动机转速控制系统中的电位器。

（3）测量元件：用于检测被控量或输出量，产生反馈信号。如果测出的物理量属于非电量，一般要转换成电量以便处理。例如，图 6.2（a）所示直流电动机转速控制系统中的测速发电机。

（4）比较元件：用于比较输入信号和反馈信号之间的偏差。它可以是一个差动电路，也可以是一个物理元件（如电桥电路、差动放大器、自整角机等）。

（5）放大元件：用于放大偏差信号的幅值和功率，使之能够推动执行机构调节被控对象。例如功率放大器、电液伺服阀等。

（6）执行机构：用于直接对被控对象进行操作，调节被控量。例如阀门、伺服电动机等。

（7）校正元件：用于改善或提高系统的性能，常用串联或反馈的方式连接在系统中。例如 RC 网络、测速发电机等。

5. 自动控制系统的分类

自动控制系统的形式多种多样，按照不同的标准，有不同的分类方法。常见的分类方法有下述几种。

1）按给定信号的形式分类

按给定信号的形式不同，可将系统划分为恒值控制系统、随动控制系统和程序控制系统。

（1）恒值控制系统。

恒值控制系统（也称为定值系统或调节系统）的控制输入是恒定值，要求被控量保持给定值不变。例如，前面提到的液位控制系统、直流电动机调速系统等。

（2）随动控制系统。

随动控制系统（也称为伺服系统）的控制输入是变化规律未知的时间函数，系统的任务是使被控量按同样的规律变化，并与输入信号的误差保持在规定范围内。例如，函数记录仪、自动火炮系统和飞机自动驾驶仪系统等。

（3）程序控制系统。

程序控制系统的给定信号由预先编制的程序确定，要求被控量按相应的规律随控制信号变化。机械加工中的数控机床就是程序控制系统的典型例子。

2）按系统参数是否随时间变化分类

按系统参数是否随时间变化，可以将系统分为定常系统和时变系统。

如果控制系统的参数在系统运行过程中不随时间变化，则称之为定常系统或者时不变系统，否则，称其为时变系统。实际系统中的温漂、元件老化等影响均属时变因素。严格的定常系统是不存在的，在所考察的时间间隔内，若系统参数的变化相对于系统的运动缓慢得多，则可将其近似作为定常系统来处理。

3）按系统是否满足叠加原理分类

按系统是否满足叠加原理，可将系统分为线性系统和非线性系统。

由线性元部件组成的系统，称为线性系统，系统的运动方程能用线性微分方程描述。线性系统的主要特点是具有齐次性和叠加性，系统响应与初始状态无关，系统的稳定性与输入信号无关。

如果控制系统中含有一个或一个以上非线性元件，这样的系统就属于非线性控制系统。非线性系统不满足叠加原理，系统响应与初始状态和外作用都有关。

实际物理系统都具有某种程度的非线性，但在一定范围内通过合理简化，大量物理系统都可以足够准确地用线性系统来描述。

4）按信号的连续性分类

如果系统中各部分的信号都是连续函数形式的模拟量，则这样的系统就称为连续系统。如果系统中有一处或几处的信号是离散信号（脉冲序列或数码），则这样的系统就称为离散系统（包括采样系统和数字系统）。计算机控制系统就是离散控制系统的典型例子。

5）按输入信号和输出信号数目分类

按照输入信号和输出信号的数目，可将系统分为单输入单输出（SISO）系统和多输入多输出（MIMO）系统。

单输入单输出系统通常称为单变量系统，这种系统只有一个输入（不包括扰动输入）和一个输出。多输入多输出系统通常称为多变量系统，有多个输入或多个输出。单变量系统可以视为多变量系统的特例。

6. 对控制系统性能的基本要求

实际物理系统一般都含有储能元件或惯性元件，因而系统的输出量和反馈量的变化总是滞后于输入量的变化。因此，当输入量发生变化时，输出量从原平衡状态变化到新的平衡状态总是要经历一定时间。在输入量的作用下，系统的输出变量由初始状态达到最终稳态的中间变化过程称为过渡过程，又称瞬态过程。过渡过程结束后的输出响应称为稳态过程。系统的输出响应由过渡过程和稳态过程组成。

不同的控制对象、不同的工作方式和控制任务，对系统的品质指标要求也往往不相同。一般说来，对系统品质指标的基本要求可以归纳为三个字：稳、快、准。

稳：不稳定的系统是无法使用的。系统激烈而持久的振荡会导致功率元件过载，甚至使设备损坏而发生事故，这是绝不允许的。并不是只要连接成负反馈形式后系统就能正常工作，若系统设计不当或参数调整不合理，系统响应过程就可能出现振荡甚至发散。这种情况下的系统是不稳定的。

快：是对系统动态（过渡过程）性能的要求。系统动态性能可以用平稳性和快速性加以衡量。平稳是指系统由初始状态运动到新的平衡状态时，具有较小的过调和振荡性；快速是指系统过渡到新的平衡状态所需的调节时间较短。动态性能是衡量系统质量高低的重要指标。

准：是对系统稳态（静态）性能的要求。对一个稳定的系统而言，过渡过程结束后，系统输出量的实际值与期望值之差称为稳态误差，它是衡量系统控制精度的重要指标。稳态误差越小，表示系统的准确性越好，控制精度越高。

由于被控对象的具体情况不同，各种系统对上述三项性能指标的要求应有所侧重。例如，恒值系统一般对稳态性能限制比较严格，随动系统一般对动态性能要求较高。

同一个系统，上述三项性能指标之间往往是相互制约的。提高过程的快速性，可能会引起系统强烈振荡；改善了平稳性，控制过程又可能很迟缓，甚至使最终精度也很差。

6.1.2 自动控制模型

在控制系统的分析和设计中，必须建立系统的数学模型，这是进行系统分析和设计的首要任务。控制系统的数学模型是描述系统内部物理量之间关系的数学表达式。时域中常用的数学模型有微分方程、差分方程和状态方程，复数域中有传递函数、结构图，频域中有频率特性。

1. 自动控制系统的微分方程

微分方程是描述自动控制系统动态特性的最基本方法，建立微分方程式的一般步骤如下：

（1）根据要求确定系统和元件的输入量和输出量。

（2）从系统的输入端开始，根据各元件或环节所遵循的物理、化学规律，列写微分方程组。

（3）将各元件或环节的微分方程联立起来，消去中间变量，就能得到系统输出量和输入量之间关系的微分方程。

（4）将与输出量有关的项写在方程的左端，与输入量有关的项写在方程的右端，方程两端的导数项均按降幂排列，最后将该方程整理成标准形式。

下面举例说明：

【例6.1】 图6.4所示是电阻 R、电感 L 和电容 C 组成的 RLC 无源网络，设输入量为 $u_1(t)$，输出量为 $u_2(t)$，试列写其微分方程。

解：根据基尔霍夫定律及元件约束关系有

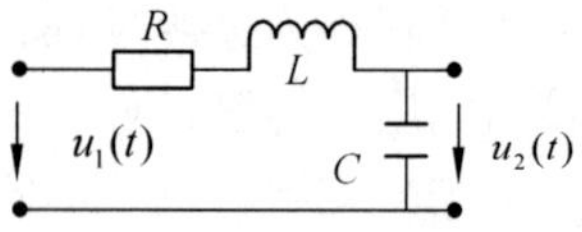

$$L\frac{\mathrm{d}i(t)}{\mathrm{d}t} + Ri(t) + u_2(t) = u_1(t)$$

$$i(t) = C\frac{\mathrm{d}u_2(t)}{\mathrm{d}t}$$

图6.4 *RLC* 无源网络

消去中间变量 $i(t)$，可得

$$LC\frac{\mathrm{d}^2u_2(t)}{\mathrm{d}t^2} + RC\frac{\mathrm{d}u_2(t)}{\mathrm{d}t} + u_2(t) = u_1(t)$$

可见，RLC 无源网络的动态数学模型是一个二阶常系数线性微分方程。

2. 拉 普 拉 斯 变 换

拉普拉斯变换是一种函数的变换。经变换后，可将微分方程式变换成代数方程式，并且变换的同时即将初始条件引入，避免了经典解法中求积分常数的麻烦，因此这种方法可以使微分方程求解的过程大为简化。

若将实变量 t 的函数 $f(t)$ 乘以指数函数 e^{-st}（其中，$s = \sigma + \mathrm{j}\omega$ 是一个复变量），再在 0 到 ∞ 之间对其进行积分，得到一个新的函数 $F(s)$，$F(s)$ 称为 $f(t)$ 的拉氏变换式，也可用符号 $L[f(t)]$ 表示，即

$$F(s) = L[f(t)] = \int_0^\infty f(t)\mathrm{e}^{-st}\mathrm{d}t$$

此式称为拉普拉斯变换的定义式，由于 $\int_0^\infty f(t)\mathrm{e}^{-st}\mathrm{d}t$ 是一个定积分，t 将在新函数中消失。因此 $F(s)$ 只取决于 s，它是复数 s 的函数。拉普拉斯变换将原来的实变量 $f(t)$ 转化为复变量 $F(s)$。通常称 $f(t)$ 为原函数，称 $F(s)$ 为 $f(t)$ 的象函数。

下面举例说明：

【例6.2】 求单位阶跃函数 $u(t)$ 的象函数。

解：单位阶跃函数 $u(t)$ 定义为

$$u(t) = \begin{cases} 0 & (t < 0) \\ 1 & (t \geqslant 0) \end{cases}$$

$$F(s) = L[u(t)] = \int_0^\infty 1 \times \mathrm{e}^{-st}\mathrm{d}t = -\frac{1}{s}\mathrm{e}^{-st}\Big|_0^\infty = \frac{1}{s}$$

在自动控制系统中，单位阶跃函数相当一个突加的作用信号。

【例6.3】　求指数函数 $f(t) = e^{at}$ $(a \geqslant 0, a = 常数)$ 的象函数。

解：根据拉普拉斯变换的定义，得

$$L[e^{at}] = \int_0^\infty e^{at} e^{-st} dt = \int_0^\infty e^{-(s-a)t} dt$$

此积分在 $s > a$ 时收敛，有

$$\int_0^\infty e^{-(s-a)t} dt = \frac{1}{s-a}$$

所以

$$L[e^{at}] = \frac{1}{s-a} \quad (s > a)$$

3. 控制系统的传递函数

传递函数是用拉普拉斯变换法求解线性微分方程引出的复数域的数学模型。传递函数不仅可以表征系统的动态特性，而且可以用来研究系统的结构或参数变化对系统性能的影响，是经典控制理论最重要的数学模型。

传递函数的定义：在线性定常系统中，当初始条件为零时，系统输出的拉普拉斯变换与输入的拉普拉斯变换之比，称为系统的传递函数。

设线性定常系统的微分方程为

$$a_0 \frac{d^n c(t)}{dt^n} + a_1 \frac{d^{n-1} c(t)}{dt^{n-1}} + \cdots + a_{n-1} \frac{dc(t)}{dt} + a_n c(t)$$

$$= b_0 \frac{d^m r(t)}{dt^m} + b_1 \frac{d^{m-1} r(t)}{dt^{m-1}} + \cdots + b_{m-1} \frac{dr(t)}{dt} + b_m r(t)$$

式中，$r(t)$ 为输入量；$c(t)$ 为输出量。

在零初始条件下，对上式两端进行拉普拉斯变换得

$$(a_0 s^n + a_1 s^{n-1} + \cdots + a_{n-1} s + a_n) C(s) = (b_0 s^m + b_1 s^{m-1} + \cdots + b_{m-1} s + b_m) R(s)$$

其传递函数为

$$G(s) = \frac{C(s)}{R(s)} = \frac{b_0 s^m + b_1 s^{m-1} + \cdots + b_{m-1} s + b_m}{a_0 s^n + a_1 s^{n-1} + \cdots + a_{n-1} s + a_n}$$

6.1.3　自动控制系统分析

为了分析控制系统的性能，首先要建立其数学模型，然后用各种分析方法对其进行分析。对于线性定常系统，工程上常采用时域分析法、根轨迹法和频率响应法进行分析。

1. 自动控制系统的时域分析

控制系统的性能包括稳定性、暂态响应和稳态响应三个方面。控制系统的响应是指在一

定信号作用下，系统输出信号随时间变化的函数，它取决于系统本身的结构与参数、系统的初始状态、输入信号的形式和幅值。

控制系统的时域分析，就是对一个特定的输入信号，通过拉普拉斯变换直接求解线性系统的动态微分方程，以得到系统输出量随时间变化的表达式及其相应曲线，从而来分析系统的稳定性、快速性和准确性等。

一个稳定的控制系统，对输入信号的时域响应由两部分组成：瞬态响应和稳态响应。瞬态响应描述系统的动态性能，而稳态响应则反映系统的稳态精度。两者都是控制系统的重要性能指标。

1）一阶系统的时域分析

一阶系统的数学模型可以用一阶微分方程描述。其传递函数为

$$G(s) = \frac{C(s)}{R(s)} = \frac{1}{Ts+1}$$

式中，T 为一阶系统的时间常数。

如图 6.5 所示一阶系统，单位阶跃响应信号为

$$r(t) = u(t)$$

拉普拉斯变换为

$$R(s) = \frac{1}{s}$$

则一阶系统的阶跃响应的拉普拉斯变换为

$$C(s) = G(s)R(s) = \frac{1}{Ts+1} \times \frac{1}{s} = \frac{1}{s} - \frac{1}{s+1/T}$$

一阶系统的阶跃响应为

$$c(t) = 1 - e^{-t/T}$$

一阶系统的阶跃响应曲线如图 6.6 所示。从图中可以看到，在单位阶跃信号作用下，响应曲线的形状为单调上升的指数曲线，随着时间的增加，系统的输出 $C(t)$ 逐渐趋近于稳态值。在初始时刻 $t = 0$，系统的响应 $C(t)$ 有最大的变化率为 $1/T$。这些可以从曲线形状上观察到。

2）控制系统的稳定性分析

（1）稳定性的定义。

稳定性是指系统恢复平衡状态的一种能力。若系统处于某一起始平衡状态，由于扰动的作用，偏离了原来的平衡状态，当扰动消失后，经过足够长的时间，系统恢复到原来的起始平衡状态，即

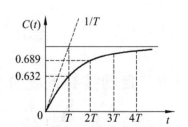

图 6.6　一阶系统的阶跃响应曲线

200

$$\lim_{t \to \infty} |\Delta c(t)| = 0$$

则系统是稳定的；否则，系统是不稳定的。

在自动控制系统中，造成系统不稳定的物理因素主要是：系统存在惯性或延迟环节，使系统中的输出信号产生时间上的滞后。

系统的稳定性概念可分为绝对稳定性和相对稳定性。在工程实际中，首先要求控制系统必须是稳定的，即系统具有绝对稳定性，同时还存在稳定程度的问题。理论上，系统是稳定的，但实际上，系统可能已处于不稳定状态，因此要求系统保有一定的相对稳定性（稳定裕度）。

（2）系统稳定的充要条件。

线性系统是否稳定，这是系统本身的一种属性，仅仅取决于系统的结构和参数，与初始条件和外作用无关。设线性系统在初始条件为零时，作用一个单位脉冲 $\delta(t)$ 信号，系统输出响应为 $c(t)$。若 $t \to \infty$ 时，脉冲响应为

$$\lim_{t \to \infty} c(t) = 0$$

则线性系统是稳定的。

2. 自动控制系统根轨迹分析法

在时域分析法中已知控制系统的闭环特征根决定该控制系统的性能。当特征多项式是三阶及以上时，求解特征根是一项比较复杂的工作。特别是要分析系统特征式中某一参数变化对系统性能的影响，这种准确求解每一个特征根的工作将会变得十分困难。

根轨迹分析法就是一种描述特征方程中某一参数与该方程特征根之间对应关系的图解法。

3. 自动控制系统的频域分析

频域分析法是应用频率特性研究自动控制系统的一种经典方法。它以控制系统的频率特性作为数学模型，以伯德图等作为分析工具，研究、分析控制系统的动态特性和稳态性能。

1）频率特性的概念

频率特性又称频率响应，反映系统频率响应与正弦输入信号之间的关系。

设某线性系统结构如图 6.7 所示。若在该系统输入端加上一正弦信号，设该正弦信号为 $r(t) = A\sin\omega t$，如图 6.8（a）所示，则其输出响应为 $c(t) = MA\sin(\omega t + \varphi)$，即振幅增加 M 倍，相位超前（滞后）了 φ。响应曲线如图 6.8（b）所示。

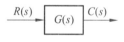

图 6.7　系统结构图

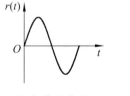

（a）输入曲线

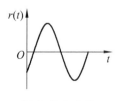

（b）输出曲线

图 6.8　线性系统的输入、输出曲线

这些特性表明，当线性系统输入信号为正弦量时，其稳态输出信号也将是同频率的正弦量，只是其幅值和相位均不同于输入量，并且其幅值和相位都是频率 ω 的函数。对于一个稳定的线性系统，其输出量的幅值与输入量的幅值对频率 ω 的变化称幅值频率特性，简称幅频特性，用 $A(\omega)$ 表示；其输出相位与输入相位对频率 ω 的变化称相位频率特性，简称相频特性，用 $\varphi(\omega)$ 表示。两者统称为频率特性或幅相频率特性。

对于线性定常系统，也可定义系统的稳态输出量与输入量的幅值之比为幅频特性，定义输出量与输入量的相位差为相频特性，即

$$A(\omega) = |G(j\omega)|$$
$$\varphi(\omega) = \underline{/G(j\omega)}$$

将幅频特性和相频特性两者写在一起，可得频率特性或幅相频率特性为

$$G(j\omega) = A(\omega)e^{j\varphi(\omega)} = |G(j\omega)|e^{j\underline{/G(j\omega)}}$$

频率特性是一个复数，可以表示为指数、直角坐标和极坐标等几种形式即

$$G(j\omega) = |G(j\omega)|e^{j\underline{/G(j\omega)}} \qquad （极坐标表示式）$$
$$G(j\omega) = A(\omega)e^{j\varphi(\omega)} \qquad （指数表示式）$$
$$G(j\omega) = U(\omega) + jV(\omega) \qquad （直角坐标表示式）$$

式中，$U(\omega)$ 为实频特性；$V(\omega)$ 为虚频特性；$A(\omega)$ 为幅频特性；$\varphi(\omega)$ 为相频特性；$G(j\omega)$ 为幅相频率特性。

2）频率特性与传递函数的关系

对于同一系统，频率特性与传递函数之间存在确切的对应关系。若系统的传递函数为 $G(s)$，则其频率特性为 $G(j\omega)$。也就是说，只要将传递函数中的复变量 s 用纯虚数 $j\omega$ 代替，就可以得到频率特性。即

$$G(s)|_{s=j\omega} = G(j\omega)$$

6.1.4 采样控制

1. 采样控制系统的基本结构

根据系统中信号的连续性，可把系统分为连续系统和离散系统。在连续系统中，每处的信号都是时间 t 的连续函数，这种信号称为连续信号或模拟信号；而在离散系统中，至少有一处或几处的信号是时间 t 的离散函数，这种信号称为离散信号。离散信号可通过采样开关按照一定的时间间隔对连续信号进行采样而得到，此时，离散信号又称为采样信号，相应的控制系统也称为采样控制系统。

采样控制系统的一般结构如图 6.9 所示。图中，$e(t)$ 是连续信号，采样开关将 $e(t)$ 离散化，变成脉冲序列 $e^*(t)$（*表示离散化）。$e^*(t)$ 作为脉冲控制器的输入，控制器的输出为离散信号。显然，这种信号不能直接驱动对象，需要经过保持器使之变成相应的连续信号才能调节对象。

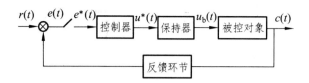

图 6.9　采样控制系统结构图

系统中，采样开关的作用如图 6.10 所示，采样开关每隔时间 T 闭合一次，T 称为采样周期。采样开关每次闭合时间为 h，一般情况下，$h \ll T$。

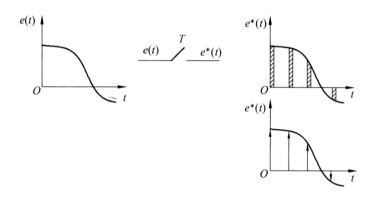

图 6.10　连续信号的采样

若系统含有数字计算机或数字编码元件，则这种以数字计算机为控制器去控制具有连续工作状态的调节对象的闭环控制系统，称为数字控制系统，也称为计算机控制系统。它是采样控制系统的另一种形式，系统的结构图如图 6.11 所示。

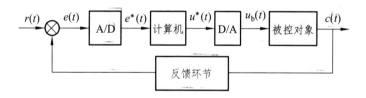

图 6.11　数字控制系统结构图

系统中的连续信号通过 A/D 转换器转换成数字量，经过计算机处理后，再经 D/A 转换器转换成模拟量，然后对被控对象进行控制。这里，若将 A/D 转换器和 D/A 转换器的比例系数合并到其他系数中去，则 A/D 转换器相当于一个采样开关，D/A 转换器相当于一个保持器，此时图 6.11 所示的系统可改为图 6.12 所示的系统。

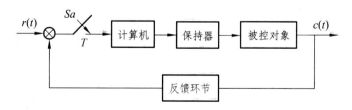

图 6.12　计算机控制系统典型结构图

2. 采样函数的数学表示与采样定理

1）采样函数的数学表示

从系统的结构来看，采样控制系统与连续控制系统明显的不同之处是系统中有一个或 n 个采样开关。通过采样开关，将连续信号转变成离散信号，这个过程称为采样。

连续信号 $e(t)$ 经过采样后变成脉冲序列。由于采样开关每次闭合的时间 h 远小于采样周期 T，也远小于系统中连续部分的时间常数，因此在分析控制系统时可认为 $h \to 0$。这样采样过程实际上可视为理想脉冲序列 $\delta_T(t)$ 对 $e(t)$ 幅值的调制过程。采样开关相当于一个载波为 $\delta_T(t)$ 的幅值调制器，数学表达式为

$$\delta_T(t) = \sum_{k=-\infty}^{\infty} \delta(t-kT)$$

采样函数 $e^*(t)$ 为

$$e^*(t) = e(t)\delta_T(t) = e(t)\sum_{k=-\infty}^{\infty} \delta(t-kT)$$

在实际控制系统中，当 $t < 0$ 时，$e(t) = 0$，则有

$$e^*(t) = e(t)\delta_T(t) = e(t)\sum_{k=-\infty}^{\infty} \delta(t-kT) = \sum_{k=-\infty}^{\infty} e(kT)\delta(t-kT)$$
$$= e(0)\delta(t) + e(T)\delta(t-T) + e(2T)\delta(t-2T) + \cdots$$

式中，$\delta(t-kT)$ 为 $t = kT$ 时刻的理想单位脉冲；$e(kT)$ 为 kT 时刻的采样值。该式表示采样后的 $e^*(t)$ 为一脉冲序列，采样过程如图 6.13 所示。

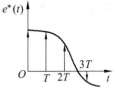

图 6.13　理想采样过程

2）采样定理

连续信号 $e(t)$ 经过采样后，变成一个脉冲序 $e^*(t)$，由于 $e^*(t)$ 只含采样点上的信息，丢失了采样点之间的信息，故为了能从 $e^*(t)$ 中基本恢复 $e(t)$，必须考虑采样角频率 ω_s 与 $e(t)$ 中含有的最高次谐波角频率 ω_{max} 之间的关系。通过 $e^*(t)$ 与 $e(t)$ 的频谱分析可知，为了复现原信号 $e(t)$ 的全部信息，要求采样角频率 ω_s 必须满足

$$\omega_s \geqslant 2\omega_{max}$$

这就是采样定理，又称香农采样定理，它指明了复现原信号所必需的最低采样频率。采样周期的倒数 $f_s = 1/T$ 称为采样频率，而 $\omega_s = 2\pi/T$，称为采样角频率。

6.2　计算机控制技术

计算机控制技术是指在计算机控制系统（Computer Control System，CCS）中采用的控制技术。计算机控制系统是指应用计算机参与控制并借助一些辅助部件与被控对象相联系，以

达到一定控制目的而构成的系统。这里的计算机通常可以是从微型到大型的通用或专用计算机。辅助部件主要指输入/输出接口、检测装置和执行装置等。与被控对象的联系和部件间的联系，可以是有线方式，如通过电缆的模拟信号或数字信号进行联系；也可以是无线方式，如用红外线、微波、无线电波、光波等进行联系。

与一般控制系统相同，计算机控制系统可以是闭环的，这时计算机要不断采集被控对象的各种状态信息，按照一定的控制策略处理后，输出控制信息直接影响被控对象。它也可以是开环的，这有两种方式：一种是计算机只按时间顺序或某种给定的规则影响被控对象；另一种是计算机将来自被控对象的信息处理后，只向操作人员提供操作指导信息，然后由人工去影响被控对象。

计算机控制系统中，被控对象的范围很广，包括各行各业的生产过程、机械装置、交通工具、机器人、实验装置、仪器仪表、家庭生活设施、家用电器和儿童玩具等。控制目的可以是使被控对象的状态或运动过程达到某种要求，也可以是达到某种最优化目标。

6.2.1 计算机控制系统的基本原理

1. 计算机控制系统的工作原理

为了简单和形象地说明计算机控制系统的工作原理，我们给出典型的计算机控制系统原理图，如图 6.14 所示。

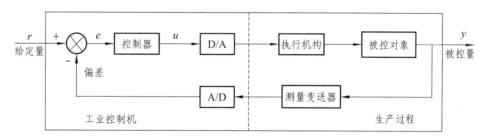

图 6.14 计算机控制系统原理图

在计算机控制系统中，由于工业控制机的输入和输出是数字信号，而变送器输出的以及大多数执行机构所能接收的都是模拟信号，因此需要有将模拟信号转换为数字信号的 A/D 转换器和将数字信号转换为模拟信号的 D/A 转换器。在实际的工业生产过程中，一般不会是图 6.14 所示的单回路控制系统，而是利用计算机具有的高速运算处理能力，采用分时控制方式同时控制多个回路。但从本质上看，计算机控制系统的工作过程可归纳为以下三个步骤：

（1）实时数据采集：对来自测量变送装置的被控量的瞬时值进行检测和输入。

（2）实时控制决策：对采集到的被控量进行分析和处理，并按预定的控制规律，决定将要采取的控制策略，如 PID 控制。

（3）实时控制输出：根据控制决策，适时地对执行机构发出控制信号，完成控制任务。

上述过程不断重复，使整个系统按照一定的品质指标进行工作，并对被控量和设备本身的异常现象及时做出处理。

需要注意的是，计算机控制系统与普通计算机系统的主要区别在于系统的实时性。实时性是指工业控制计算机系统应该具有的能够在限定的时间内对外来事件做出反应的特性。在具体确定这里所说的限定时间时，主要考虑两个要素：其一，根据工业生产过程出现的事件能够保持多长的时间；其二，该事件要求计算机在多长的时间以内必须做出反应，否则，将对生产过程造成影响甚至造成损害。可见，实时性是相对的。工业控制计算机及监控组态软件具有时间驱动能力和事件驱动能力，即在按一定的周期时间对所有事件进行巡检扫描的同时，可以随时响应事件的中断请求。

实时性一般都要求计算机具有多任务处理能力，以便将测控任务分解成若干并行执行的多个任务，加速程序执行速度。

可以把那些变化并不显著，即使不立即做出反应也不至于造成影响或损害的事件，作为顺序执行的任务，按照一定的巡检周期有规律地执行，而把那些保持时间很短且需要计算机立即做出反应的事件，作为中断请求源或事件触发信号，为其专门编写程序，以便在该类事件一旦出现时计算机能够立即响应。如果由于测控范围过大、变量过多，这样分配仍然不能保证所要求的实时性，则表明计算机的资源已经不够使用，只得对结构进行重新设计，或者提高计算机的档次。

在计算机控制系统中，生产过程和计算机直接联系，并受计算机控制的方式称为在线方式或联机方式；生产过程不和计算机直接联系，且不受计算机控制，而是靠人进行联系并作相应操作的方式称为离线方式或脱机方式。

实时的概念不能脱离具体过程，一个在线的系统不一定是一个实时系统，但一个实时控制系统必定是在线系统。

2. 计算机控制系统的组成

计算机控制系统由工业控制机、过程输入/输出（Process Input Output，PIO）设备和生产过程三部分组成。图 6.15 给出了计算机控制系统的组成框图。

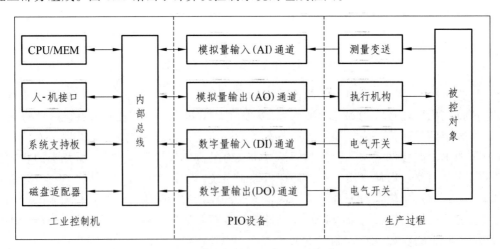

图 6.15 计算机系统组成框图

工业控制机是指按生产过程控制的特点和要求而设计的计算机，它包括硬件和软件两部分。工业控制机软件由系统软件、支持软件和应用软件三部分组成。系统软件包括操作系统、引导程序、调度执行程序等，它是支持软件及各种应用软件的最基础的运行平台。如：Windows

操作系统、UNIX 操作系统等都属于系统软件。支持软件运行在系统软件的平台上，是用于开发应用软件的软件，例如汇编语言、高级语言、通信网络软件、组态软件等。对于设计人员来说，需要了解并学会使用相应的支持软件，能够根据系统要求开发所需要的应用软件。不同系统的支持软件会有所不同。应用软件是系统设计人员针对特定要求而编制的控制和管理程序。不同控制设备的应用软件所具备的功能是不同的。

计算机与生产过程之间的信息传递是通过过程输入/输出设备进行的，它在两者之间起到纽带和桥梁的作用。过程输入设备包括模拟量输入通道（简称 AI 通道）和开关量输入通道（简称 DI 通道）。分别用来输入模拟量信号（如温度、压力、流量、料位和成分等）和开关量信号或数字量信号。过程输出设备包括模拟量输出通道（简称 AO 通道）和开关量输出通道（简称 DO 通道），AO 通道把数字信号转换成模拟信号后再输出，DO 通道则直接输出开关量信号或数字信信号。

生产过程各组成部分包括被控对象、测量变送、执行机构、电气开关等装置。其中的测量变送装置、执行机构、电气开关都有各种类型的标准产品，在设计计算机控制系统时，根据需要合理地选用即可。

6.2.2　计算机控制系统模型

计算机控制系统所采用的形式与它所控制的生产过程的复杂程度密切相关，针对不同的被控对象和不同的控制要求应有不同的控制方案。计算机控制系统大致可分为以下几种典型的形式：

1. 操作指导控制系统

操作指导控制系统（Operational Information System，OIS）的构成如图 6.16 所示。该系统不仅具有数据采集和处理的功能，而且能够为操作人员提供反映生产过程工况的各种数据，并给出相应的操作指导信息，供操作人员参考。

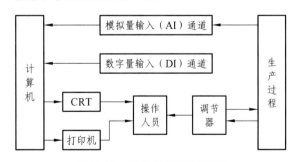

图 6.16　操作指导控制系统

该控制系统属于开环控制结构。计算机根据一定的控制算法（数学模型），依赖测量元件测得的信号数据，计算出供操作人员选择的最优操作条件及操作方案。操作人员根据计算机的输出信息，如 LCD 显示图形或数据、打印机输出等去改变控制器的给定值或直接操作执行机构。

OIS 的优点是结构简单、控制灵活和安全。其缺点是要由人工操作、速度受到限制、不能控制多个对象。

2. 直接数字控制系统

直接数字控制（Direct Digital Control，DDC）系统的构成如图 6.17 所示。

计算机首先通过模拟量输入通道（AI）和开关量输入通道（DI）实时采集数据，然后按照一定的控制规律进行计算，最后发出控制信息，并通过模拟量输出通道（AO）和开关量输出通道（DO）直接控制生产过程。DDC 系统属于计算机闭环控制系统，是计算机在工业生产过程中最普遍的一种应用方式。

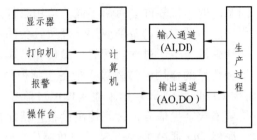

图 6.17　直接数字控制系统框图

由于 DDC 系统中的计算机直接承担控制任务，所以要求其实时性好、可靠性高和适应性强。为了充分发挥计算机的利用率，一台计算机通常要控制几个或几十个回路，那就要合理地设计应用软件，使之不失时机地完成所有功能。

在计算机控制技术发展初期，DDC 系统主要实现计算机集中控制，代替常规控制仪表控制算法、单回路及常用复杂控制系统，但由于集中控制的固有缺陷，硬件可靠性低，未能普及。

3. 监督控制系统

在上述 DDC 系统中，其设定值是预先给定的，不能随生产负荷、操作条件和工艺信息变化而自动进行修正，因而不能使生产处于最优工况。在监督控制（Supervisory Computer Control，SCC）系统中，通常采用二级控制形式，分处二层的计算分别称为上位机与下位机。上位机根据原始工艺信息和其他参数，按照描述生产过程的数学模型或其他方法，自动改变模拟/数字控制器的给定值或自动改变以直接数字控制方式工作的计算机的给定值，从而使生产过程始终处于最优工况（如保持高质量、高效率、低消耗、低成本等）。从这个角度来说，它的作用是改变给定值，所以又称设定值控制（Set Point Control，SPC）。

SCC 系统框图如图 6.18 所示，根据其构成可分成两种 SCC 控制系统。

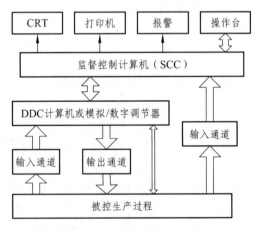

图 6.18　监督控制系统框图

1）SCC＋模拟/数字控制器的控制系统

该系统是由计算机系统对各物理量进行巡回检测，并按一定的数学模型对生产工况进行分析、计算后得出控制对象各参数最优给定值，送给控制器，使工况保持在最优状态。当 SCC 计算机出现故障时，可由模拟/数字控制器独立完成操作。SCC＋模拟控制器的控制系统已越来越少，而 SCC＋数字控制器的控制系统在中小规模企业中常有应用。

2）SCC＋DDC 的分级控制系统

这实际上是一个二级控制系统，SCC 可采用高档计算机，它与 DDC 之间通过通信接口进行信号联系。SCC 计算机可完成工段、车间高一级的最优化分析和计算，并给出最优给定值，送给 DDC 级执行过程控制。当 DDC 级计算机出现故障时，可由 SCC 计算机完成 DDC 的控制功能，使系统可靠性得到提高。

4. 集散控制系统

集散控制系统（Distributed Control System，DCS）又称分布式或分散型控制系统。大规模生产过程往往是复杂的，设备分布也可能很广，各个工序、设备往往并行工作，若仍然采用集中式的控制，一方面系统会相当复杂，另一方面设备间会相互影响，使整个系统的危险增加。而随着微型处理器的性能价格比不断提高，分布式控制逐渐取代以往的集中式控制。DCS 由多个相关联、可以共同承担工作的微处理器为核心，一起组成可以并行运行多项任务的系统，实现不同的域和不同功能的控制，同时通过高速数据通道把各个分散点的信息集中起来，进行集中的监视和操作，并实现复杂的控制和优化。DCS 的设计原则是分散控制、集中操作、分级管理、分而自治和综合协调，把系统分为分散过程控制级、集中操作监控级、综合信息管理级，形成分级分布式控制。DCS 的结构如图 6.19 所示。

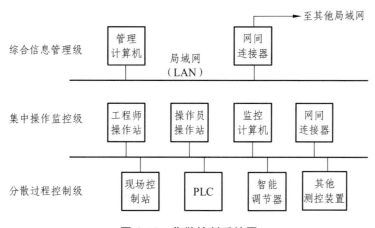

图 6.19　集散控制系统图

在计算机控制应用于工业过程控制的初期，由于计算机价格高，采用的是集中控制方式，以充分利用计算机。但这种控制方式由于任务过分集中，一旦计算机出现故障就会影响全局。DCS 由若干台微型计算机分别承担任务，从而代替了集中控制的方式，将危险性分散。此外，DCS 的优点还有：是积木式结构，构成灵活，易于扩展；系统的可靠性高；采用 LCD 显示技术和智能操作台，操作、监视方便；采用数据通信技术，处理信息量大；与计算机集中控制方式相比，电缆和敷缆成本较低，便于施工。

5. 现场总线控制系统

现场总线控制系统（Fieldbus Control System，FCS）是新一代分布式控制结构。现场总线是用于过程自动化和制造自动化等领域中最底层的通信网络，具有开放、统一的通信协议。

以现场总线为纽带构成的 FCS 是一种新型的自动化系统和底层控制网络,承担着生产运行测量与控制的特殊任务。20 世纪 80 年代发展起来的 DCS,其结构模式为操作站—控制站—现场仪表三层结构,系统成本较高,且各厂商的 DCS 有各自的标准,不能互连。FCS 与 DCS 不同,它的结构模式为工作站—现场总线智能仪表二层结构。FCS 用二层结构完成了 DCS 中的三层结构功能,降低了成本,提高了可靠性,国际标准统一后,可实现真正的开放式互连系统结构。其系统结构如图 6.20 所示。

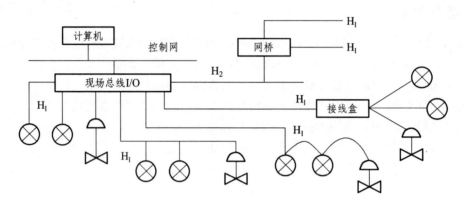

图 6.20　FCS 系统结构图

6. PLC + 上位机系统

可编程逻辑控制器(Programmable Logic Controller,PLC)最初是用计算机的逻辑运算功能代替传统的接线逻辑(或称继电器逻辑)而设计的一种小型的计算机控制系统。但是严格来讲,PLC 并不能称为系统,因为它在运行时并不需要人工的干预,因此也没有计算机系统通常都包括的人机界面设备,最多只有一些状态指示灯,以表示设备运行状态,供现场维修、诊断用。PLC 所完成的是逻辑控制,它根据各种输入状态,经过逻辑判断和逻辑运算,得出控制输出,并利用输出实施控制。另外,PLC 还可以通过预先编制的控制程序实现顺序控制,用 PLC 代替继电器逻辑,大大提高了控制实现的灵活性与可靠性,因为它用电子元件的运行代替了机械的动作,免除了机械的磨损和机械动作部分的材料疲劳。

PLC 的编程工作需要使用专门的编程器。这是一种离线使用的人机界面设备,通过串行接口和 PLC 接通。PLC 通常使用通用的 PC 作为编程器,在 PC 中运行专用的组态软件,使现场工程师可以根据控制要求,编制相应的控制程序,并且将控制程序下载到 PLC 中。PLC 中具有非易失性存储器,用以存储这些下载的程序,并且在实际运行中依据这些程序实现。

PLC 的编程一般使用"梯形图语言"(即 Ladder 语言),这是一种符号语言。在编程器上可以使用表现继电器动合(常开)触点、动断(常闭)触点及各种表示继电器逻辑的符号、连线,用这些符号、连线组成控制流程,然后由编程器将其翻译成 PLC 可执行的指令下载,使 PLC 能按这些流程执行控制。

由于 PLC 在控制的可靠性、实时性和重新组态的方便性等方面有着传统继电器方法无法比拟的优越性,因此其应用越来越广泛,控制范围也越来越大,并出现了用数据高速公路(Data Highway,DH)将众多 PLC 互连起来而形成的较大控制系统。这种系统与单个的 PLC 相比有几点重大的改变:

（1）在数据高速公路上挂接了在线的通用计算机，其作用一是可以实现在线组态、编程和下载，二是可以在线监视被控过程的状态，这样一个具有现场控制层和协调控制层的DCS雏形就出现了。

（2）在PLC中增加了数值量的I/O接口和数值处理计算功能，这样，PLC就不仅可以完成逻辑控制功能，也可以完成数值控制功能和混合控制功能。

（3）越来越多的PLC厂家把专用的数据高速公路改成为通用的网络，并逐步将PLC之间的通信规约向通用的网络通信规约靠拢，这样就使PLC有条件和其他各种计算机系统和设备实现集成，以组成大型的控制系统，如图6.21所示。

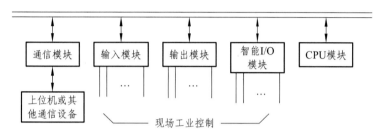

图6.21　PLC和其他各种计算机系统和设备组成大型的控制系统

上述几点改变使得PLC组成的系统具备了DCS的形态，特别是由于PLC已经以产品的形态在市场上销售了多年，其I/O接口、编程方法、网络通信都趋于标准化以适应开放系统的要求。另外，PLC在价格上的优势，使得PLC在控制系统中的重要性越来越明显，在很多应用领域已经达到可与传统的DCS相竞争的水平。

6.2.3　计算机控制系统的输入/输出接口技术

计算机控制系统的输入/输出接口是计算机与生产过程或外部设备之间交换信息的桥梁，也是计算机控制系统中的一个重要组成部分。工业过程控制的计算机必须实时地了解被控对象的情况，并根据现场情况发出各种控制命令控制执行机构动作，如果没有输入/输出接口的支持，计算机控制系统就失去了实用的价值。

用于过程控制计算机的输入/输出接口可以分为模拟量输入接口、模拟量输出接口、开关量输入/输出接口。其中模拟量输入接口的功能是把工业生产控制现场送来的模拟信号转换成计算机能接收的数字信号，完成现场信号的采集与转换功能；模拟量输出接口的功能是把计算机输出的数字信号转换成模拟的电压或电流信号，以便驱动相应的模拟执行机构动作，达到控制生产过程的目的；开关量输入/输出接口的功能是将现场的开关量信号，如触点信号、电平信号等送入计算机，实现环境、动作、数量等的统计、监督等输入功能，并根据事先设定好的参数，实施报警、联锁、控制等输出功能。

1. 模拟量输入接口技术

在计算机控制系统中，模拟量输入接口是实现数据采集的关键，其任务是将工业生产控制现场送来的模拟信号转换成计算机能接收的数字信号，完成现场信号的采集与转换功能。模拟量输入接口一般由接口电路、控制电路、A/D转换器和电流/电压变换器等构成。其核心是 A/D 转换器（简称 A/D），故通常也把模拟量输入接口简称为 A/D 通道。

1）A/D 转换器的主要参数

A/D 转换器是将模拟电压或电流信号转换成数字量的器件或装置，是一个模拟系统和计算机之间的接口，在数据采集和控制系统中，得到了广泛的应用。常用的 A/D 转换方式有逐次逼近式和双斜积分式，前者转换时间短（几微秒至几百微秒），但抗干扰能力较差；后者转换时间长（几十毫秒至几百毫秒），抗干扰能力强。在信号变换缓慢、现场干扰严重的场合，宜采用后者。

常用的逐次逼近式 A/D 转换器有 8 位分辨率的 ADC0809、12 位分辨率的 AD574 等，常用的双积分式 A/D 转换器有 3 位半的 MC14433、4 位半的 ICL7135 等。

A/D 转换器的主要技术指标有转换时间、分辨率、线性误差、量程、对基准电源的要求等。

（1）转换时间，指完成一次模拟量到数字量转换所需要的时间。

（2）分辨率，表示 A/D 转换器输出数字量最低位变化所需输入模拟电压的变化量。

（3）线性误差。理想转换特性应该是线性的，但实际转换特性并非如此。在满量程输入范围内，偏离理想转换特性的最大误差定义为线性误差，常用 LSB 的分数表示。

（4）量程，即所能转换的输入电压范围。

（5）对基准电源的要求。基准电源的精度对整个系统的精度产生很大的影响。

2）A/D 转换器的外部特性

各厂家的 A/D 转换器芯片不仅五花八门、性能各异，而且功能相同的引脚命名也各不相同，没有统一的名称。但从使用的角度看，任何一种 A/D 转换器芯片一般具有以下输出信号线：

（1）转换启动线（输入），负责传输由系统控制器发出的一种控制信号。此信号一旦有效，转换立即开始。

（2）转换结束线（输出），传输转换完毕后由 A/D 转换器发出的一种状态信号，由它中断或 DMA 传送，或作查询用。

（3）模拟信号输入线，来自被转换的对象，有单通道输入与多通道输入之分。

（4）数字信号输出线，即由 A/D 转换器将数字量送给 CPU 的数据线。数据线的根数表示 A/D 转换器的分辨率。

2. 模拟量输出接口技术

在过程计算机控制系统中，模拟量输出接口是实现控制输出的关键，其任务是把计算机输出的数字量信号转换成模拟电压或电流信号，以控制调节阀或驱动相应的执行机构，达到计算机控制的目的。模拟量输出接口一般由接口电路、控制电路、D/A 转换器和电压/电流变换器等构成。其核心是 D/A 转换器（简称 D/A 或 DAC），故通常也把模拟量输出接口简称 D/A 通道。

1）D/A 转换器的主要参数

D/A 转换器是把数字量转换成模拟量的线性电路器件，一般做成集成芯片。由于实现 D/A 转换器的原理、电路结构及工艺技术有所不同，因而出现了各种各样的 D/A 转换器。D/A 转换器为计算机系统的数字信号与外部环境的模拟信号之间提供了一种接口，从而广泛地应用在数据采集与模拟输入/输出系统。

衡量一个 D/A 转换器性能的主要参数有：

（1）分辨率，指 D/A 转换器能够转换的二进制数的位数，位数越多，分辨率越高。例如一个 D/A 转换器能够转换 8 位二进制数，若转换后的电压满量程是 5 V，则它能分辨的最小电压为 5 V/256 = 20 mV。如果是 10 位分辨率的 D/A 转换器，对同样的转换电压，则它能分辨的最小电压为 5 V/1 024 = 5 mV。

（2）转换时间，指数字量输入到完成 D/A 转换，输出达到最终值并稳定为止所需的时间。电流型 D/A 转换器转换较快，一般在几微秒至几百微秒之间。电压型转换器的转换较慢，取决于运算放大器的响应时间。

（3）精度，指 D/A 转换器实际输出电压与理论值之间的误差，通常是 1 个或半个最小数字量的模拟变化量，表示为 1LSB、1/2LSB。

（4）线性度，指当数字量变化时，D/A 转换器的输出量按比例关系变化的程度。理想的 D/A 转换器是线性的，但实际上有误差，模拟量输出偏离理想输出的最大值称为线性误差。

2）D/A 转换器的输入-输出特性

反映一个 D/A 转换器的输入-输出特性的指标有以下几个：

（1）输入缓存能力。D/A 转换器能否带有三态输入缓冲器来保存输入数字量，这对 D/A 转换器与计算机的接口设计很重要。

（2）数据的宽度。D/A 转换器通常有 8 位、10 位、14 位、16 位之分。当 D/A 转换器的位数高于计算机系统总线的宽度时，需用 2 次分别输入数字量。

（3）电流型还是电压型，即 D/A 转换器输出的是电流还是电压。电流输出型，其输出电流在几毫安到几十毫安；电压输出型，其输出电压一般在 5 ~ 10 V，有些高电压型可达 24 ~ 30 V。

（4）输入码制，即 D/A 转换器能接收哪些码制的数字量输入。一般单极性输出的 D/A 转换器只能接收二进制或 BCD 码，双极性输出的 D/A 转换器只能接收偏移二进制码或补码。

（5）单极性输出还是双极性输出。对一些需要正、负电压控制的设备，应该使用双极性 D/A 转换器，或在输出电路中采取相应措施，使输出电压有极性变化。

通过模拟量输入通道采集到生产过程的各种物理参数，如温度、压力、流量、料位和成分等，这些原始数据中可能混杂了干扰噪声，需要进行数字滤波；也可能与实际物理量呈非线性关系，需要进行线性化处理。为了能得到真实有效的数据，有必要对采集到的原始数据进行数字滤波和数据处理，此处不再详述。

6.3 网络控制

自 20 世纪的最后 10 年以来，人们惊异地发现：信息的获取、存储、传输与处理之间的"孤岛"现象随着计算机网络的广泛应用正在逐渐消失，曾经独立发展的有线电视网、电信网、计算机网趋向合而为一。计算机网络正在改变着人们的工作与生活方式，并将进一步引起世界范围内产业结构的变化，推进全球信息化的进程。可以说，计算机网络技术的迅速发展和广泛应用标志着人类开始进入了一个崭新的信息时代。

计算机网络迅速发展的主要动因有：

（1）计算机技术的发展和计算机的广泛应用。

（2）通信技术的发展以及各种话路通信系统、光纤通信系统、无线通信系统、卫星移动通信系统的建立和广泛应用。

（3）计算机网络开放体系结构的建立与发展。国际标准化组织 ISO 制定的开放系统互连（OSI）体系结构，为计算机网络的发展奠定了基础；工业标准的体系结构与协议，如 TCP/IP、IEEE 802 模型与协议、ATM 异步传输模式体系结构，为计算机网络的发展做出了重大的贡献。

随着计算机、通信、网络、控制等学科的发展，控制网络技术日益为人们所关注。控制网络即网络化的控制系统，其范畴包括广义 DCS（集散控制系统）、现场总线控制系统和工业以太网。它体现了控制系统向网络化、集成化、分布化和节点智能化发展的趋势，已成为自动化领域技术发展的热点之一。

6.3.1 控制网络概述

控制网络一般指以控制"事物对象"为特征的计算机网络系统，简称为 Infranet（Infrastructure）。控制网络和计算机网络相似，它是指应用于工业领域的计算机网络。具体地说，控制网络是在一个企业范围内将信号检测，数据传输、处理、存储、计算，控制等设备或系统连接在一起，以实现企业内部的资源共享、信息管理、过程控制，并能够访问企业外部资源和提供限制性外部访问，使得企业的生产、管理和经营能够高效率地协调运作，从而实现企业集成管理和控制的一种网络环境。

1. 企业计算机网络系统的层次结构

按网络系统划分，一般可将企业的网络系统划分为三层：它以底层控制网（Infranet）为基础，中间为企业内部网（Intranet），并通过它伸向外部世界的互联网（Internet），形成 Internet-Intranet-Infranet 的网络结构，如图 6.22（a）所示。如果按照网络功能划分，一般又将企业的网络系统划分为企业资源规划（Enterprise Resource Planning，ERP）层，制造执行系统（Manufacturing Execution System，MES）层以及现场总线控制系统（Fieldbus Control System，FCS）层三层，如图 6.22（b）所示。

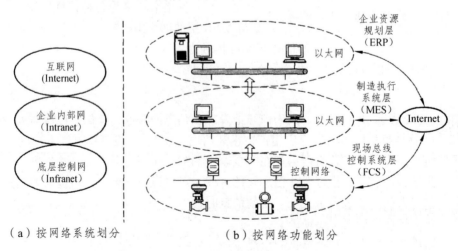

（a）按网络系统划分 （b）按网络功能划分

图 6.22 企业计算机网络系统的层次结构

Internet 作为国际互联网，是由大量局域网连接形成的广域网，是当代信息社会的高速公路和重要的基础设施。分布地域广泛是 Internet 的最大特点，它适合大范围的信息高速传输和资源共享。Internet 能为企业的生产、管理、经营提供供应链中从原料到市场、供应商到客户等多方面的信息资源，是企业通向外部世界的信息通道。

Intranet 指企业内部网，属于局域网的一种。它改进了 Internet 难于管理、安全性差等缺点，使其能满足在企业内部使用的需要。它可改变企业内部的管理方式，改善企业内部的信息交互与共享状况，可以成为企业应用程序之间、企业内部员工之间、企业与客户之间交换信息的重要手段与媒体。Internet 已成功地在企业中得到应用，收到了良好的经济效益。

Infranet 的原意为下层网，由于控制网络位于工厂网络的底层，因而 Infranet 已经成为控制网络、现场总线的代名词。这种用于自动控制的下层网络，把具有通信功能的控制设备连接起来，在企业形成低成本、高可靠性的分布式控制系统网络。它是企业内部网 Intranet 的特殊网段，也可以通过 Internet 形成特殊的控制系统。可以说，Internet-Intranet-Infranet 的结合相得益彰，进一步提升了企业网络的作用，为企业实现管理控制一体化创造了良好条件。

2. 控制网络在企业网络中的位置与作用

控制网络都处于企业网络的底层，它是构成企业网络的基础。而生产过程的控制参数与设备状态等信息是企业信息的重要组成部分。图 6.22（b）所示为工业网络中各功能层次的网络模型。ERP 属于广域网的层次，它采用以太网技术实现；MES 属于局域网层次，它一般也采用以太网或其他专用网络技术实现；现场总线则采用开放的、符合国际标准的控制网络技术来实现。

企业网络系统早期的结构复杂，功能层次较多，包括从过程控制、监控、调度、计划、管理到经营决策等。随着互联网的发展和以太网技术的普及，企业网络早期的 TOP/MAP 式多层分布式子网的结构逐渐被以太网、FDDI 主干网等所取代。企业网络系统的结构层次趋于扁平化，同时对功能层次的划分也更为简化。底层为控制网络所处的现场总线控制系统（FCS）层，最上层为企业资源规划（ERP）层，而将传统概念上的监控、计划、管理、调度等多项控制管理功能交错的部分，都包罗在中间的制造执行系统（MES）层中。图中的 ERP 与 MES 功能层大多采用以太网技术构成数据网络，网络节点多为各种计算机及外部设备。随着互联网技术的发展与普及，在 ERP 层与 MES 层的网络集成与信息交互问题得到了较好的解决。它们与外界互联网之间的信息交互也相对比较容易。

控制网络的主要作用是为自动化系统传递数字信息。它所传输的信息内容主要是生产装置运行参数的测量值、控制量、阀门的工作位置、开关状态、报警状态、设备的资源与维护信息、系统组态、参数修改、零点量程调校信息等。企业的管理控制一体化系统需要这些控制信息的参与，优化调度等也需要集成不同装置的生产数据，并能实现装置间的数据交换。这些都需要在现场控制层内部，在 FCS 与 MES、ERP 各层之间，方便地实现数据传输与信息共享。随着互联网的发展和控制网络技术的日趋完善，现场控制系统中实时信息的网络化浏览和远程监控也成为迫切和现实的要求。

目前，现场控制层所采用的控制网络种类繁多，本层网络内部的通信一致性很差，特异性强，比如有形形色色的现场总线，以及 DCS、PLC 与 SCADA 软件的各种连接方式等。控制网络从通信协议到网络节点类型都与一般数据网络存在较大差异。这些差异使得控制网络之间、控制网络与外部互联网之间实现信息交换的难度加大，实现互联和互操作存在较多障碍。因此，需要从通信一致性、数据交换技术等方面入手，改善控制网络的数据集成与交换能力。

6.3.2 控制网络与计算机网络的区别

控制网络技术源于计算机网络技术，控制网络与一般的计算机网络有许多共同点。但是，由于控制网络中的数据通信以引发物质或能量的运动为最终目的，面对这种特殊的要求和应用环境，使得控制网络与一般的计算机网络又有一定差异。

1. 控制网络的实时性

计算机网络普遍采用以太网技术，采用带冲突检测的载波监听多路访问的媒体访问控制方式。即一条总线上挂接多个节点，采用平等竞争的方式争用总线。节点要求发送数据时，先监听总线是否空闲，如果空闲就发送数据；如果总线忙就只能以某种方式继续监听，等总线空闲后再发送数据。即便如此，也还会有几个节点同时发送而发生冲突的可能性，因而称之为非确定性（nondeterministic）网络。计算机网络传输的文件、数据在时间上没有严格的要求，一次连接失败之后还可继续要求连接，这种非确定性不至于造成严重后果。相对来说，控制网络对实时性要求高，它往往在许多节点之间以高频率发送大量比较小的数据包来满足实时性的要求。因此，区分信息网络和控制网络的关键是网络是否具有支持实时应用的能力。

另外，控制网络要求数据的确定性和可重复性。确定性是指数据有限制的延迟和有保证的传送，也就是说，一个报文能否在可预测的时间里成功地发送出去。从传感器到控制器的报文不成功的传送或者不可接受的延迟都会影响网络的性能。可重复性是指网络的传输能力不受网络上节点的动态改变（增加或者删除节点）和网络负载改变的影响。对于离散和连续控制的应用场合，均有对网络传输数据确定性和可重复性的功能要求。

一般来讲，过程控制系统的响应时间要求为 0.01 ~ 0.5 s，制造业自动化系统的响应时间要求为 0.5 ~ 2 s，计算机网络的响应时间一般要求为 2 ~ 6 s。由此可见，在计算机网络中基本上可以不考虑实时性，但在控制网络中实时性是基本的要求。

2. 网络结构线状化

计算机通信系统的结构是网络状的，从一点到另外一点的通信路径可以是不固定的。大部分现场总线的结构是线状的，虽然控制网络的拓扑结构可以是总线型、星型、环型等，但在大多数控制网络中，从一点到另外一点的通信路径大多是固定的。

3. 工业环境使用场合

计算机网络一般在办公室、家庭等环境非常好的场所使用，所以它的设备、接头以及接线方式等都不要求有很高的抗干扰能力。控制网络是在环境恶劣的工业环境下使用的，它应具有在高温、潮湿、振动、腐蚀和电磁干扰等条件下长周期、连续、可靠完整地传输数据的能力，并能抗工业电网的浪涌、跌落和尖峰干扰。在可燃、易爆场合，控制网络还应具有本质安全性能。

4. 控制网络的技术特点

控制网络与计算机网络相比还具有以下技术特点：

（1）良好的实时性与时间确定性。

（2）传送信息多为短帧信息，且信息交换频繁。

（3）容错能力强，可靠性、安全性好。

（4）控制网络协议简单实用，工作效率高。

（5）控制网络结构具有高度分散性。

（6）控制设备的智能化与控制功能的自治性。

（7）与信息网络之间有高效率的通信，易于实现与信息系统的集成。

6.3.3 控制网络的类型及其相互关系

从企业计算机网络的层次结构来看，控制网络可分为面向设备的控制网络与面向控制系统的主干控制网络两类。前者对应于设备层，后者对应于控制层。在主干控制网络中，面向设备的控制网络可作为主干控制网络的一个接入节点。根据控制网络的发展趋势，设备层和控制层也可能合二为一，从而形成一个统一的控制网络层。

从网络体系结构来看，控制网络可分为广义 DCS、现场总线和工业以太网三类。广义 DCS 的设备层往往采用专用的网络协议，而控制层则采用了修正的 IEEE 802 协议族。现场总线控制网络针对工业控制的要求而设计，采用了简化的 OSI 参考模型，并有 IEC 的国际标准支持。工业以太网则采用 IEEE 802.3 协议，具有良好的开放性。

从网络的组网技术来看，控制网络通常有两类：共享式控制网络与交换式控制网络。共享式控制网络既可应用于一般控制网络，也可应用于现场总线。工业以太网是共享总线网络结构的典型实例。与共享式控制网络相比，交换式控制网络具有组网灵活方便、性能好、便于组建虚拟控制网络等优点，比较适用于构建高层控制网络。尽管交换式控制网络目前尚处于发展阶段，但作为一种具有发展潜力的控制网络，它有着良好的应用前景。

目前，现场总线已成为控制网络的主流类型，而工业以太网则表现出良好的上升趋势。尽管一些专家认为工业以太网有可能取代现场总线成为控制网络的主流类型，但就两者的应用现状和发展势头而言还很难预测控制网络的最终走向。在相当长的时期内，可能会维持现场总线与工业以太网共存的状况。

第7章 物联网安全模型及关键技术

根据 ITU 的定义，物联网主要解决物品到物品、人到物品、人到人之间的互联。核心的共性技术、网络与信息安全以及关键应用是目前物联网研究的重点。与其他传统网络相比、物联网感知节点大都部署在无人监控的场景中，具有能力脆弱、资源受限等特点，这使得物联网安全问题比较突出，并且当国家重要基础行业和社会关键服务领域（如电力、金融、交通、医疗等）重要社会功能的实现都依赖于物联网及"感知型"业务应用时，物联网安全问题必然上升到国家层面。

所有这些都导致很难直接将传统计算机网络的安全算法和协议应用于物联网。考虑到当前物联网安全的研究尚未形成体系，主要研究集中在单个技术，如感知前端技术（如 RFID 传感技术）、个体隐私保护等方面，本章首先给出物联网安全层次结构，然后对层次结构涉及的物联网关键技术安全问题进行概要的论述。

7.1 物联网安全层次结构

与互联网相比，物联网主要实现人与物、物与物之间的通信，通信的对象扩大到了物品。根据功能的不同物联网网络体系结构大致分为三个层次，底层是用来采集信息的感知层，中间层是传输数据的网络层，顶层则是应用中间件层。由于物联网安全的总体需求就是物理安全信息、采集安全、信息传输安全和信息处理安全的综合，安全的最终目标是确保信息的机密性、完整性、真实性和数据新鲜度，因此，根据以上需求并结合物联网 DCM（Device，Connect，Manage）模式，得出相应的安全层次模型，如图 7.1 所示。

（1）物理安全层：保证物联网信息采集节点不被欺骗控制、破坏。

（2）信息采集安全层：防止采集的信息被窃听、篡改、伪造和重放攻击，主要涉及传感技术和 RFID 的安全。在物联网层次模型中物理安全层和信息采集安全层对应于物联网的感知层安全。

（3）信息传输安全层：保证信息传递过程中数据的机密性、完整性、真实性和新鲜性，主要涉及电信通信网络的安全，对应于物联网的网络层安全。

（4）信息处理安全层：保证信息的私密性和储存安全等，主要涉及个体隐私保护和中间件安全等，对应于物联网中应用层安全。

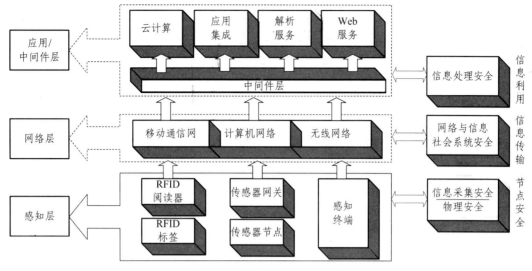

图 7.1 物联网安全层次结构

7.2 物联网信息采集安全

信息采集是物联网感知层的功能。物联网中感知层主要实现智能感知功能，包括信息采集、捕获和物体识别。感知延伸层的关键技术包括传感器、RFID、自组织网络、短距离无线通信、低功耗路由等。感知延伸层的安全问题，主要表现为相关数据信息在机密性、完整性、可用性方面的要求，主要涉及 RFID、传感技术的安全问题。

7.2.1 基于 RFID 的 EPC 系统基本结构

基于 RFID 的 EPC 系统是信息化和物联网在传统物流业应用的产物和具体实现，其组成如图 7.2 所示。在物联网系统中，阅读器在接收到来自电子标签的载波信息并对接收信号进行解调和解码后，会将其信息送至计算机中的中间件（savant）系统软件进行处理，处理后传送到通信网络，然后再在通信网络上利用对象名字解析器（ONS）找到这个物品信息所存储的位置，由 ONS 给 savant 系统指明存储这个物品的有关信息的服务器，并将这个文件中的关于这个物品的信息传递过来。

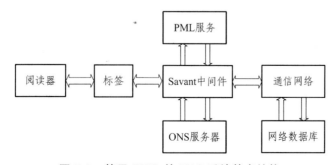

图 7.2 基于 RFID 的 EPC 系统基本结构

7.2.2　基于 RFID 的 EPC 系统安全问题分类

基于 RFID 的 EPC 系统安全问题，主要分为以下的三类。

1. 标签本身的访问缺陷

用户（合法用户和非法用户）都可以利用合法的阅读器或者自构一个阅读器直接与标签进行通信，包括读取、篡改甚至删除标签内所存储的数据。同时支持 EPC global 标准的无源标签大多数只允许写入一次，但支持其他标准（如 ISO）的 RFID 标签却能够多次写入（或可重编程）。多次写入功能在给 RFID 应用带来便捷的同时，也带来了更大的安全隐患。在没有足够可信任的安全策略的保护下，标签中数据的安全性、有效性、完整性、可用性和真实性都得不到保障。

2. 通信链路上的安全问题

（1）黑客非法截取通信数据。
（2）拒绝服务攻击。
（3）利用假冒标签向阅读器发送数据。
（4）RFID 阅读器与后台系统间的通信信息安全。

3. 移动 RFID 安全

移动 RFID 系统是指利用植入 RFID 读写芯片的智能移动终端获取标签中的信息，并通过移动网络访问后台数据库，获取相关信息。其常见的应用是手机支付。在移动 RFID 网络中存在的安全问题，主要还是假冒与非授权服务。首先，在移动 RFID 网络中，读写器与后台数据之间不存在任何固定物理连接，而是通过射频信道传输其身份信息，若攻击者截获一个身份信息，就可以用这个身份信息来假冒该合法读写器的身份。其次，通过复制他人读写器的信息可以多次顶替消费。由于复制攻击实现的代价不高，且不用任何其他条件，所以成为攻击者最常用的手段。最后，移动 RFID 网络还存在非授权服务、否认与拒绝服务等攻击。

7.2.3　RFID 安全策略

目前，实现 RFID 安全性机制所采用的方法主要有物理方法、密码机制以及二者相结合的方法。使用物理途径来保护 RFID 标签安全性的方法主要有如下几类：

（1）静电屏蔽。通常是采用一个法拉第笼（Farady cage），它是一个由金属网或金属薄片制成的容器，使得某一频段的无线电信号（或其中一段的无线电信号）无法穿透。当 RFID 标签置于该外罩中，标签无法被激活，当然也就不能对其进行读写操作，从而保护了标签上的信息。这种方法的缺点是必须将 RFID 标签置于屏蔽笼中，因而使用不方便。

（2）阻塞标签（blocker tag）。采用一种标签装置发射出假冒标签序列码的连续频谱，这样就能隐藏其他标签的序列码。这种方法的缺点是需要一个额外的标签，并且当标签和阻塞标签分离时，其保护效果也将失去。

（3）主动干扰（active jamming）。用户可以采用一个能主动发出无线电信号的装置，以干扰或中断附近其他 RFID 阅读器的操作。主动干扰带有强制性，容易造成附近其他合法无线通信系统无法正常通信。

（4）改变阅读器频率。阅读器可使用任意频率，这样未经授权的用户就不能轻易地探测或窃听阅读器与标签之间的通信。

（5）改变标签频率。特殊设计的标签可以通过一个保留频率（reserved frequency）传送信息。

方法（4）和（5）的最大缺点是需要复杂电路，容易造成设备成本过高。

（6）"Kill 命令机制"。采用从物理上销毁（Kill）标签的办法。其缺点是一旦标签被销毁，便不可能再被恢复使用。另一个重要的问题就是难以验证是否真正对标签实施了销毁操作。

另外，采用密码机制解决 RFID 的安全问题已成为业界研究的热点，其主要研究内容是利用各种成熟的密码方案和机制来设计和实现符合 RFID 安全需求的密码协议。被讨论较多的 RFID 安全协议有 Hash lock 协议、随机化 Hash lock 协议、Hash 链协议、基于 ID 变化协议、David 的数字图书馆 RFID 协议、分布式 RFID 询问-响应认证协议、LCAP 协议、再次加密机制等。将来的 RFID 安全研究将集中在 RFID 安全体系、标签天线技术等方面。

7.2.4　传感技术及其联网安全

在物联网中，RFID 标签用来对物体静态属性进行标识，而传感技术则用来标识物体的动态属性，构成物体感知的前提。从网络层次结构看，现有的传感网组网技术面临的安全问题如表 7.1 所示。

表 7.1　传感网组网技术面临的安全问题

层　次	受到的攻击
物理层	物理破坏、信道阻塞
链路层	制造碰撞攻击、反馈伪造攻击、耗尽攻击、链路层阻塞等
网络层	路由攻击、虫洞攻击、女巫攻击、陷洞攻击、Helb 洪泛攻击
应用层	去同步、拒绝服务流等

传感器网络的基本安全技术包括基本安全框架、密钥分配、安全路由和入侵检测及加密技术等。其中，整合多种安全机制于一体，构成传感器网络的整体安全框架，是构建安全传感器网络的重要手段。

1. 安全框架

现有的安全框架有 SPN（包含 SNEP 和 uTESLA 两个安全协议），TinySec，参数化跳频，Lisp，LEAP 协议等。

2. 密钥分配

传感器网络的密钥分配主要倾向于采用随机预分配模型的密钥分配方案。其主要思想是在网络构建之前，每个节点从一个较大的密钥池中随机选择少量密钥构成密钥环，使得任意两个节点之间能以一个较大的概率共享密钥。

3. 安全路由

由于传感器网络中许多路由协议相对简单，更易受到攻击，所以常常采用安全路由来增强网络的安全性。常用的方法有：

（1）路由中加入容侵策略，可提高物联网的安全性。

（2）用多径路由选择方法抵御选择性转发攻击。采用多径路由选择，允许节点动态地选择一个分组的下一跳点，能更进一步地减少入侵者控制数据流的计划，从而提供保护。

（3）在路由设计中加入广播半径限制抵御洪泛攻击。采用广播半径限制每个节点，使得数据发送半径受到限制，使它只能对落在这个半径区域内的节点发送数据，而不能对整个网络广播。这样就把节点的广播范围限制在一定的地理区域。具体可以对节点设置最大广播半径 R_{max} 参数。

（4）在路由设计中加入安全等级策略抵御虫洞攻击和陷洞攻击。

4. 入侵检测技术

由于在物联网中完全依靠密码体制不能抵御所有攻击，故常采用入侵检测技术作为信息安全的第二道防线。入侵检测技术是一种检测网络中违反安全策略行为的技术，能及时发现并报告系统中未授权或异常的现象。

按照参与检测节点是否主动发送消息，入侵检测分为被动监听检测和主动监听检测。被动监听检测主要是通过监听网络流量的方法展开，而主动监听检测是指检测节点通过发送探测包来反馈或者接收其他节点发来的消息，然后通过对这些消息进行一定的分析来检测。

根据检测节点的分布，被动检测可分为密集检测和稀疏检测两类。密集检测通过在所有节点上部署检测算法来最大限度地发现攻击。检测算法通常部署在网络层。网络层上的攻击检测方法主要有看门狗检测方法、基于 Agent 的方法、针对特别攻击的方法，以及基于活动的监听方法等。链路层上主要通过检测到达 RTS 请求速率来发现攻击。物理层上主要检测阻塞攻击。现存的有效方法有：通过检测单个节点发送和接收成功率来判断是否遭受攻击，通过分析信号强度随时间的分布来发现阻塞攻击特有的模式，以及通过周期性检查节点的历史载波侦听时间来检测攻击。稀疏检测则通过选择合适的关键节点进行检测，在满足检测需求的条件下尽量降低检测的花费。

主动检测主要有四种方法。

（1）路径诊断的方法。其诊断过程是源节点向故障路径上选定的探测节点发送探测包，每个收到探测包的节点都向源节点发送回复，若某节点没有返回包，说明其与前一个节点间的子路径出现故障，需要在其之间插入新的探测节点，展开新一轮检测。

（2）邻居检测的方法。单个节点通过向各个邻居节点从对应的不同物理信道发送信号获得反馈来发现不合法的节点，也可以在链路层 CTS 包中加入一些预置要求，如发送延迟等，如果接收方没有采取所要求的行为，则被认定为非法节点。

（3）针对特定攻击的检测。基站向周围节点发送随机性的组播，然后通过消息反馈的情况检测针对组播协议的攻击 DOM。另外可以通过向多个路径发送 Ping 包的方式，发现路径上的关键节点，从而部署攻击检测算法。

（4）基于主动提供信息的检测。网络中部分节点向其他节点定期广播邻居节点信息，其他节点通过分析累积一定时间后的信息发现重复节点。

以上这些检测技术在网络中实现时不可避免的问题是，由于物联网节点资源受限，且是高密度冗余撒布，不可能在每个节点上运行一个全功能的入侵检测系统，那么如何在传感网中合理地分布入侵检测系统有待于进一步研究。

7.2.5　物联网终端安全

物联网的感知前端负责实时搜集数据，将数据通过网络上传到数据处理中，数据处理中心将数据处理产生的信息或者决策提供给用户或者联动装置。而感知终端就是这些信息或者决策的呈现设备。常用的感知终端有个人计算机、PDA、手机等。感知终端目前存在的主要问题包括终端敏感信息泄漏、篡改 SM/UM 卡信息泄漏、复制，空中接口信息泄漏、篡改、终端病毒等问题。而常用的安全措施有身份认证、数据访问控制、信道加密、单向数据过滤和强审计等。

7.3　物联网信息传输安全

物联网信息传输安全主要涉及物联网网络层安全。物联网网络层主要实现信息的传送和通信，它包括接入层和核心层。网络层既可依托公众电信网和互联网，也可以依托行业专业通信网络，还可同时依托公众网和专用网，如接入层依托公众网，核心层则依托专用网，或接入层依托专用网，核心层依托公众网。

物联网网络层的安全主要分为两类，一是来自物联网本身（主要包括网络的开放性架构、系统的接入和互联方式，以及各类功能繁多的网络设备和终端设备的能力等）的安全隐患；二是源于构建和实现物联网网络层功能的相关技术（如云计算、网络存储、异构网络技术等）的安全弱点和协议缺陷。

目前，所涉及的网络包括无线通信网络 WLAN、WPAN，移动通信网络和下一代网络等。网络层主要存在的问题是业务流量模型空中接口和网络架构安全问题。目前网络层最显著的问题是现有的地址空间短缺。当前最好的解决方式是采用 IPv6 技术，它采用 128 位的地址长度，并且采纳 IPSec 协议，在 IP 层上对数据包进行高强度的安全处理，并提供数据源地址验证、无连接数据完整性、数据机密性、抗重播和有限业务流加密等安全服务，增强了网络的安全性。目前，主要存在的问题是采用 IPv6 替换 IPv4 协议需要一定的成本和时间，IPv4 向 IPv6 过渡只能采用逐步演进的方式，现有的解决方法是采用双协议栈模式。

7.4 物联网信息处理安全

信息处理安全主要体现在物联网应用/中间件层中，其中中间件层主要实现网络层与物联网应用服务间的接口和能力调用，包括对数据的分析整合、共享智能处理管理等，具体体现为一系列的义务支持平台、管理平台、信息处理平台、智能计算平台、中间件平台等。应用层则主要包括各类应用，如监控服务、智能电网、工业监控、绿色农业、智能家居、环境监控和公共安全等。

中间件层的安全问题主要来自各类新兴业务及应用的相关业务平台。恶意代码以及各类软件系统自身漏洞和可能的设计缺陷是物联网应用系统的重要威胁之一。同时，由于涉及诸多领域和多行业，物联网广域范围的海量数据信息处理和业务控制策略目前在安全性和可靠性方面仍存在较多技术瓶颈且难于突破，特别是业务控制和管理、业务逻辑、中间件和业务系统关键接口等环境安全问题尤为突出。本节主要从中间件技术安全、云计算安全两方面谈本层的安全问题。

7.4.1 中间件技术安全

如果把物联网系统和人体作比较，则感知层好比人体的四肢，传输层好比人的身体和内脏，应用层好比人的大脑，而软件和中间件就是物联网系统的灵魂和中枢神经。在物联网中，中间件处于物联网的集成服务器端和感知层、传输层的嵌入式设备中。其中服务器端中间件被称为物联网业务基础中间件，一般都是基于传统的中间件（应用服务器、ESB/MQ 等）构建，加入设备连接和图形化组态展示等模块；嵌入式中间件是一些支持不同通信协议的模块和运行环境。中间件的特点是它固化了很多通用功能，不过在具体应用中大多需要二次开发来实现个性化的行业业务需求。因此，所有物联网中间件都要提供快速开发（RAD）工具。

7.4.2 云计算安全

物联网的特征之一是智能处理，指利用云计算、模糊识别等各种智能计算技术，对海量的数据和信息进行分析和处理，对物体实施智能化的控制。云计算作为一种新兴的计算模式，能够很好地给物联网提供技术支撑。

一方面，物联网的发展需要云计算强大的处理和存储能力作为支撑。从量上看，物联网将使用数量惊人的传感器采集到的海量数据，这些数据需要通过无线传感网、宽带互联网向某些存储和处理设施汇聚，而使用云计算来承载这些任务，具有非常显著的性价比优势。从质上看，使用云计算设施对这些数据进行处理、分析、挖掘，可以更加迅速、准确和智能地对物理世界进行管理和控制，使人类可以更加及时、精细地管理物质世界，从而达到"智慧"的状态，大幅提高资源利用率和社会生产力水平。云计算凭借其强大的处理能力、存储能力和极高的性能价格比，必将成为物联网的后台支撑平台。

另一方面，物联网将成为云计算最大的用户，为云计算取得更大商业成功奠定基石。

但是，云计算与物联网结合必须考虑以下两大关键条件。

（1）规模化是其结合基础。物联网的规模足够大之后，才有可能和云计算结合起来，比如行业应用智能电网、地震台网监测等都需要云计算。而一般性的、局域的和家庭网的物联网应用，则没有必要结合云计算。

（2）实用技术是实现条件。合适的业务模式和实用的服务才能让物联网和云计算更好地为人类服务。

作为一种新兴技术，云计算技术必然存在许多安全隐患，缺乏个体隐私的保护机制等。目前主要的针对性防范措施如表 7.2 所示。

表 7.2　云计算安全防范措施

安全性要求	对其他用户	对服务提供商
访问权限控制	权限控制程序	权限控制程序
存储私密性	存储隔离	存储加密、文件系统加密
运行私密性	虚拟机隔离、操作系统隔离	操作系统隔离
传输私密性	传输层加密 VPN、HTTPS、SSL	网络加密
持久可用性	数据备份、数据镜像 分布式存储	数据备份、数据镜像 分布式存储
访问速度	高速网络、数据缓存	高速网络、数据缓存

7.5　个体隐私的保护

在物联网发展过程中，大量的数据涉及个体隐私问题，如个人出行路线、消费习惯、位置信息、健康状况和企业产品信息等。因此，隐私保护是必须考虑的一个问题。从技术角度看，当前隐私保护主要有以下两种方式：

（1）采用匿名技术。主要包括基于代理服务器、路由和洋葱路由（Onion Routing）的匿名技术。

（2）采用署名技术。主要是 P3P（Platform for Privacy Preferences）技术，即隐私偏好平台。然而 P3P 仅仅是增加了隐私政策的透明性，使用户可以清楚地知道个体的何种信息被收集、用于何种目的以及存储多长时间等，其本身并不能保证使用它的各个 Web 站点是否履行其隐私政策。

除了上述两种方式外，隐私保护技术还有两个主要的发展方向：

（1）对等计算（Peer to Peer，P2P）。指通过直接交换共享计算机资源和服务。

（2）Web 语义。Web 语义是通过规范定义和组织信息内容，使之具有语义信息能被计算机"理解"，从而实现与人的沟通。这种技术目前尚在研究之中。除此之外，研究人员还提出了基于安全多方计算的隐私，保护私有信息检索 PIR、VPN、TSL，域名安全扩展 DNSSEC，位置隐私保护等方式。

第8章　物联网设计及应用

以 RFID 技术、传感技术、网络技术、嵌入式技术、Web 技术等为实现基础的物联网系统，其应用遍及智能交通、环境保护、政府工作、公共安全、平安家居、智能安防、工业监测、精确农业、健康护理等多个领域，已经开始呈现遍地开花的趋势。

本章重点结合物联网的行业应用，对物联网的工程设计和实施原则进行讨论，并借助几个典型物联网应用案例说明其应用及发展。

8.1　物联网系统设计

8.1.1　物联网系统分类

由于物联网应用的专属性，其种类千差万别，分类方式也有不同。例如，类似于计算机网络，不少学者将物联网划分为专用物联网和公众（公用）网络。公众物联网是指为满足大众生活和信息的需求提供的物联网服务；而专用物联网就是满足企业、团体或个人特色应用需求，有针对性地提供的专业性的物联网业务应用。专用物联网可以利用公众网络（如Internet）、专网（局域网、企业网络或移动通信互联网中公用网络中的专享资源）等进行信息传送。此外，按照接入方式，可将物联网分为简单接入和多跳接入两种；按照应用类型，可将其分为数据采集、自动控制、定位等多种。

物联网的分类方式及相关说明如表 8.1 所示。

表 8.1　物联网分类方式

分类方式	类　　型	说　　明
按接入方式分	简单接入、多跳接入	对于某个应用，这两个方式可以混合使用
按网络类型分	公众物联网、专用物联网	从承载的类型区分，不同的网络将影响到用户的使用服务
按应用类型分	数据采集应用、自动化控制应用、定位型应用、日常便利性应用	按照应用主要的功能类型进行划分

根据物联网自身的特征，物联网应该提供的服务包括五类：

（1）联网类服务：物品标识、通信和定位。

（2）信息类服务：信息采集、存储和查询。

（3）操作类服务：远程配置、监测、远程操作和控制。

（4）安全类服务：用户管理、访问控制、事件报警、入侵检测和攻击防御。

（5）管理类服务：故障诊断、性能优化、系统升级和计费管理服务。

以上介绍的是通用物联网的服务类型集合，在实际设计中可以根据不同领域的物联网应用需求，针对以上服务类型进行相应的扩展或裁剪。物联网的服务类型是设计、验证物联网体系结构与物联网系统的主要依据。

8.1.2 物联网的节点和网络规划

物联网主要解决物品到物品（T2T），人到物品（H2T），人到人（H2H）之间的互联。其中，H2T 是指人利用通用装置与物品之间的连接，H2H 是指人之间不依赖于个人计算机而进行的互联。为了构建物联网，首先需要划分物联网中网络节点的类型。物联网节点可以分成无源节点、有源节点、互联网节点等，其特征可从电源、移动性、感知性、存储能力、计算能力、联网能力以及连接能力等几个方面进行描述，具体描述如表 8.2 所示。

表 8.2　物联网节点类型与特征

节点类型	无源	有源	互联网
电　源	无	有	不间断
移动性	有	可有	无
感知性	被感知	感知	感知
存储能力	无	有	强
计算能力	无	有	强
联网能力	无	有	强
连接能力	T2T	T2T，H2T，H2H	H2T，H2H

1. 无源物联网节点

无源物联网节点就是具有电子标签的物品，这是物联网中数量最多的节点。例如，携带电子标签的人可以成为一个无源物联网节点。无源物联网节点通常不带电源，具有移动性、被感知能力和少量的数据存储能力，不具备计算和联网能力，提供被动的 T2T 连接。

2. 有源物联网节点

有源物联网节点是具备感知、联网和控制能力的嵌入式系统，这是物联网的核心节点。例如，装备了可以传感人体信息的穿戴式计算机的人可以成为一个有源物联网节点。有源物联网带有电源，具有可移动性，具备感知、存储、计算和联网能力，提供 T2T、H2T、H2H 连接。

3. 互联网物联网节点

互联网物联网节点是具备联网和控制能力的计算系统，这是物联网的信息中心和控制中心。例如，具有物联网安全性、可靠性要求的，能够提供时间和空间约束服务的互联网节点就是一个互联网物联网节点。互联网物联网节点不是一般的互联网节点，它是属于物联网系统中的节点，采用了互联网的联网技术相互连接，但具有物联网系统中特有的时间和空间的控制能力，配备了物联网专用的安全性和可靠性的控制体系。互联网物联网节点具有不间断电源，不具备移动性，可以具有感知能力，具有较强的存储、计算和联网能力，可提供 H2T、H2H 连接。

根据以上物联网节点的分类，节点之间可能存在的连接类型包括无源物联网节点与有源物联网节点、有源物联网与有源物联网节点，以及有源物联网节点与互联网物联网节点之间的连接。无源物联网节点与有源物联网节点互联结构如图 8.1 所示，两者通过物理层协议连接（如通过 RFID 协议），有源物联网可以获取无源物联网节点上电子标签的信息。

有源物联网节点与有源物联网节点互联结构如图 8.2 所示。有源物联网节点之间通过物理链路层、数据链路层和应用层的协议交互，实现有源物联网节点之间的信息采集、传递和查询。考虑到大部分有源物联网节点资源限制十分严格，有源物联网节点不适合配置已有的 IP 协议；配置的数据链路协议也应该是面向物联网的数据链路层协议，可以保证可靠、高效、节能地采集、传递和查询信息，满足物联网节点交互的应用需求。有源物联网节点之间的信息转发和汇聚可以通过应用协议实现。也就是说，这样可以按照应用需要，设计灵活的信息采集和转发协议，不需要采用通用的、低效的互联网中的 IP 协议。

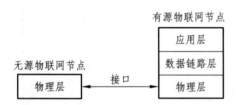

图 8.1　无源物联网节点与有源物联网
节点互联结构图

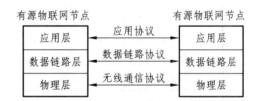

图 8.2　有源物联网节点与有源物联网
节点互联结构

有源物联网节点与互联网物联网节点互联结构如图 8.3 所示。有源物联网节点需要通过物联网网关，才能连接互联网节点。物联网网关实际上是一个有源物联网节点与互联网物联网节点的组合，其中实现了完整的互联网协议栈。通过物联网网关，可以在应用层与互联网连接，实现物联网与互联网之间的信息传递，以及物联网应用与互联网应用之间的互通、互联和互操作。这种互联结构允许不同类型的物联网采用满足自身需要的联网结构，简化不必要的联网功能，降低网络系统的复杂性。不同的物联网技术，如汽车电子联网技术、环境监测联网技术等，可以采用适用于各自应用领域的有源物联网节点之间连接的协议结构，只需通过物联网网关就可与互联网连接。

图 8.3　有源物联网节点与互联网物联网节点互联结构

228

在上述三种互联结构中，物理层协议提供在物理信道上采集和传递信息的功能，具有一定的安全性和可靠性；数据链路层协议提供对物理信道访问控制、复用，在链路层安全、可靠、高效传递数据的功能，具有较为完整的可靠性、安全性控制能力，可以提供服务质量的保证；应用层协议提供信息采集、传递、查询功能，具有较为完整的用户管理、联网配置、安全管理、可靠性控制能力。

8.1.3 物联网通用设计原则

物联网的设计应该遵循一定的原则，而设计体系结构是设计物联网必不可少的环节，其原则具体包括：

（1）多样性原则。物联网体系结构必须根据物联网节点类型的不同，分成多种类型的体系结构。

（2）时空性原则。物联网体系结构必须能够满足物联网的时间、空间和能源方面的需求。

（3）互联性原则。物联网体系结构必须能够平滑地与互联网连接。

（4）安全性原则。物联网体系结构必须能够防御大范围内的网络攻击。

（5）坚固性原则。物联网体系结构必须具备坚固性和可靠性。

基于这五条基本原则，构建物联网可以分成标识物品、建立物品联网系统、建立物联网应用平台和建立物联网应用系统四个环节，下面逐一进行介绍。

1. 标识物品

构建物联网系统的第一步是标识物品，也就是标识世界上所有的物品，需要利用电子标签和传感器技术。世界上所有的物品可以简单分成人造物品和自然物品，人造物品包括食品、日用品、道路、桥梁、楼房、汽车、飞机、轮船、生产线等。通常在人造物品上贴上电子标签或者传感装置，就可以把人造物品改造成物联网节点。自然物品包括动物、植物、山峰、河流、湖泊等，这些自然物品也可以贴上电子标签或配置传感装置，改造成为物联网节点。例如牛角上贴上电子标签，奶牛也成为一个物联网节点，可以智能化管理奶牛的喂养和挤奶等操作；盲人穿上具有电子标签的鞋子，也可以成为一个物联网节点，与盲道上的电子标签读写器协同操作，就可以指导盲人的行走。标识物品所用到的核心技术之一是电子标签和传感器的材料技术，这是属于物联网最为基础的技术，其突破将会带来物联网产业的大幅度发展。标识物品的另外一项技术就是世界统一的物品编码技术。目前还没有针对物联网的全球物品编码技术。

2. 建立物联网中网络系统

在完成物品标识之后，就可以建立、验证和采集被标识物品的物联网节点，即有源物联网节点。为了实现有源物联网节点，首先需要设计和实现有源物联网节点与无源物联网节点、有源物联网节点与有源物联网节点之间的无线通信机制，以及基于信息编解码技术的物品识别机制；其次必须设计和实现通信信道复用机制，使得在一条信道上可以同时完成多个无源或者有源物联网节点的通信，例如同时识别 100 多个具有 RFID 标签的物品；最后设计和实现通信信道上的可靠传输机制和实时传输机制，满足物联网对可靠性和实时性的要求。前两部分可以构成物联网系统中的联网系统，如图 8.4 所示。

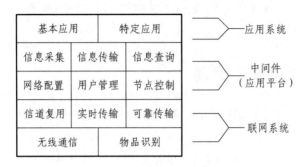

图 8.4　物联网系统结构图

3. 建立物联网应用平台

物联网应用系统建立在物联网应用平台之上。在建立有源物联网节点的联网系统之后，就需要设计和实现有源物联网节点的网络配置、用户管理、节点控制、信息采集、信息传输和信息查询等功能，建立一个基本的物联网应用平台，即面向某个具体应用领域的物联网中间件（参见图 8.4）。由于不同的应用领域对于节点控制的可靠性、实时性、安全性有不同的要求，因此需要针对不同应用领域，设计和实现不同控制力度的应用中间件。设计和实现物联网应用的中间件，可以隔离物联网特定联网系统，满足快速应用开发的需求。在设计和实现物联网应用中间件过程中，需要参照物联网相关领域的应用平台服务接口标准。如果是一个全新的物联网应用领域，可以在设计和实现物联网应用中间件过程中，提取出与实现无关的部分，形成该领域的物联网应用平台服务接口技术规范。

4. 建立物联网应用系统

在建立物联网应用中间件之后，就可以进一步设计和实现物联网应用系统，包括基本应用系统和特定应用系统，如图 8.5 所示。基本应用系统包括物品命名管理系统、物品身份真伪验证系统、物联网系统管理等，特定应用系统包括仓储管理系统、楼宇监控系统、环境监测系统等。

物联网应用系统需要区分应用系统的物联网端和互联网端。应用系统物联网端部署在有源物联网节点上，可以作为应用系统的客户端，也可作为应用系统的对等（P2P）应用模式，但是要求功能必须简捷可靠；应用系统互联网端部署在互联网物联网节点上，可以作为应用系统的服务器端，也可以作为应用系统的 P2P 应用模式，但都需要提供较为强大的存储和后端处理能力，以满足物联网应用需求。

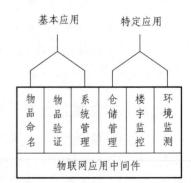

图 8.5　物联网应用系统结构图

8.2　智能交通

8.2.1　概　述

　　交通是每一个人日常生活的重要方面，同时也是整个国家的战略基础之一，关系政治、经济、军事、环境等各个方面。如图 8.6 所示，四通八达的交通是国民经济的重要基础设施。让我们来展望一下未来的交通会是怎样的：拥有实时的交通和天气信息，所有的车辆都能够预先知道并避开交通堵塞，沿最快捷的路线到达目的地，减少二氧化碳的排放，能够随时找到最近的停车位；在大部分的时间内车辆可以自动驾驶；乘客们可以在旅途中欣赏在线电视节目。智能交通系统（Intelligent Transportation Systems，ITS）将会把这一切都变为现实。现代信息和通信技术在道路和车辆上的广泛应用带来了交通领域的巨大变革，并将孕育出新一代的智能交通系统。

图 8.6　四通八达高速公路系统

　　智能交通系统通过在基础设施和交通工具当中广泛应用信息、通信技术来提高交通运输系统的安全性、可管理性、运输效能，同时也能降低能源消耗和对地球环境的负面影响。

　　智能交通是智慧地球的重要组成部分。将物联网应用于智能交通中，包括两大组成部分：其一，针对交通运输信息的地理空间性、广泛性、社会性以及动态性的特点，建立有关交通工程与运输方面的海量、多元、多分辨、多维的、静态与动态相结合的数据采集基础设施，形成信息基础设施；其二，以嵌入式、图形图像技术、数据挖掘与融合等技术为依托，以 Internet和其他通信方式为通信平台，以 GPS/GIS 为技术平台，形成能为交通管理部门、交通运输企业和货主、市民提供信息服务和技术服务的物联网应用平台，从而改造和提高交通运输产业的生产、管理和服务，推进信息化、智能化的新型交通运输业发展。

伴随着新的信息科技在仿真、实时控制、通信网络等领域的长足发展，智能交通系统开始进入人们的视野。发展智能交通系统的初衷是应对日益严重的交通拥堵问题，但物联网时代的智能交通绝不仅仅面向堵车问题。由于汽车工业的迅速发展、城市化进程的加快、人口的高速增长等诸多原因，交通堵塞已经成为世界性的难题之一，如图 8.7 所示。交通堵塞显著降低了交通基础设施的效率，延误旅客行程，加重大气污染，增加燃料消耗。据统计，交通拥堵造成的损失占 GDP 的 1.5% ~ 4%。美国每年因交通堵塞造成的燃料损失能装满 58 个超大型油轮，损失金额高达 780 亿美元。

在美国，从 20 世纪 20 年代开始的城市化进程促使城市规模不断膨胀，机动车对城市中心地区交通基础设施造成巨大压力，同时带来了严重的大气污染和安全隐患。美国政府对于智能交通系统关注的另外一个原因来自国土安全，目前其很多系统都包含了对道路的监控功能。智能交通系统也为大规模灾害和紧急事件爆发后的人口快速迁移提供了保障。

我国目前城市化和工业化的进程不断加快，机动车的数量快速增加，同时交通基础设施的建设也迅速发展，对智能交通系统的建设提出了迫切的需求，同时也创造了良好的契机。

解决交通系统压力的传统方式是增加容量，如新增高速公路和车道等，但是这些措施不能从根本上解决这一难题，并且往往会受到经济、社会发展和环境因素的制约。通过将智能技术运用到道路和汽车中，可以获得新的智能交通解决方案。例如，增设路边传感器、射频标记、车辆无线通信设备和全球定位系统，启用智能的建模、分析和调度机制，最大限度地优化交通基础设施的利用，为人们创造快捷的交通服务和丰富的出行咨询。

图 8.7　交通拥塞时拥挤的车辆

"智慧地球"是 IBM 公司运用先进的信息技术规划新的世界运行模型的一个远景方案。在智慧地球概念中，智慧的交通需要具备以下特征：

（1）环保的交通：大幅降低温室气体和其他各种污染物的排放量以及能源的消耗。

（2）便捷的交通：通过移动通信提供最佳路线信息和一次性支付各种方式的交通费用等服务，改善旅客体验。

（3）安全的交通：实时检测危险、事故并及时通知相关部门。

（4）高效的交通：实时进行跨网络交通数据分析和预测，优化交通调度和管理，最大化交通流量。

（5）可视的交通：对所有公共交通车辆和私家车实行统一的数据管理，提供单个网络状态视图。

（6）可预测的交通：持续进行数据分析和建模，改善交通流量和基础设施规划。

以上这些目标的达成依赖于现代信息和智能技术的不断完善及其在交通系统中的广泛应用。

8.2.2　智能交通中的物联网技术

智能交通系统需要利用多领域技术协同构建，包括从最基本的交通管理系统（如车辆导航、交通信号控制、集装箱货运管理、自动车牌号码识别、测速相机），到各种交通监控系统（如安全闭路电视系统），再到更具前瞻性的应用技术。这些应用通过整合来自多维数据源的实时数据及反馈信息为人们提供泛在的信息服务，如停车向导信息系统和天气报告。智能的交通系统建模和流量预测技术也将成为优化交通调度、增大交通网络流量、确保车辆行驶安全和改善人们出行体验的重要支撑。

智能交通中的技术体系可以用图 8.8 进行概括。

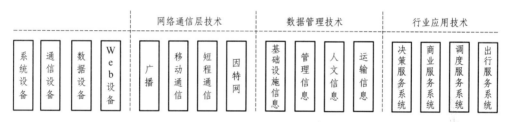

图 8.8　智能交通体系结构图

下面介绍应用于智能交通的物联网技术。

1. 无线通信

无线通信作为智能交通系统中主要的短距离（小于几百米）通信方式，目前已经有多种无线通信解决方案可以应用。UHF 和 VHF 频段上的无线调制解调器通信被广泛用于智能交通系统中的短距离和长距离通信。

短距离无线通信可以使用 IEEE 802.11 系列协议来实现，其中美国智能交通协会（Intelligent Transportation Society of America）以及美国交通部（United States Department of Transportation）主推 WAVE 和 DSRC（Dedicated Short Range Communications）两套标准。理论上来讲，这些协议的通信距离可以利用移动 Ad Hoc 网络和 Mesh 网络进行扩展。目前提出的长距离无线通信方案是通过基础设施网络来实现，如 WiMAX（IEEE 802.16），GSM，3G 技术。使用上述技术的长距离通信方案目前已经比较成熟，但是和短距离通信技术相比，它们需要进行大规模的基础设施部署，成本很高。目前还没有一致认可的商业模式来支持这种基础设施的建设和维护。

如图 8.9 所示，目前车辆已经能够通过多种无线通信方式与卫星、移动通信设备，移动电话网络、道路基础设施、周围车辆等进行通信，并且通过广泛部署的 Wi-Fi、移动电话网络等途径接入互联网。

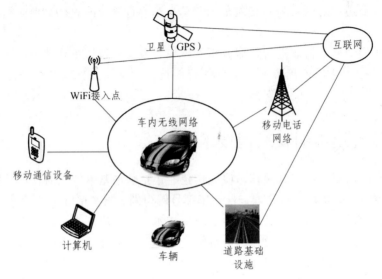

图 8.9　汽车通信示意图

2. 计算技术

目前，汽车电子成本占普通轿车总成本的 30%，在高档车中占到 60%。根据汽车电子领域的最新进展，未来车辆中将配备数量更少但功能更为强大的处理器。2000 年，一辆普通的汽车拥有 20 ~ 100 个联网的微控制器/可编程逻辑控制模块，使用非实时的操作系统。目前的趋势是使用数量更少但是更加强大的微处理器模块和实时的操作系统。同时，新的嵌入式系统平台将支持更加复杂的软件应用，包括基于模型的过程控制、人工智能和普适计算。其中人工智能技术的广泛应用将有望为交通系统带来质的飞跃。

3. 感知技术

信息技术、微芯片、RFID 以及廉价的智能信标感应等技术的发展和在智能交通系统中的广泛应用，为车辆驾驶员安全提供了有力保障。智能交通系统中的感知技术是基于车辆和道路基础设施的网络系统。交通基础设施中的传感器嵌在道路或者道路周边设施（如建筑）之中，这需要在道路的建设维护阶段进行部署或者利用专门的传感器植入工具进行部署。车辆感知系统包括了部署道路基础设施至车辆以及车辆至道路基础设施的电子信标来进行识别通信，同时利用闭路电视技术和车牌号码自动识别技术对热点区域的可疑车辆进行持续监控。

4. 视频车辆监测

利用视频摄像设备（见图 8.10）进行交通流量计量和事故检测属于车辆检测的范畴。视频监测系统（如自动车牌号码识别）和其他感知技术相比具有很大优势，它们并不需要在路面或者路基中部署任何设备，因此也被称为"非植入式"交通监控。当有车辆经过的时候，黑白或者彩色摄像机捕捉到的视频将会输入到处理器中进行分析，以找出视频图像特性的变化。摄像机通常固定在车道附近的建筑物或柱子上。大部分视频监测系统需要一些初始化的配置来"教会"处理器分析当前道路环境的

图8.10 视频摄像设备

基础背景图像。该过程通常包括输入已知的测量数据，例如车道线间距和摄像机到路面的高度。根据不同的产品型号，单个的视频监测处理器能够同时处理1~8个摄像机的视频数据。视频监测系统的典型输出结果是每条车道的车辆速度、车辆数量和车道占用情况。某些系统还提供了一些附加输出，包括停止车辆检测、错误行驶车辆警报等。

5. 全球定位系统GPS

车辆中配备的嵌入式 GPS 接收器能够接收多个卫星的信号并计算出车辆当前所在的位置，定位的误差一般是几米。GPS 信号接收需要车辆在卫星视野范围内，因此在城市中心区域可能由于建筑物的遮挡而使该技术的使用受到限制。GPS 是很多车内导航系统的核心技术。很多国家已经或者计划利用车载卫星 GPS 设备来记录车辆行驶的里程并据此进行收费。

6. 探测车辆和设备

部分国家开始部署所谓的"探测车辆"，它们通常是出租车或者政府所有的车辆，配备了 DSRC 或其他无线通信技术。这些车辆向交通运营管理中心汇报它们的速度和位置，管理中心对这些数据进行整合、分析，得到广大范围内的交通流量情况，以检测交通堵塞的位置。同时有大量的科研工作集中在如何利用驾驶员持有的移动电话来获得实时的交通流量信息。移动电话所在车辆的位置信息能够通过 GPS 系统实时获得。例如，北京已经有超过 10 000 辆出租车和商务车辆安装了 GPS 设备，并发送它们的行驶速度信息到一个卫星。这些信息将最终传送到北京交通信息中心，在那里经过汇总处理后得到了北京各条道路上的平均车流速度状况。

8.2.3 智能交通应用

随着物联网技术的日益发展和完善，其在智能交通中应用也越来越广泛和深入，在世界各地都出现很多成功应用物联网技术提高交通系统性能的实例。本节选取几个典型应用来介绍。

1. 电子收费系统

电子收费（Electronic Toll Collection，ETC）系统能够在车辆以正常速度驶过收费站的时候自动收取费用，降低了收费站附近产生交通拥堵的概率。最初电子收费系统被用于自动收费，但最近这项技术也被用来加强城市中心区域的高峰期拥堵收费。之前的大部分电子收费系统都是基于使用私有通信协议的车载无线通信设备，当车辆穿过车道上的龙门架时自动对

其进行识别，如图 8.11 所示。其中 DSRC 指专用短程通信，OBU（On Board Unit）为车载通信单元。目前，很多国际组织希望将此类协议标准化，如使用美国智能交通协会等组织推荐的 DSRC 协议。其他曾经应用于该领域的技术包括条形码、牌照识别、红外线通信和 RFID 标签等。

目前，ETC 系统在世界各地已经广泛应用，下面举几个典型的例子。

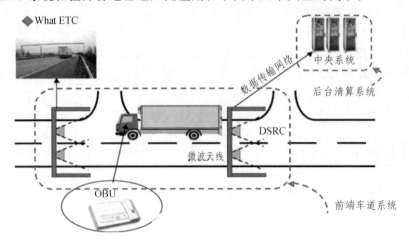

图 8.11　ETC 系统

1）挪威 ETC 系统应用

挪威政府启用 AUTOPASS 项目实现"开放式收费"，该系统设置于挪威境内的几个大城市周边，采用 DSRC 技术对车辆进行识别，并利用视频图像抓拍技术对没有安装电子标签或电子标签非法的车辆事后追讨通行费。以奥斯陆为例，城市的周边设置 15 个收费点，设置了电户收费车道（AUTOPASS）、投币车道和人工收费车道。电子收费车道上安装有 DSRC 读写设备和摄像机，省略了传统的交通灯、收费显示牌和栏杆等装置，车辆通过速度可达 60 km/h。用户可以方便地获得 AUTOPASS 的电子标签以及付费。由于设置了专门的收费站点并且具有专用车道，因此 AUTOPASS 项目可称为"单车道自由流收费"或者"准自由流收费"。

2）奥地利 ETC 系统应用

奥地利的卡车收费项目是"多车道自由流电子收费"项目，该项目覆盖奥地利境内 2 000 多千米的各类公路，面向载重量超过 3.5 t 的客货车。该项目的系统结构包括车载电子标签、系统设备和运营服务，以数据中心为核心，外围设备包含收费、执法、发行充值等系统和移动设备等。其车载电子标签可存储车辆相关信息，如车牌号码和预付费金额等。标签以非常低的价格提供给用户。

奥地利卡车收费项目中的多车道自由流车道系统由 DSRC 读写设备构成，能够和车载电子标签进行通信，还包括特殊路段及移动收费系统。执法系统包括多车道激光分类装置、全景摄像装置和辅助光源。多车道激光分类装置的作用是对车型进行自动判定，对于"声明车型"和"检测车型"不符的车辆抓拍全景图像上传至数据中心进行处理。发行充值系统支持自动售货机和人工销售点两种方式。该系统中还包括了各种车载设备能够提供移动式的收费、执法、支付服务。

3）德国 ETC 系统应用

德国高速公路启用卫星卡车收费系统，为几十万辆卡车装配了车上记录器（OBU），这种记录器能够记录卡车行驶情况与自动缴费，需要依赖卫星才能运作。该系统部署了 300 个高架控制桥的红外线监视器，用于阅读车牌号码，同时有大量带有监视器和装置计算机的监控车来回巡逻。使用该系统后，道路上没有发生过严重的堵塞问题。

4）新加坡 ETC 系统应用

新加坡国土面积狭小，人口密度相对较大，同时外来人口的大幅增加也显著增加了当地交通系统的压力。因此新加坡政府对于交通业的发展非常重视，目前，新加坡的智能交通系统在世界上已经处于先进水平，他们的城市道路电子动态收费系统（Electronic Road Pricing）于 1998 年就已经正式投入使用。

ERP 系统是专门的小范围无线信息系统，包括三个主要组成部分：车载单元（IU）、ERP 显示牌和控制中心。其中车载单元和车牌号相对应，能够直接通过现金卡来支付通行费用。经过收费路段的时候，路段基础设置中的装置能够和车载单元通信并扣除相应的费用。在城市中心地区和车流量较大的高速公路上实行收费政策，缓解了这些地区道路的拥堵现象。通过车载单元对高速公路上的车辆进行跟踪可了解目前道路上车辆的平均时速。管理部门据此可以判断出目前道路的拥堵状况，然后动态调整收费的费率。拥挤时段调高费率，空闲时间适当降低费率，这样既可以缓解交通堵塞，又能充分利用道路资源。该系统运行以来，高峰时段的交通量减少了 16%，而非收费空闲时段交通流量增加 10.6%。同时，从车流速度来观察，ERP 系统对城市内干道的交通状况起到了显著的优化作用。

5）法国 ETC 系统应用

法国政府很早就开始考虑不停车收费"一卡通"项目。ETC 系统的引入无疑为管理部门和驾驶员带来了很多便利，但是由于道路基础设施往往由不同的公司运营，各家公司之间的电子标签和收费系统往往并不通用。因此各大公司开始协商在所有的高速公路路网上提供统一服务，即"一卡通"收费的可能性。"一卡通"系统技术包括国际标准的制定、服务车型的选择、发票的出具、交易的组织、现有收费站点的利用和改建以及成本的控制。用户向专门的管理公司注册并领取电子标签后，即可以在加入"一卡通"协议的公司运营的道路上行驶，车辆行驶过程中的数据由不同公司汇总到管理方进行收费处理，管理方准备收据给用户，并将通行费拆分给多家运营公司。电子标签内的数据包括固定数据和交易时可修改数据两种。固定数据包括车辆标识、产品标识和标签自身的标识。收费时可修改数据主要包括表明电子标签工作状态的观测数据，车辆最后一次进/出的收费站点的信息记录，以及最近 16 次进/出收费站点的历史记录。该系统的安全管理需要考虑应对逃避缴费和偷窃标签等行为。

一次典型的电子缴费过程如下：车道基础设施中的设备先不断轮询，来寻找电子标签；在收到应答之后，车道设备将验证电子标签发行者的有效性以及该标签是否可用于不停车收费。紧接着车道设备将试图读取电子标签内的数据，并进行处理；处理之后，向标签内写入处理结果，本次交易结束。

2. 实时交通信息服务

实时的交通信息服务是智能交通系统最重要的应用之一,能够为驾驶员提供实时的信息,例如,交通线路、交通事故、安全提示、天气情况以及前方道路修整工程等。高效的信息服务系统能够告诉驾驶员他们目前所处的准确位置,通知他们当前路段和附近地区的交通和道路状况,帮助驾驶员选择最优的路线。这些信息将在车辆内部和其他地方都能够访问到。除以上信息外,智能交通系统还可以为乘客提供进一步的信息服务,例如,车内的 Internet 访问服务以及音乐电影的下载和在线观看。

提供实时的交通信息服务包括三个主要的组成部分:信息的收集、处理和散布。每一个部分都需要不同的平台和技术设备支持。

目前在很多城市,如新加坡、斯德哥尔摩等,智能交通系统的部署为人们提供了更为方便的停车服务。这些城市中的交通信息服务能够告诉驾驶员附近的停车位,甚至帮助驾驶员预订停车位。调查表明,在大城市当中,超过 30% 的行驶车辆是在寻找停车位的途中。

在美国,2009 年已经有 28% 的车辆携带有各类先进的信息设备,分析家预计到 2012 年这一比例可达到 40%。到 2012 年,此类技术和设备在美国的市场将达到 24 亿美元,而在世界范围内将达到 93 亿美元。

3. 智能交通管理

智能交通管理主要包括交通控制设备,例如交通信号、匝道流量控制和公路上的动态交通信息牌(为司机提供实时的交通流量和公路状态信息)。同时一个城市或一个省份交通管理中心需要得到整个地区的交通流量状况,以便及时检测事故、危险天气事件或其他对车道具有潜在威胁的因素。为实现这一目标,管理中心需要利用信息技术综合传感器、路边设备、车辆探测器、摄像机、信息标志牌和其他设备所收集到的信息,进行整合分析。

自适应的交通信号控制技术能够对交通信号进行动态控制,智能调整信号开关的时间。目前许多国家的交通信号灯依然使用静态的时间控制方案。这些方案是根据多年前的情况制定的,已经不适合当前情况。事实上,在美国的主要道路上约有 5% ~ 10% 的交通堵塞(大概 2.95 亿车辆/小时)要归咎于落后的信号时间控制。如果交通信号装置能够检测到等待车辆的信息或者车辆能够与信号装置通信将此信息发送给信号装置,就能够优化交通信号的时间控制方案,并提高道路的交通流量,缓解交通拥堵状况。在车辆和交通信号装置上都配备 DSRC 无线通信设备可以帮助实现这个目的。

智能匝道流量控制也能够为交通管理带来巨大收益。引路调节灯是高速公路入口匝道的信号装置,负责引导车辆分流进入高速公路,降低了高速公路上车流断开的情况,并能提高车流合并的安全性。美国大概有 20 个大城市已经使用各种形式的匝道流量控制技术。

8.3 智能物流

8.3.1 物流概述

物流,英文为"Logistics",起源于希腊文"Logistikos",是运筹、计算的意思。物流的起源可以回溯到早期的人类社会。伴随着社会经济的发展，物品的交换和运输行为也日益增多。特别是专业化生产和商业的出现，造成生产和消费的分离，为了将生产和消费在空间上连接起来，产品的运输、存储，或者说产品的流通成为社会中不可或缺的一环。这种商品的运输、储存以及与此相联系的包装、装卸等物资实物流动即形成物流。美国物流管理协会（Council of Logistics Management）对物流的定义是"物流是以满足顾客需要为目的，从物品的源点到最终消费点，为有效的物品流通和存储，服务及相关信息而进行企划、执行与控制的过程。"

物联网本身的发展跟物流行业有着密不可分的联系。首先，联网的概念脱胎于物流行业。在20世纪，运输行业对有效的货物运输、装卸、搬运、储藏的需要催生物流业，因此有物流即运输的说法。但随着二战后世界经济的发展，物流学的研究也逐渐地由零散到系统，由无序到有序。简单来讲，现代物流的发展经历了四个阶段：粗放型物流→系统化物流→电子化物流→物联化（智能）物流。其中，粗放型物流是现代物流的雏形阶段，系统化物流是现代物流的发展阶段，电子化物流是现代物流的成熟阶段。而现代物流的未来和希望是物联化物流，即智能物流。在物联网技术的支持下，现代物流正面临着翻天覆地的变化。下面简单地回顾一下现代物流的产生和发展，并介绍现代的电子化物流的特点。

8.3.2　粗放型物流

粗放型物流的黄金时期是20世纪50～70年代。二战后，世界经济迅速复苏，以美国为代表的发达资本主义国家进入了经济发展的黄金时期。以制造业为核心的经济发展模式给西方发达资本主义国家带来大量的财富，刺激消费大规模增长。大量生产、大量消费成为这个时代的标志。随着大量产品进入市场，大型百货商店和超级市场如雨后春笋一般出现，如家乐福（成立于1959年）和沃尔玛（成立于1962）。在大规模生产和消费的初始阶段，由于经济的快速增长，市场需求旺盛，企业的重心放在生产上，对流通领域中的关注度高，普遍认为产量最大化会导致利润最大化，因此造成大量库存。在60年代美国销售企业，备货日期达到30天。同时，企业中的物流活动分散，各部门缺乏必要的配合。比如，销售部门只负责销售的数量和库存，运输部分只负责管理商品的运送。这种分散式管理造成物流成本高，效率低下。这一时期，专业型的物流企业很少，大部分企业都是自成体系，没有行业协作和大物流的意识。

这种盲目扩张、大干快上的生产方式很快就失效。20世纪70年代的两次石油危机严重地打击了世界经济。由于石油价格从1973年的2美元一桶飙升到40美元，运输成本直线上扬。物价上涨造成的消费力萎缩，迫使企业放弃原来的大规模生产消费型经营模式，转而从降低企业成本上做文章。

从20世纪70年代末到80年代初，世界经济出现国际化趋势，企业对物流的理解从简单分散的运输、保管、库存管理等具体功能，上升到原料采购到产品销售整个过程的统一管理。物流行业也逐渐从分散、粗放式的管理进入了系统管理的时代。

8.3.3　系统化物流

系统化物流得益于企业对物流行业重要性的认识，以及新技术和新模式的出现。这一时期，企业已经把物流作为一门综合性的科学来看待，系统工程学、市场运筹学、市政工程学、会计学等学科的专家开始关注物流并试图用自己领域的知识来研究物流的规律。同时，企业的经营决策和发展战略也开始注重物流的成本和效益。不同于粗放型物流单纯提高产量的模式，这一时期的物流行业关注削减库存以降低运营成本，并引入了物流总成本的概念。新型物流技术的应用也迎合这股潮流，如实时生产系统（Just In Time，JIT）和集装箱运输等。另外，新兴物流业务的出现也丰富了物流行业的服务模式。比如，航空快递服务在 20 世纪 70年代早期出现，Fedex 的创始人 Fred Smith 在 1973 年开始使用 8 架小型飞机经营航空快递业务。这些新兴的思想、技术、服务成为物流行业变革的契机和动力。值得一提的是，尽管这个时候信息技术革命尚在襁褓之中，但物流行业里已经开始闪耀信息技术的火花，计算机辅助管理、模拟仿真系统、线性规划技术等开始大量运用到物流系统中。

8.3.4　现代物流

计算机技术的出现及大规模应用，将物流行业带入了现代物流时期。信息技术开始为物流行业助力，并成为持续推动物流行业飞速发展的最关键动力。现代物流的第一个阶段称为电子物流。在这个阶段里，最为典型的两项信息化技术是条形码和电子数据交换（EDI）。下面以这两项技术为例，简述电子化物流的现状和特点。

1. 使用条形码的电子化物流

使用条形码的电子化物流的一个典型例子是联合包裹服务公司（UPS），其使用的条形码如图 8.12 所示。UPS 在美国肯塔基州路易斯威尔建有大型的航空物流中转中心"世界港"。UPS 在"世界港"里使用电子标签这种物联设备提高系统的处理速度，带来的效益是明显的。"世界港"的营运面积达到 40 万平方米，相当于 80 个美式橄榄球场地大小，拥有 44 个航站近机位，其中有 17 000 多条传送带，货物的平均移动速度是 5 m/s。而该中心业务量也很惊人，平均每天超过一百万件，业务高峰时一天可以达到 250 万件。大量高速移动的货物，在长达数公里的纵横交错的传送带上做到互相贯通而不产生丝毫错误，全靠以条形码标签配合计算机系统进行高精度的控制。据统计，一份快件在 10 min 内即可被输送到目标包裹箱，然后被迅速传送到停在外面的货机上。需要指出的是，UPS 不单纯使用一维条形码，还使用称为 Maxicode 的二维条形码。这种二维码可存储 93 字节的数据，包含每件货品的标准运送资料和详细递送路线信息。二维码和一维码互为补充，极大地降低了差错率。

图 8.12　UPS 使用的条形码

2. EDI

从 20 世纪中期电子技术出现后，人们一直在追求使用这种技术实现更快捷、更方便的通信。电报、电话、传真相继被广泛地运用到商业中，它们最初只是为了辅助纸质为主的贸易手段，大量的商业活动还是需要通过纸质文件来完成。计算机和网络的出现，真正让商业进入了电子化时代。EDI 作为最初的电子化商业时代的代表性技术，开创了电子商务的先河。

EDI 于 20 世纪 60 年代末期出现在美国。在当时，不同公司之间进行贸易的时候，需要交互大量的信息，比如报价、产品信息、用户需求、合同等。而格式的不统一，给贸易带来了大量工作负担。例如，从 A 公司的计算机系统中产生的文件发送到 B 公司，不得不重新输入一次，才能在 B 公司的计算机系统中处理。这种重复输入浪费了大量资源，影响了效率。人们于是开始寻求统一商业企业的计算机数据格式，可以从不同的企业专有数据库中提取信息，翻译成标准格式传输并自动交换，这就是 EDI 的初衷。由于 EDI 可以提供一套统一的标准进行数据交互和处理，减少了纸张票据，因此，人们也形象地称 EDI 为"无纸贸易"模式。相应的 EDI 标准也开始陆续制定。美国国家标准局制定了国家标准，用于美国国内 EDI 系统。1987 年联合国主持制定了国际标准——UN/EDI FACT（UN/EDI For Administration Commerce and Transportation UN/EDI FACT）。1997 年，X12 被吸收到 UN/EDI FACT。虽然 EDI 的标准制定了，格式统一了，但最关键的是需要一个有效、可靠、覆盖范围大的网络来支持具体的系统运行。这个网络就是互联网。由于互联网的出现，EDI 的优势得以充分发挥。EDI 的应用范围可以覆盖物流的各主要环节，如在线订货、库存管理、发送货管理、报关、支付等，如图 8.13 所示。

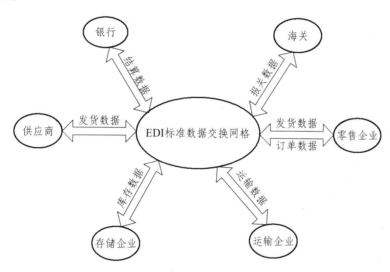

图 8.13　EDI 模型

下面通过一个典型的物流实例来描述 EDI 化的物流处理模式。为方便理解，在这个例子中，加入了条形码技术的应用介绍。

（1）供应者（如生产厂家）在接到订单后制定货物运送计划，并把货物清单及发货安排等信息转化为 EDI 数据，发送给物流企业和接收者（如零售商）。这样做的好处是物流企业可以预先编制车辆调配计划，接收者可以提前安排或调整自己的销售计划。

（2）供应者依据具体的合同要求和货物生产计划生产出产品后，经过分拣配货，根据每批产品的具体信息形成条形码，把打印出的条形码贴在产品（或包装）上，同时把每批运送产品的品种、数量、包装等信息通过 EDI 发送给物流企业和接收者。在具体的处理流程中，可以在关键的处理环节使用手持式条形码扫描设备，或者在物品输送带上安装固定式条形码扫描器对条形码标签进行识别。物品条形码上的信息经条形码读取设备读取后，可迅速正确地进行录入、登记或核对。

（3）物流企业从供应者处接收货物，利用条形码扫描仪读取产品的条形码，并与先前收到的产品数据进行核对，确认运送的货物信息正确。在之后的物流企业运输过程，以及在物流企业的物流配送中心对产品的整理、集装、存储、分发等过程中，物流企业可以通过 EDI 系统产生数据，一则方便自身的快速处理，二则可以转发给供应者和接收者以方便对产品进行跟踪管理。在将产品运送至接收者之时，还要通过 EDI 将产品的批次、数量等具体信息发送给接收者，用于产品接收和运费结算。

（4）接收者收到产品后，利用条形码扫描仪读取产品条形码，并与先前从供应者和物流企业收到的具体产品信息进行核对。然后利用 EDI 系统向供应者和物流企业发送收货确认信息，同时可以利用 EDI 系统进行结算。

电子化物流的优点是显而易见的。有了标准化 EDI 的信息格式和处理方法，配合以条形码等技术，物流企业可以提高效率、减少差错率、降低成本。同时，条形码技术还可以应用自动控制的部分环节，比如仓储和运输系统可以使用条形码更精确地控制储位的指派与货品的拣取。EDI 和条形码的配合，也初步让企业做到了对物流流程进行实时的数据收集、显示和控制。

3. 现代物流面临的问题

现代物流行业虽然已经初步实现了电子化，但也存在着无法克服的困难。尤其是最近二十年来，新的物流服务，比如第三（四）方物流、精益物流等模式的不断出现，客观上要求现有的信息技术可以提供更加智能、更加精准、互联互通更加充分的支持和服务。而现有的电子物流平台，无论是已经普及的条形码技术，还是已经大量运用的 EDI 技术，都无法满足这种需要。具体的冲突和矛盾表现在以下几个方面。

（1）互联互通不充分。

物流系统的互联互通是多层面的。首先，电子化物流系统中缺乏必要的标准支持。使用 EDI 的好处是显而易见的，但随之而来的标准之争却从没有停息过。比如条形码的标准化就是困扰物流配送的最大难题。条形码标准化的问题有三：一是标准多，互相之间很难兼容，本来应该统一的标准不统一；二是标准的发展严重滞后于经济的发展速度，有很多编码标准分类不明确，不但不能起到提高效率的作用，反而影响了物品的流通速度，增加了系统的处理负担；三是规范的标准没有普及，很多应用中对条形码的使用自行其是，造成人为的"标准壁垒"。标准的不统一造成的后果相当严重，让 EDI 本来的美好设想难以迅速实现。

另外，异构性也是造成电子化物流效率难以提高的一个主要原因，包括设备的异构和网络的异构。物流系统中各种设备庞杂，电子化或信息化程度不一，现有的计算机系统不能将这些设备集成在一个高效的物流系统中，造成处理瓶颈多，很多处理环节互相掣肘，无法发挥系统的最大效率。同时，很多信息虽然采集到计算机系统中，却没有被充分地利用，原因就是信息在电子化物流系统中没有充分的交流和共享，造成很大的资源浪费。

（2）感知不及时、不彻底。

现代物流行业要求能够不间断地监控和管理物流的各个环节和过程，同时能实时掌握物品的状态和信息，并对各种事件做出及时和准确的反映。而电子化物流的技术手段无法满足这种需求。举例来说，使用条形码只能保证在诸如入口等某些环节和位置对物品进行识别，而一旦物体离开了这些环节，比如入库后，就无法自动实现对物体的定位和跟踪。图8.14展示了典型的360物流人工拣货方式。当需要从已入库的邮包中挑出特定的物品或包裹时，必须人工扫描附近的所有条形码，既费时费力，也不能保证成功率。

此外，目前的电子化物流对信息的采集手段单一。条形码仅能反映物品在系统中预设的对应信息，不能报告物品的实时状态。一个物品发生了损坏，如果条形码没有受到破坏，很可能直到最后顾客那里才能发现。另外，像食品行业中的物流过程需要对温度、湿度、压强、光照等多样性的信息进行采集，并能够实时做出相应的调控。这些需求是电子化物流已有的手段和技术无法实现的。

图 8.14　360 物流人工拣货方式

（3）缺少智慧型计算支持与服务。

电子化物流虽然采用了很多大型的商业软件，用于提高物流系统处理的智能化处理水平，但智能化应用的程度很低，大多数物流软件的智能化功能局限在成本控制、资源调配和决策支持上，尚不能综合利用各种智能化设备满足用户各种定制化、个性化的需求。同时，电子化物流的协同性不足，大多数企业的系统各自为政，不能发挥合作的优势。人们需要更大的智慧，能够整合整个物流行业的资源，更加精细和动态地管理物流生产活动，提高资源利用率和生产力水平。

8.3.5　物联化物流

随着物联网的出现，物流行业也迎来了新的发展契机。物联网的概念，首先就是在物流行业提出的。为了克服电子化物流的缺点，现代物流系统希望利用信息生成设备，如无线射频识别设备、传感器或全球定位系统等种种装置与互联网结合起来而形成的一个巨大网络，并能够在这个物联化的物流网络中实现智能化的物流管理。

1. 物联化物流的特点

物联化物流的发展呈现精准化、智能化、协同化的特点。精准化来源于建筑行业的精益建造理念。精益建造是一种通过精准的策划、设计和供应，利用全过程的产品控制和信息反馈，最小化资源浪费，最大化利润价值的建造管理方法。精准化物流的要求是成本最小化和零浪费。具体来讲，在未来的智能物流系统中，由于物联化智能信息处理系统和智能设备的普遍运用，物流企业的管理者希望实现采购、入库、出库、调拨、装配、运输等环节的精确管理，将库存、运输、制造等成本降至最低，同时把各环节可能产生的浪费减至零。

除了实现减少成本和降低浪费的基本目标之外，未来物流系统需要智能化地采集实时信息，并利用物联网进行系统处理，为最终用户提供优质的信息和咨询服务，为物流企业提供最佳策略支持。需要说明的是，物联网为智能物流的智能处理提供了多层面的支持，除了利用已有的 ERP 等商业软件进行集成式的规划、管理和决策支持之外，未来的智能物流更应该注重利用物联设备和网络本身提供更多的智能化服务。可以设想，未来的物联设备不应该只提供标识和信息采集的功能，同时也能承担更为广泛的处理功能。有了物联化物流，物流企业可以优化资源配置、业务流程，并为最终用户提供增值性物流服务，拓宽业务范围，最终实现利润最大化。

协同化，或者说一体化，是未来物流的另一表现形式。毫无疑问，物联网将是物流企业实现协同发展的最佳平台。有了这个平台的协助，物流企业能够实现上下游企业之间的无缝连接，真正实现梦想了多年的资金流、物流、信息流的三流合一，那么电子商务、共同配送、全球化生产等这些让人憧憬的先进商业运营模式，也有望一一实现。

当然，物联化物流带来的好处远不止这些。其他的一些特点，比如细粒度、实时性、可靠性都已经体现在了物联化物流的各种服务中。

2. 物联化物流的应用

因前文已经对物联化物流所涉及的具体技术，如 RFID 和传感器网络等进行了介绍，故本节将着重从具体的应用角度介绍物联化物流的发展趋势。

1）EPC

在物联化物流中，物体标识或者用户身份是最为重要的信息。通俗地讲，一件商品在物流中，首先要解决"我是谁"的问题。互联网的学者们也早有这种意识，比如新的 IPv6 协议理论上可以给地球上每一颗尘埃一个 IP 地址。既然下一代物联网的信息平台核心网络将是互联网，那么，物联网中的每一个物体的身份，是否也可以像 IP 地址那样，建立统一的数据格式、完整的解析架构、全面的覆盖地域呢？这个看上去"造福全人类"而实际上牵扯巨大商业利益的工作让很多学者和组织趋之若鹜、孜孜以求。其中最著名的组织是 EPC Global。它定义并大力推广的电子产品码 EPC 是物联网中有代表性的自动标识系统。另一个是 ISO 及其标准系列 ISO 18000。由于在前文中对 EPC 和 ISO 关于 RFID 的标准已有详述，本节将以 EPC 物流物联网架构为例，探讨物联化物流中的识别和信息服务的模式发展。

EPC 的前身是 Auto-ID 中心，由三所著名大学（美国的麻省理工学院、英国的剑桥大学、澳大利亚的阿得雷德大学）创建于 1999 年。世界知名的企业，如可口可乐、吉列、宝洁、UPS、沃尔玛等也陆续参与了该中心的研究。2003 年 10 月 31 日，Auto-ID 分拆为 EPC Global 和 Auto-ID 实验室。EPC Global 由欧洲物品编码协会（EAN）和美国统一编码协会（UCC）合资组建，开始负责具体的 EPC 物联网标准的制定及其推广；Auto-ID 实验室主要负责技术研究工作。

EPC 的想法很宏伟，他们打算构建物流系统中的"互联网地址系统"。简单说来，如果物流系统中所有的物体或电子设备都互联互通了，每个物体或电子设备都是一个节点，每一个节点有一个独立的标识。同时，它们之间的信息交互采用统一的格式，不管在世界的哪个角落，任何公司都可以读取任何物体的标识，并可以解读或获取这个载体包含的信息。承载物体标识和信息的载体则是 RFID 标签、传感器等低成本或嵌入式的设备。这样，每一件产品可以在全球的范围内被识别、定位、追踪。这种方式将把整个物流领域连成一个大网，称之为"EPC 物联网"。EPC 的系统架构如图 8.15 所示。EPC 的梦想是所有的物流企业都加入这个网络，并使用统一的格式交互信息。有了这个 EPC 网络，全球的物流企业就有了一种有效的手段将物品流和信息流结合起来，并能实现全球化电子物流的"大同世界"。

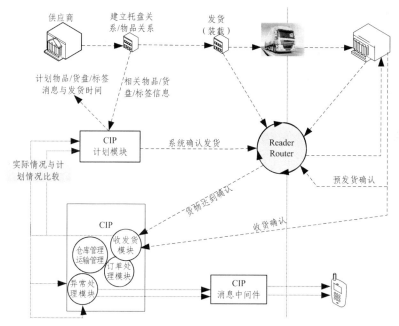

图 8.15　利用 RFID 实现的 EPC 系统框架

2）可视化 RFID 系统 RF-ITV

物流在军事上的作用通过后勤体系反映出来。作为全世界最庞大的军事力量，美军一直不遗余力地进行后勤建设。当海湾战争爆发时，美军发现，虽然美军的后勤保障水平已经独步全球，但要支撑现代化战争还是捉襟见肘。美军后勤部门在海湾战争中运输了堆积如山的装备，但物资的管理一直是一个大问题，同时出现了在缺乏有效、准确管理的情况下，成千上万的物资货柜由于货运单的遗失或损坏，不得不打开 75% 的集装箱以了解其中存放的物品，许多补给物资甚至要重新订货。另外，很多物资堆放地没有提供良好的管理系统和服务，不能发挥效用而被遗弃。美军迫切需要一种可以追踪运输物资的有效后勤管理技术，称为在运物资可视化（In-Transit Asset Visibility）。这种可视化技术实现对后勤系统的有效管理十分重要。它可以较准确地定位物资的位置，减少货物堆积，保证货柜或集装箱能按件及时地送到用户手中，避免重复供应和浪费，提高后勤供应的效率和精度。另外，物资可视化可以帮助指挥员进行战役决策，准确把握战争的态势。不光在战时，和平状态下的物资可视化系统也有利于军队的合理供应，为后勤物资的采购和配给提供合理的方案。

美国国防部经过仔细筛选，最终确定了以 RFID 技术为主的物资可视化体系建设的思路，并从海湾战争开始大力建造以 RFID 技术为主的"联合全资产可视化系统（Joint Total Asset Visibility，JTAV）"。目前这个系统已经在全球部署，美军正利用这个系统进行现代化的军事后勤管理。

根据美国国防部以及在创建 JTAV 网络中发挥关键作用的供应商 Savi 的报告，从地域覆盖方面，JTAV 是世界上最大的 RFID 网络。它可以在 40 个国家的 400 个地点读取 RFID 信息，包括港口、军事基地及世界各地的铁路码头。JTAV 可以跟踪 27 万个货物集装箱，甚至可以通过卫星实时定位集装箱所在的船只。RFID 标签每小时都报告它们的信息，同时，JTAV 也对它们进行追踪。

1996 年，美国审计总署为美国国会提供的一份调查表明，如果美国国防部在沙漠风暴行动中使用基于 RFID 的 JTAV 系统，将会节省 20 亿美元的费用。在 1990—1991 年的海湾战争中，美军后勤系统为了保障前线的需要，运送天文数字的物资，但其中也有大量资源浪费到了很多没有发挥效用的装备上，而目前对 RFID 的投资额只有 2 亿美元。

JTAV 的一个主要特点是全球化的读写识别设备部署架构（Global Interrogator Infrastructure）。这个概念的新颖之处在于，以美国为首的北约成员之间不用担心国别和地域的不同，可以使用任何组织内部成员的 RFID 读写设备对标签进行有效的识别，并能把标签中存储的数据传递给标签所有者。这将极大节省时间和资源，JTAV 主要使用 Savi 公司提供主动式 RFIF 标签。

在 JTAV 中，标签读写器通常部署在固定位置，如检查点上的门口。当接收到标签发射的信号后，读写器将标签号和位置信息传给一颗美国国防部的卫星，再由卫星把信息传给位于马萨诸塞州坎布里奇的 Volpe 运输中心，送入数据库中。美军用户都可以通过集装箱号或申请号查询供给物资和装备的运输情况。

与 JTAC 相似的是国际运输信息跟踪系统（International Transportation Information Tracking，Intransit）。这个系统也是利用 RFID 设备对物资进行可视化管理。除了支持与 JTAV 相似的固定式部署模式外，Intransit 还支持另外一种更为灵活的部署模式。用户可以建立一个传感器网来传送运输工具上 RFID 读写器读出的标签数据，并自动传回数据库。这种传感器网络可快速部署在野外，不受已有的信息系统网络结构的限制，对野战后勤补给特别有利。同时这些传感器还可以提供货物运输中的位置和时间等信息，方便用户进行跟踪和监控。

RFID 的成功可以从陆军装备司令部 Paul J. Kern 将军的声明中体现出来："没有其他系统能够提供如此必要的可见的细节层次。RFID 是联合作战部队陆战司令部（The Coalition Forces Land Component Command，CFLCC）以识别关键的货物，对货物进行定位，并预测其到来的唯一工具。事实证明，该技术在 CFLCC 的日常运转中有广泛的需求。"

3）食品物流

食品的供应关系到老百姓的健康，与千家万户都息息相关。不同于一般的物流应用，食品物流，特别是鲜活食品物流有其特殊性。一般来说，生鲜易腐农产品，比如蔬菜、水果、肉类、水产品等，需要在生产、储藏、运输、销售等流通中低温保存，最大限度地保持食品原有的新鲜程度、色泽、风味及营养。这种在特定低温条件下的物流模式，称为冷链物流（Cold Chain）。另外一种特殊的食品物流，是活体物流。这种物流主要面向家禽、家畜以及水产品等。食品物流要求建立一套严格的安全回溯机制，即一旦发现问题，可以通过可溯源性信息的支持，对问题食品追查到底，保障食品安全，建立所谓"从田间到餐桌"的一整套体系。

食品物流本身就是技术密集型行业，建立智能食品物流是一项系统工程。以冷链物流为例，包含和涉及的技术主要有冷藏技术、保鲜技术、包装技术、节能技术等。为了满足人们对食品安全的需求，同时又要提高效率、降低成本，建立智能食品物流系统势在必行。从物联网的视角出发，主要讨论与物联化物流相关的信息技术。物联设备在食品物流中扮演着重要的角色。首先，物联设备的使用满足了食品物流中的识别和跟踪的初步需要。传感器可以收集食品物流中需要监测的各种参数，对物流设备或运输工具进行监控；条形码和 RFID 标签可以为各种货物进行跟踪，并为食品溯源提供记录和证据。2010 年，全聚德烤鸭店也已经搭上了信息化的快车，每只烤鸭都被赋予一个唯一的编号，并贴有可以追踪溯源的条形码。食品安全系统会对每只鸭子的产地、养殖过程、所吃饲料、生长环境、是否打过防疫针、是在哪个店售出的等原始信息进行详细记录。这些记录与条形码绑定，提供公开查询。比如顾客用餐之后，店家会赠送一个包含条形码的精美明信片，告知顾客"您享用的是全聚德的第 148179657 只烤鸭，编号为（01）96944606600638（251）1000182454。顾客可以通过电话、短信、网站等方式将这只鸭子的整个历史追溯出来。顾客可以知道自己吃的鸭子来自哪个养殖场，由哪家供应商收购，最后由哪位厨师烹制。一旦在某个环节出现质量问题，就可根据原始记录准确查询到相关责任人。这样一来，食品安全追溯变得准确而方便。同样的例子还有输港食品。目前，每只输入香港的活猪都会被植入一个包含 RFID 标签的电子耳标。养猪场将活猪的饲养、免疫、转栏等养殖信息录入计算机系统，通过电子耳标可以查阅活猪的饲养历史。这个系统的最重要作用就是快速报关。在出口报关及检验检疫过程中，工作人员通过识读电子耳标调出每只活猪的生长档案并辅助检疫，极大提高了边境口岸及检疫部门的工作效率。这个系统的另一个特点是跨地域，不但在中国大陆活猪的生长及运输过程可以全程监控，在香港口岸、屠房等环节也可以利用电子耳标实现自动查验，明显提高了查验效率及准确性。

然而，现有的技术还不能充分支持智能化的食品物流。食品工业中的各种鲜活食品有不同的环境要求，对某些特殊环境参数的感知和检测十分重要，比如农药残留、食品添加剂、污染物、微生物、细菌含量等参数。而目前的物联设备的感知技术还不丰富，一般来说，只有光亮、湿度、温度等常规的环境参数可以提供，对复杂的食品物流环境还缺乏有效的监测手段。另外，物联设备的智能化程度还不高，传感器等智能设备大多作为数据收集器使用，而与其他物流设备，如保鲜器具、运输车辆、仓储设备等的结合和协同还有待加强。

3. 展　望

物联化物流已经为物流企业绘制美好的蓝图，然而，梦想与现实之间还有一段不短的路程，关于未来物流发展的物联化设想很多，但真正实现起来困难也不少。目前的物联技术智能化程度还不高，物联设备的利用率也有待提高，物联网的基础网络建设还没能够覆盖物流的各个环节，这些既是智能物流发展的挑战，也是机遇。物联网已成为物流行业下一次革命性的发展的主要推动力。借用 UPS 的理念来结束本章——"让物品在物联网里智慧地旅行吧!"

8.4 环境监测

8.4.1 环境监测概述

环境监测，是指通过检测对人类和环境有影响的各种物质的含量、排放量以及各种环境状态参数，跟踪环境质量的变化，确定环境质量水平，为环境管理、污染治理、防灾减灾等工作提供基础信息、方法指引和质量保证。进行环境监测，是开展一切环境管理和研究工作的前提。只有在对监测信息进行解析、综合的基础上，才能全面、客观、准确地揭示监测数据的内涵，对环境质量及其变化做出正确的评价。

环境监测的对象包括：反映环境质量变化的各种自然因素，对人类活动与环境有影响的各种人为因素，对环境造成污染危害的各种成分。随着工业和科学的发展，环境监测的内涵也在不断扩展，由工业污染源的监测逐步发展到对大环境的监测，即监测对象不仅是影响环境质量的污染因子，还延伸到对生物、生态变化。

环境监测通常包括多个阶段。从系统工程角度，传统环境监测通常按如下流程实施：现场调查→监测计划设计→优化布点→样品采集→运送保存→分析测试→数据处理→综合评价等。从信息技术角度，环境监测是以环境信息为中心建立监测计划，依次经过获取、传递、分析等阶段，最终对环境质量综合评价的过程。

8.4.2 环境监测中的物联网

1. 应用动机

近年来，随着全球气候变化和环境污染的不断加剧，环境监测引起了世界各国的广泛关注。环境监测应用的需求和性质也相应发生了变化。

首先，从监测的任务和作用来讲，着眼于应对全球气候变化这一长期目标，环境监测除了为环境管理、污染治理、防灾减灾等提供信息支持外，其任务和作用还扩展到支持科学研究、环境信息量化考评、城市规划、安全保障，便民服务等诸多领域。为实现对环境更透彻的感知，监测目标的范畴也由单纯的环境信息和污染指标扩展到环境、气候、动物以及人的活动，客观上要求监测设备、感知功能、信息存储和传递方式多样化。

其次，从监测维度来看，传统环境监测通常是对局部污染事件做出响应、测量，和对自然灾害作监控、预报，而当前和未来的环境监测要求长期持续对自然环境的大范围监测。换言之，监测的空间和时间跨度都需要达到前所未有的水平，依靠单个独立的监测系统（如传感网）已经无法满足这一监测需求。适应不断发展的环境监测需求的系统必须整合地理上分散、结构上异质、为数众多的监测系统和设备，客观上要求建立更加全面的互联互通机制，保证信息搜集的效率。

海量、异构、多维、动态环境数据为信息处理提出了新的挑战，面向传统单个系统有限、同构、静态数据的处理方法已经无法适应新型应用的需要。在分布式的网络环境下，要有效存储和管理环境数据、支持高效信息查询，以及做出优化规划和决策，就要求有更深入的智能化信息管理和处理机制。

传统的环境监测机制和技术已经不能适应上述各方面的需求，因此，为应对上述挑战，环境监测物联网成为必由之路。

2. 环境监测物联网的模式和特征

物联网环境检测基本模式和特征如图8.16所示，其从环境感知、系统互联、信息处理等方面做出了理论和技术革新。在全面互联互通的网络架构上，物联网环境监测仍然以环境信息为中心，四个基本环节——计划、获取、存储传递、分析——不是单向、一维的，而是一个立体、进化的过程，信息的交互可以且需要发生在任何两个环节之间，信息传递的方向是双向的。

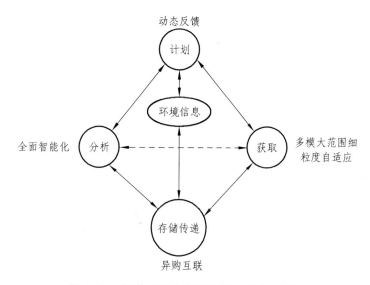

图 8.16　物联网环境监测的基本模式和特征

制定监测计划的动机来源于对气候、环境和人类活动等诸多因素的全面综合监控、量化和评测需求，监测结果需要在大尺度长时间反映气候变化、环境动态性、人类活动的特征及其相互影响。在此过程中，环境信息的获取质量、存储传递状态和分析结果都可以反作用于计划的制订，使之不断动态更新、改进，其目标是使监测结果更全面、更真实地反映客观环境因素。

在多种高精感知设备、丰富信息来源和高效监测技术的支撑下，物联网获取环境信息的能力在地域广度、时间跨度、感知粒度三个层面都达到了前所未有的高度。更为重要的是，智能一体化的物联网能够根据气候、环境和人类活动的动态性以及监测需求的调整，在不同的监测广度、跨度和粒度间进行自适应的调节，以最经济有效的投入获取最大化的信息输出。

物联网和传感网环境监测的显著区别之一体现在信息的传递环节中。各种信息存储设备和技术的引入，使得物联网可以把获取到的环境信息以多种方式缓存或保存起来，以支持不同形式的查询和分析。信息传递的过程与存储相结合，更有利于通信和计算资源的合理优化配置。与此同时，物联网整合了不同形态的环境监测系统，这些系统有的使用高速无线网，有的使用低速无线网，有的使用有线宽带互联网，有的使用移动 3G 网络，与之相适应的物联网信息传递建立在异构互联的网络架构上，在不同应用场景采用不同网络通信，在网际实现异构网络的融合。

物联网环境监测的分析环节除了根据监测计划定向地获得分析结果外，查询检索、数据挖掘、运筹决策、事件响应等功能也涵盖在分析框架内，针对海量、异构、多维、动态环境数据的分析具有全面智能化的特征，分析的结果还将反馈作用于计划、获取、存储传递等环节。举例来说，分析结果提供了更明确的环境状态信息，人们可以根据分析结果改进监测计划，改进下一阶段的监测过程；分析结果的质量和完整性还决定了是否需要获取更大范围、更长期、更细粒度的环境信息，是否需要调整信息的分布式存储方案以优化查询检索和事件响应的性能，是否需要从信息终端向分析终端传递更多数据。环境监测物联网网络拓扑如图8.17 所示。

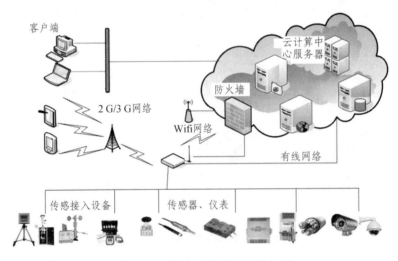

图 8.17　环境监测物联网网络拓扑

8.5　物联网应用发展及挑战

8.5.1　物联网应用

物联网用途广泛，遍及智能交通、环境保护、政府工作、公共安全、平安家居、智能消防、工业监测、农业管理、老人护理、个人健康等多个领域。在国家大力推动工业化与信息化融合的大背景下，物联网将是工业乃至更多行业信息化过程中一个比较现实的突破口。一旦物联网大规模普及，无数的物品需要加装更加小巧智能的传感器，用于动物、植物、机器等物品的传感器与电子标签及配套的接口装置数量将大大超过目前的手机数量。按照目前对物联网的需求，在近年内就需要按亿计的传感器和电子标签。物联网目前已经在行业信息化、家庭保健、城市安防等方面有实际应用。图 8.18 展示了未来物联网的应用场景。

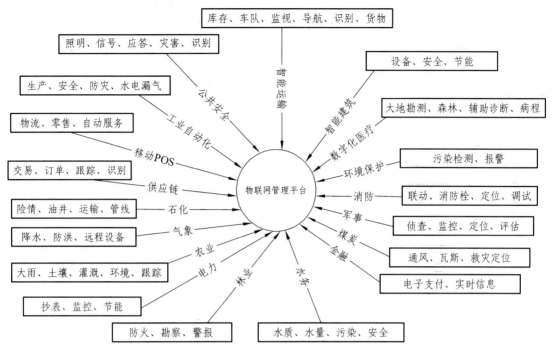

图 8.18　物联网的应用

1. 交通领域

通过使用不同的传感器和 RFID 可以对交通工具进行感知和定位，及时了解车辆的运行状态和路线；方便地实现车辆通行费的支付；显著提高交通管理效率，减少道路拥堵。上海移动的车务通在 2010 年世博会期间全面运用于上海公共交通系统，以先进的技术保障世博园区周边大流量交通的顺畅。上海浦东国际机场防入侵系统部署了 3 万多个传感节点，覆盖了地面、栅栏和低空探测。多种传感手段组成一个协同系统后，可以防止人员的翻越、偷渡、恐怖袭击等攻击性入侵。

2. 医疗领域

通过在病人身上放置不同的传感器，可对人的健康参数进行监控，及时获知病人的生理特征，提前进行疾病的诊断和预防，并且实时传送到相关的医疗保健中心，如果有异常，保健中心通过手机，提醒您去医院检查身体；通过 RFID 标识与病人绑定，可及时了解病人的病历以及各种检查结果。

3. 农业应用

通过使用不同的传感器对农业情况进行探测，可帮助实现精确管理。例如，在牲畜溯源方面，给放养牲畜中的每一只羊都贴上一个二维码，这个二维码会一直保持到超市出售的肉品上，消费者可通过手机阅读二维码，知道牲畜的成长历史，确保食品安全。我国已有 10 亿存栏动物贴上了这种二维码。

4. 零售行业

例如，沃尔玛等大的零售企业要求它们采购的所有商品上都贴上 RFID 标签，以替代传统的条形码，促进了物流的信息化。

5. 电力管理

江西省电网对分布在全省范围内的 2 万台配电变压器安装传感装置，对运行状态进行实时监测，实现用电检查、电能质量监测、负荷管理、线损管理、需求管理等高效一体化管理，一年来降低电损 1.2 亿千瓦时。

6. 数字家庭

数字家庭是以计算机技术和网络技术为基础，包括各类消费电子产品、通信产品、信息家电及智能家居等，通过不同的互联方式进行通信及数据交换，实现家庭网络中各类电子产品之间的"互联互通"。数字家庭提供信息、通信、娱乐和生活等功能。

现有的一些应用系统，普遍属于封闭式的专用系统，在每个应用系统中配置的 RFID 等标识设备，缺乏统一的编码标准和用于解码的读写器，因此从应用范围来看，要么属于局域内的小规模专用应用，要么属于广域内具备一定规模的专业应用。至于电信运营商，其参与度较低，一般作为传输通道提供者提供网络数据传递功能。

8.5.2　物联网应用发展模式

物联网应用发展面临与互联网发展初期相似的问题，即如何解决应用内容的丰富性和商业运营模式的问题。虽然到目前为止互联网尚无一个固定的发展模式，但通过开放的内容和形式、采用传统电视广告模式，以及投资者着眼于长线发展等方式逐步解决了整个互联网发展瓶颈。物联网是通信网络的应用延伸，是信息网络上的一种增值应用，其有别于语音电话、短信等基本的通信需求，因此物联网发展初期面临着广泛开展需求挖掘及投资消费引导的工作。

在目前的技术背景及政府高度重视的大环境下，需要产业链各方深度挖掘物联网的优势和价值。对于消费者来说，物联网可以提供以下方面的功能优势：

（1）自动化，降低生产成本和提高效率，提升企业综合竞争能力。

（2）信息实时性，借助通信网络，及时地获取远端的信息。

（3）提高便利性，如 RFID 电子支付交易业务。

（4）有利于安全生产，及时发现和消除安全隐患，便于实现安全监控监管。

（5）提升社会的信息化程度。

总体来说，物联网将在提升信息传送效率、改善民生、提高生产率、降低企业管理成本等方面发挥重要的作用。从实际价值和购买能力来看，企业将有望成为物联网应用的第一批用户，其应用也将是物联网发展初期的主要应用。从企业点点滴滴应用开始，逐步延伸扩大，推进产业链成熟和应用的成熟。物联网应用极其广泛，包括从日常的家庭个人应用，到用于工业自动化应用。目前，比较典型的应用包括水电行业无线远程自动抄表系统、数字城市系统、智能交通系统、危险源和家居监控系统、产品质量监管系统等，如表 8.3 所示。

当前有一些应用取得了较好的示范效果。例如：国内电表抄送应用；雀巢公司于 2004 年在英法建立冰淇淋销售机；加拿大 cStar 无现金自动贩卖机；London Waste 公司应用 Orange 公司的 Fleet link 系统，为其在伦敦提供废物回收处理服务的汽车进行跟踪定位服务；智能停车场系统能够及时、准确地提供车位使用情况及停车收费；北京奥运会期间实行的奥运路线交通流信息实时监测系统；家庭安防应用通过感应设备和图像系统相结合，实现对家居安全的远程监控；水电表抄送通过远程电子抄表，减少抄表时间间隔，对企业用电情况能够及时掌握；危险区域/危险源监控用于一些危险的工业环境（如井矿、核电厂等），工作人员可以通过它来实施安全监测，以有效遏制和减少恶性事故的发生。

表 8.3 物联网主要应用类型

应 用 分 类	用 户/行 业	典 型 应 用
数据采集应用	公共事业基础设施 机械制造 零售连锁行业 质量监管行业	自动水电抄送 智能停车场 环境监控 电梯监控 货物信息跟踪 自动售货机 产品质量监管等
自动化控制应用	医疗 机械制造 建筑 公共事业基础设施 家庭	医疗监控 危险源集中监控 路灯监控 智能交通 智能电网等
日常便利性应用	个人	交通卡 新型支付 智能家居 工业和楼宇自动化等
定位类应用 （结合定位功能）	交通运输 物流	警务人员定位监控 物流车辆定位监控等

8.5.3 协同推进物联网业务发展

物联网产业链中包括设备提供商（提供前端终端设备、网络设备、计算机系统设备等）、应用开发商、方案提供商、网络提供商，以及最终用户，如图 8.19 所示。

初期，业务的推动以终端设备提供商为主。终端设备提供商通过获取行业客户需求，寻求应用开发商根据需求进行业务开发。网络提供商（电信运营商）提供网络服务。方案提供商提供整体解决方案给各业务使用方或业务应用方。这种终端设备厂商推动型的模式，虽然能够适时根据客户需求，满足客户对终端设备多样化的需求，但由于市场零星，缺乏

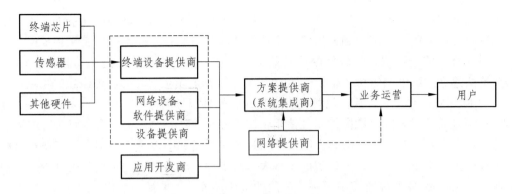

图 8.19 物联网产业链基本组成

规模化发展的条件，市场比较混乱，业务功能比较单一，特别是对系统的可靠性、安全性要求较高的行业应用，在该模式下很难得到整体质量保障。随着产业规模的进一步扩大，面临产业规划和统筹发展的问题，包括技术规划、业务发展规划等。因此，在政府引导和鼓励的环境下，利用一定的产业扶持政策，将形成国家统筹指导，需求方主导，科研、设备制造、网络服务等产业链多方通力合作的局面。目前，网络服务提供商已在推动物联网应用发展中发挥了主动的作用，特别是在大型网络性、通用性、可规模化的应用方面发挥关键的作用，从中国电信成立物联网应用和推广中心、中国移动物联网研究院等动向就可见一斑，但目前物联网大发展除了技术成熟度外，还面临规模和成本的问题。传感器网络需要使用数量庞大的微型传感器，按照某个市场调查公司预测，预计到 2020 年，物联网传感器节点与人口比例为 30∶1，即一个人平均将拥有 30 个节点，这样成本因素将成为制约其初期发展的重要因素。

如果采购成本太高，发展应用面临巨大的压力，而采购成本压得太低，研发、制造业又失去利润和动力，不利于长远发展。因此，在推动规模化的情况下，需要从近期利益和长远发展中寻求平衡点。虽然物联网概念下的泛在网络尚需时日，但近期来看企业有利于提升生产力和竞争力发展的实际需求将有望得到实现。物联网与其说是一个网络，不如说是一个业务集合体，是由多种类型各异、应用千姿百态的业务网络组成一个互联网络。目前物联网的发展正处起步阶段，仍然面临技术完备性不足、产品成熟度低、成本偏高等诸多制约因素，但目前良好的外部环境，将有利于这些问题的解决。物联网的发展是一个持续长效的工程，点点滴滴的业务推动必将构建出远大宏伟的"泛在网络"。

8.5.4 物联网应用面临的挑战

物联网研究和开发中既充满机遇，也充满挑战。如果能够面对挑战，从深层次解决物联网中的关键理论问题和技术难点，并且能够将物联网研究和开发的成果应用于实际，则就可以在物联网研究和开发中获得发展的机遇。物联网研究和开发面临的挑战集中在基础研究、技术开发、示范系统构建与部署等三个方面。

1）基础研究方面的挑战

美国加州大学伯克利分校 Edward A. Lee 教授在分析了当今计算和联网方式与物理处理

过程之后，提出了两者的差异：物理系统中的部件在安全性和可靠性方面的需求与通用计算部件存在质的差异；物理部件与面向对象的软件部件也存在质的差异，计算和联网技术采用的基于方法调用和线程的标准抽象体系在物理系统中无法工作。由此，Lee 教授提出这样的疑问：今天的计算和联网技术是否能够为开发物联网系统提供足够的基础？其研究结论是：必须再造计算和网络的抽象体系，以便统一物理系统的动态性和计算的离散性。如何再造计算和网络的抽象体系，这是物联网基础研究的核心内容，包括如何在编程语言中增加时序，如何重新定义操作系统和编程语言的接口，如何重新思考硬件与软件的划分，如何在互联网中增加时序，如何计算系统的可预测性和可靠性等。

2）技术开发方面的挑战

物联网是嵌入式系统、联网和控制系统的集成，它由计算系统、包含传感器和执行器的嵌入式系统等异构系统组成，首先需要解决物理系统与计算系统协同处理的问题。在物联网环境下，事件检测和动作决策操作涉及时间和空间，这些操作必须准确、实时，以保证物联网操作中时间和空间的正确性。因此，还需要分析事件的时间和空间特性，设计面向物联网的、具有时间和空间条件限制的分层物联网事件模型。

物联网的可依赖性模型也是进行物联网开发的一个挑战。采用传统的方法，分别评价、建模和仿真组成物联网的物理装置和网络部件，这样无法构造整个物联网系统的可依赖模型。必须建立物理装置和网络系统的相互依赖模型，其中包括构建定性的物联网交互依赖模型，构建量化的物联网交互依赖模型，按照物联网中的物理装置和网络部件属性描述物联网的可依赖性，验证这种可依赖性模型的正确性。

物联网技术开发中，如何构建面向中间件也是一个技术难题。中间件可以减少 50% 的软件开发时间和成本，但由于物联网资源的限制、服务质量要求、可靠性要求等，通用的中间件无法满足物联网应用开发的需求。重新开发一个面向物联网的中间件似乎难度较大，而现代软件技术的一个基本原则是软件重用，因此可以考虑采用面向应用领域的定制方法改造中间件。但是，改造一种结构复杂的、功能烦琐的通用中间件的成本，是否一定小于构建一个结构简单的、功能简捷的专用中间件，这是需要研究的问题。与此同时，物联网技术开发中还面临安全、实时的数据服务技术挑战，物联网系统的正确性验证技术、嵌入式万维网服务开发技术、隐私保护技术以及安全控制技术等的挑战，这些技术是决定物联网技术能否得到广泛应用的关键技术。

3）示范系统构建与部署方面的挑战

构建和部署物联网示范系统，在社会层面和技术层面都面临较大的挑战。首先，物联网系统的典型示范系统，如楼宇内部的照明、电表、街道路灯系统等，都会涉及较为复杂的基本建设工程和公共设施工程。其次，消耗最多能源的、具有最大节能潜力的物品通常都是巨大的、昂贵的装置，改造这些装置面临很大的困难。另外，构建和部署物联网面临的较为直接的挑战是，如何让人们愿意使用并且可以维护物联网。这里不仅存在技术本身的问题，还存在如何进行培训、教育和普及物联网知识与技术的问题。

构建和部署物联网示范系统的技术层面的挑战，包括通信基础设施、隐私保护和互操作性问题。物联网需要普适联网，对于公共设施的物联网需要在城市范围建立全覆盖的无线联网基础设施，而这种设施是无法在短时间内建立的。如何经济、有效地构建满足物联网需要的联网基础设施，这在技术上也是一个挑战。无论是公共设施的物联网，还是企业专用的物联网，都需要提供严格的数据保护机制。否则，无论是公众，还是企业都不会接受物联网，不会使用物联网的相关应用。从用户角度看，物联网应该是以用户为核心的网络，完全可以按照用户的意愿进行控制和操作。如何让用户信任物联网，这在技术上还是一个很大的挑战。

物联网提供的普适服务依赖于互操作性，它不仅依赖于网络运营商提供的标准服务质量，还依赖于跨域的命名、安全性、移动性、多播、定位、路由和管理，也包括对于提供公共设施的公平补偿。如何形成完整的物联网技术标准并且实现这些标准，这是一项十分具有挑战性的工作。

参 考 资 料

1. 著作及论文

[1]　黄玉兰. 物联网射频识别（RFID）核心技术详解[M]. 北京：人民邮电出版社，2010.

[2]　杨正洪，周发武. 云计算和物联网[M]. 北京：清华大学出版社，2011.

[3]　刘云浩. 物联网导论[M]. 北京：科学出版社，2010.

[4]　王志良，王粉花. 物联网工程概论[M]. 北京：机械工业出版社，2011.

[5]　陈杰，黄鸿. 传感器与检测技术[M]. 北京：高等教育出版社，2010.

[6]　朱晓蓉，齐丽娜，孙君. 物联网与泛在通信技术[M]. 北京：人民邮电出版社，2010.

[7]　周红波. 物联网技术、应用、标准和商业模式[M]. 北京：电子工业出版社，2011.

[8]　June Jamrich Parsonns，Dan Oja. 计算机文化导论[M]. 吕云翔，博尔也，译. 北京：机械工业出版社，2009.

[9]　谭民，刘禹，曾隽芳，等. RFID 技术系统工程及应用指南[M]. 北京：机械工业出版社，2007.

[10]　中国物品编码中心，中国自动识别技术协会. 中国自动识别年度报告（2003~2005)[M]. 北京：机械工业出版社，2005.

[11]　张智文. 射频识别技术理论与实践[M]. 北京：中国科学技术出版社，2008.

[12]　Klaus FinKenzeller.. 射频识别技术[M]. 吴晓峰，陈大才，译. 北京：电子工业出版社，2006.

[13]　康东，石喜勤，李勇鹏. 射频识别（RFID）核心技术与典型应用开发案例[M]. 北京：北京邮电出版社，2008.

[14]　周晓光，王晓华，王伟. 射频识别（RFID）系统设计、仿真与应用[M]. 北京：人民邮电出版社，2008.

[15]　单承赣，单玉锋，姚磊. 射频识别（RFID）原理与应用[M]. 北京：电子工业出版社，2008.

[16]　张有光,杜万,张秀春,杨子强.关于制定我国RFID标准体系框架的基本思路探讨[J].中国标准化，2006（2 ）：51-60.

[17]　樊昌信，曹丽娜. 通信原理[M]. 北京：国防工业出版社，2008.

[18]　宋铮，张建华，黄冶. 天线与电波传播[M]. 北京：西安电子科技大学出版社，2007.

[19]　游战清，刘克胜. 无线射频识别与条形码技术[M]. 北京：机械工业出版社，2006

[20]　路永宁. 非接触IC卡原理与应用[M]. 北京：电子工业出版社，2006.

[21]　慈新新，王苏滨，王硕. 无线射频识别（RFID）系统技术与应用[M]. 北京：人民邮电出版社，2007.

[22]　董丽华. RFID 技术与应用[M]. 北京：电子工业出版社，2008.

[23] 曾强，欧阳宇，王潼．无线视频识别与电子标签——全球 RFID 中国峰会[M]．北京：中国经济出版社，2005．

[24] 黄玉兰．ADS 射频电路设计基础与典型应用[M]．北京：人民邮电出版社，2010．

[25] 王志良．信息社会中的自动化新技术[M]．北京：机械工业出版社，2004．

[26] 唐芙蓉，蔡少红，李朝辉．无尺度网络中的统计力学特征[J]．贵州大学学报：自然科学版，2005，22（1）：13-17．

[27] Christophe Tricaud．Optimal Sensing and Actuation Policies for Networked Mobile Agents in a Class of Cyber-Physical Systems [D]．Logan，Utah：UTAH STATE UNIVERSITY，2010．

[28] 沈苏彬，范曲立，宗平，等．物联网的体系结构与相关技术研究[J]．南京邮电大学学报：自然科学版，2001，29（6）：1-11．

[29] 谭朋柳，舒坚，吴振华．一种信息物理融合系统体系结构[J]．计算机研究与发展，2010，47：312-316．

[30] 王志良．物联网——现在与未来[M]．北京：机械工业出版社，2010．

[31] 王振东，王慧强，陈晓明，林俊宇．Cyber Physical Systems—物理网络系统[J]．小型微型计算机系统，2011（5）：881-886．

[32] 曾宪钊．网络科学[M]．北京：军事科学出版社，2008．

[33] 王志良．人工心理学——关于更接近人脑工作模式的科学[J]．北京科技大学学报，2000，22（5）：478-481．

[34] 李晓明，闫宏飞，王继民．搜索引擎——原理、技术与系统[M]．北京：科学出版社，2004．

[35] 刘云浩．从普适计算、CPS 到物联网：下一代互联网的视界[J]．中国计算机学会通讯，2009，5（12）：66-69．

[36] 袁希光．传感器手册[M]．北京：国防工业出版社，1986．

[37] 贾伯年，张洪亭，周剑英．测试技术[M]．北京：高等教育出版社，2001．

[38] 居滋培．可靠性工程[M]．北京：原子能出版社，2000．

[39] 贾伯年，俞朴．传感器技术[M]．南京：东南大学出版社，2000．

[40] 张先恩．生物传感器[M]．北京：化学工业出版社，2005．

[41] 刘少强，张靖．传感器设计与应用实例[M]．北京：中国电力出版社，2008．

[42] 沙占友．集成化智能传感器原理与应用[M]．北京：电子工业出版社，2004．

[43] 姚守拙．化学与生物传感器[M]．北京：化学工业出版社，2006．

[44] 黄鸿，吴石增．传感器及其应用技术[M]．北京：北京理工大学出版社，2008．

[45] 杨玉星．生物医学传感器与检测技术[M]．北京：化学工业出版社，2005．

[46] 年海，王志华，李晓华．无线传感网络技术及其在新疆农业的应用研究[J]．新疆师范大学学报：自然科学版，2009，28（3）：102-108．

[47] 周一南，周运森．无线传感器网络 WSN 在工业生产实时监控中的应用[J]．工业控制计算机，2008，21（8）：24-25．

[48] Gustavo R G，Mario M O，Carlos D K．Early Infrastructure of an Internet of Things in Spaces for Learning[C]．Eighth IEEE International Conference on Advanced Learning

Technologies，2008：381-383.

[49] Amardeo C，Sarma，J G. Identities in the Future Internet of Thing[J]. Wireless Pers Commun，2009，49：353-363.

[50] 宋文. 无线传感器网络技术与应用[M]. 电子工业出版社，2007.

[51] 康绍忠，蔡焕杰，冯绍元. 现代农业与生态节水技术创新与未来研究重点[J]. 农业工程学报，2004，20（1）：1-6.

[52] Akyildiz I F，Su weilian，Sankarasubramaniam Y，et al. A survey on Sensor Networks[J]. IEEE Communications Masazine，2002，(8)：102-114.

[53] K S Seo，S D Kim，J G Lee，B W Kim，O K Sohn，M H Baek. Establishment of Cattle Traceability System Using RFID[C]. Proceedings of AFITA/WCCA2004，Joint Conference，The 4th International Conference of the Asian Federation of Information Technology in Agriculture and the 2nd World Congress of Computers in Agriculture and Natural Resources，Bangkok，Thailand，August 9-12，2004：822-827.

[54] 罗凤. RFID 在供应链物流管理中的应用研究[D]. 成都：西南交通大学，2009.

[55] 肖莹莹. RFID 技术在国内零售业物流管理中的应用研究[D]. 成都：西南交通大学，2008.

[56] 宋继颖. RFID 在集装箱码头智能大门的应用研究[D]. 大连：大连海事大学，2008.

[57] 安治永，李应红. 射频识别系统的关键技术及在物流管理中的应用[J]. 工程与技术，2005，3：50-52.

[58] 余松森，詹宜巨. 跳跃式动态树形反碰撞算法及其分析[J]. 计算机工程，2005，31（9）：19-26.

[59] 陈振国. 微波技术基础与应用[M]. 北京：北京邮电大学出版社，2002.

[60] 张肃文. 高频电子线路[M]. 北京：高等教育出版社，2004.

[61] Reinhold Ludwig，Pacel Bretchko. 射频电路设计——理论与应用[M]. 王子宇，张擎仪，徐承和，译. 北京：电子工业出版社，2002.

[62] Pozar D M. 微波工程[M]. 张擎仪，周乐柱，吴德明，译. 北京：电子工业出版社，2007.

[63] Radmanesh M R. 射频与微波电子学[M]. 顾继慧，李鸣，译. 北京：科学出版社，2006.

[64] 王家礼，朱满座. 电磁场与电磁波[M]. 西安：西安电子科技大学出版社，2004.

[65] 毕岗. 电磁场与微波[M]. 杭州：浙江大学出版社，2006.

[66] 黄玉兰，梁猛. 电信传输理论[M]. 北京：北京邮电大学出版社，2004.

[67] 黄玉兰. 射频电路理论与设计[M]. 北京：人民邮电出版社，2008.

[68] 黄玉兰. ADS 射频电路设计基础与典型应用[M]. 北京：人民邮电出版社，2010.

[69] 丁飞，张西良，胡永光. 无线传感器网络在环境监测系统中的应用[J]. 传感器与仪器仪表，2006，22（25）：176-177.

[70] 孙超，张世庆，张西良，杨军. 无线传感器网络在温室环境监测中的应用[J]. 农机化研究，2006，(9)：194-195.

[71] 左希庆，李天真. 基于 CAN 总线的传感器网络在安全监控系统中的应用[J]. 工矿自动化，2007，(5)：64-66.

[72] 苑海波，焦亚冰. 军事物流领域 RFID 技术的应用研究[J]. 物流科技，2008，(10)：64-67.

[73] 唐志跃. RFID 在军事仓库中的应用研究[D]. 济南：山东大学. 2008.

[74] 王志航. RFID 技术在军事装备维修保养中的应用[D]. 济南：山东大学. 2008.

[75] 焦长兵，金勇杰，傅历光. 无线传感器网络及其军事应用[J]. 黑龙江科技信息，2007，（23）：97-108.

[76] 何阿. RFID 技术应用前景[J]. 集成电路标准与技术追踪，2006，（1~2）：23-26.

[77] 孙凯. 浅谈 RFID 技术在物流行业中的应用[J]. 信息与电脑，2009，（11）：139-140.

[78] 董丽华. RFID 技术在物流领域中的应用[J]. 上海海事大学学报，2006，27（增刊）：169-171.

[79] Estrin D, Govindan R, Heidemann J S, et al. Nextcebtury Challenges：Scalable Coordinate in Sensor Network[C]. Proceeding of 5th ACM/IEEE International Conference on Mobile Computing and Networking，1999：263-270.

[80] 陈斗雪，黎毅明. 无线射频识别及其在制造业中的应用[J]. 计算机工程与设计，2006，27（8）：1359-1361.

[81] 周洪波. 物联网与绿色智慧建筑[J]. 智能建筑，2010.

[82] 周洪波. 物联网信息集成技术基石[J]. 计算机世界，2010（10）.

[83] 周洪波. 从"牛计算"到云计算[J]. 计算机世界报，2010（3）.

[84] 周洪波. 物联网产业链 DCM 三驾马车. 计算机世界，2010.

[85] 周洪波. 从物联网应用"支撑面". 计算机世界，2010.

[86] 周洪波. 感知与传输铺就物联网基础. 计算机世界，2010.

[87] 周洪波. 物联网三大应用场景. 计算机世界，2010.

[88] 周洪波，李吉生. M2M 产业与中间件解析[J]. 软件世界，2009.

[89] A Juels. RFID Security and Privacy：a Research Survey[J]. Selected Areas in Communication，2006，24(2)：381-394.

[90] A Mainwaring, J Polastre, R Szewczyk, et al. Wireless Sensor Network for Habitat Monitoring[C]. Proceedings of ACM International Workshop on Wireless Sensor Networks and Applications，2002.

[91] Albert Greenberg, James Hamilton, David A. Maltz, et al. The Cost of a Clud：Research Problems in Data Center Networks[J]. ACM SIGCOMM Computer Communication Review，2009，39(1)：68-73.

[92] Alfred R Koelle, Steven W Depp, Robert W Freyman. Short-Range Radio-Telemetry for Electronic Identification Using Modulated RF Backscatter[C]. Proceeding of IEEE，1975，63(8)：1260-1261.

[93] Andrew S Tanenbaum. Computer Networks[M]. 4th Ed. Upper Saddle River，NJ：Prentice Hall PTR，2003.

[94] Avi Silberschatz, Henry F Korth, S Sudarshan. Database System Concepts[M]. 6th Ed. Boston：McGraw-Hill Higher Education，2010.

[95] B Sergey, P Lawrence. The Anatomy of a Large-Scale Hypertextual Web Search Engine[J]. Computer Networks and ISDN Systems，1998，30(1-7)：107-117.

[96] Bradford W. Parkinson, James J. Splker. The Global Positioning System：Theory and Applications[M]. Washington D. C：American Institute of Aeronautics and Astronautics，1996.

[97] Bratbergsengen. Hashing Methods and Relational Algebra Operations[C]. Proceedings of the 10th International conference on Very Large Data Bases. San Francisco，CA，USA：

Morgan Kaufmann Publishers Inc, 1984: 323-333.

[98] Craig Labovitz, Scott lekel-johnson, Danny McPherson, et al. Internet Inter-Domain Traffic[C]. Proceedings of the ACM SIGCOMM 2010 Conference on SIGCOMM. NY, USA: ACM New york, 2011: 75-86.

[99] Daniel W Engels, Sanjay E Sarma. The Reader Collision Problem[C]. Proceedings of IEEE International on Systems, Man and Cybernetics, 2002, 3: 6.

[100] David Hornby, Ken Pepple. Consolidation in the Data Center Simplifying Information Techonogy Environments to Reduce Total Cost of ownership[M]. Upper Saddle River, NY: Prentice Hall, 2002.

[101] Deepak Pareek. WiMAX: Taking Wireless to the MAX[M]. Boca Raton, FL: Auerbach Pulications, 2006.

[102] Dirk Henrici. RFID Security and Privacy: Concepts, Protocols, and Architectures[M]. Berlin: Springer, 2008.

[103] E F Codd. A Relational Model of Data for Large Shared Data Banks[J]. Communications of the ACM, 1970, 13(6): 377-387.

[104] F von Lohmann . Peer-to-Peer File Sharing and Copyright Law : A Primer for Developers[A]. Proceeding of IPTPS[C], 2003: 108-117.

[105] Fay Chang, Jeffrey Dean, Sanjay Ghemawat, et al. Bigtable: A Distributed Storage System for Structured Data[J]. ACM Transactions on computer System, 2006, 26(2): 1-26.

[106] G Avoine, E Dysli, P Oechslin. Reducing Time Complexity in RFID Systems[C]. Proceedings of Selected Areas in Crypyography. Springer, 2006: 291-306.

[107] G Werner, K Lorincz, J Johnson, et al. Fildelity and Yield in a Volcano Monitoring Sensor Network[C]. Proceedings of OSDI[C]. CA, USA: USENIX Association Berkeley,2006:381-396.

[108] Gonzalo Camarillo, Miguel A. Garcia-Martin. The 3G IP Multimedia Subsystem(IMS): Merging the Internet and the Cellular Worlds[M]. 2nd Ed. Chichester,England:Wiley,2006.

[109] Harri Holma, Antti Toskala. WCDMA for UMTS: HSPA Evolution and LTE[M]. 4th Ed. Chichester, England: Wiley, 2007.

[110] Hector Garcia-Molina, Jeff Ullman, Jennifer Widom. Database Systems: The Complete Book[M]. 2nd Ed. Upper Saddle River, NJ: Pearsom Prentice Hall, 2009.

[111] James F kurose W Ross. Computer Network: A Top to Down Approach[M]. 5th Ed. Boston Mass: Pearson, 2010.

[112] Jeddrey Dean, Sanjay Ghemawat. mapReduce: Simplified Data Processing on Large Clusters[J]. Communications of the ACM, 2008, 51(1)107-113.

[113] Kay Connelly , A Khalil . Toward Automatic Device Configuration in Smart Encironments[C]. Proceedings of UbiSys Workshop. 2003.

[114] Klaus Finkenzeller. RFID Handbook: Fundamental and Applications in Catactless Smart Cards and Identification[M]. 2nd Ed. Chichester, England: Wiley, 2003.

[115] Lahiri, Snadip. RFID Sourcebook[M]. Upper Saddle River, N J: IBM, 2005.

[116] Liu M, Mihaylov S R, Bao Z, et al. SmartCIS: Integrating Digital and Physical

Environments[J]. ACM SIGMOD Record, 2010, 39(1): 48-53.

[117] M Ohkubo, K Suzuki, S Kinoshita. Cryptographic Approach to Privacy-friendly Tags[C]. Proceedings of RFID Privacy Workshop. Mass: MIT, 2003.

[118] Madden S, M Franklin, et al. TinyDB: An Acquisitional Query Processing System for Sensor Networks [J]. ACM Transactions on Databease System, 2005, 30(1): 122-173.

[119] Omprakash Gnawali, Rodrigo Fonseca, Kyle Jamieson, et al. Collection Tree Protocol[C]. Proceedings of the 7th ACM Confrernce on Embedded Networked Sensor System. NY, USA: ACM New York, 2009.

[120] Pang-Ning Tan, Michael Steinbach, Cipin Kumar. Introduction to Data Mining[M]. Reading, Msaa: Assison-Wesley, 2005.

[121] Rodrigo Fonseca, Prabal Futta, Philip Levis, et al. Quanto: Tracking Energy in Networked Embedded System[C]. Proceeding of the Eighth USENIX Symposium on Operating System Design and Implementation(OSDI). CA, USA: USENIX Association Berkeley, 2008: 323-338.

[122] Ron Weinstein. RFID: A Technical Overview and Its Application to the Enterprise[J]. IT Professional, 2005, 7(3): 27-33.

[123] R mer K, Blum P, Meier L. Time synchronization and calibration in wireless sensor networks. in: Stojmenovic I, ed. Handbook of Sensor Networks: Algorithms and Architrctures: jon Wiley and Sons, 2005 (9): 199-137.

[124] Tian He, S Krishnamurthy, L Luo, et al. VigilNet: An Integrated Sensor Network System for energy Efficient Surveillance[J]. ACM Transactions on SenSor Networks, 2006, 2(1): 1-38.

[125] W Richard Stevens. TCP/IP Illustrated Volume 1: The Protocols[M]. Reading, Mass: Addison-Wesley, 1994.

[126] Wayne Wolf. Cyber-Physical Systems[J]. IEEE Computer, 2009, 42(3): 88-89.

[127] Wei Dong, Chun Chen, Xue Liu, et al. Providing OS Support for Wireless Sensor Network: Challenges and Approaches[J]. IEEE Communications Surveys and Tutorials, 4th Quarte, 2010, 12(4): 1-2.

[128] Xiaofan Jiang, Minh Van Ly, Jay Taneja, et al. Experiences with a High-Fidelity Wireless Building Energy Auditing Network[C]. Proceedings of the 7th ACM International Conference on Embedded Networked Sensor Systems SenSys. NY, USA: ACM New York, 2009: 113-126.

[129] Yan Zhang, Paris Kitsos. Security in RFID and Sensor Networks(Wireless Networks and Mobile Communications)[M]. boca Raton, Fla: Auerbach Publications, 2009.

[130] Yao Y, J Gehrke. The Cougar Approach to In-Network Query Proccessing in Sensor Networks[J]. ACM SIGMOD Rdcord, 2002, 31(3): 9-18.

[131] Yunhao Liu, Kebin Liu, Mo Li. Passive Diagnosis for Wireless Sensor Networks[J]. IEEE/ACM Transactions on Networking(TON), 2010, 18(4): 1132-1144.

[132] Yunhao Liu, Zheng Yang. Location, Localization, and Localizability[M]. Berlin: Springer. 2010.

[133] Zheng Yang，Yunhao Liu，Xiang-Yang Li．Beyond Trilateration：on the Localizability of Wireless ad-hoc Network[C]．Proceedings of IEEE INFOCOM．2009.

[134] 吴伟陵，牛凯．移动通信原理[M]．北京：电子工业出版社，2005.

[135] 于海斌，曾鹏．智能无线传感器系统[M]．北京：科学出版社，2006.

[136] 张武，李睿阳．物联网中间件系统的研究与设计[D]．上海：上海大学．2007.

[137] 于明，胡前笑，周伟杰．运营商 M2M 技术与业务发展策略研究[J]．通信世界，2009，(40)：B6-B7.

[138] 刘雯婕．M2M 系统结构及发展[J]．通信管理与技术，2009，(2)：40-42.

[139] 黄颖，李健．泛在网国内外标准化总体情况[J]．电信网技术，2010，(3)：10-13.

[140] 周学广，刘艺．信息安全学[M]．北京：机械工业和出版社，2003.

[141] 朱儒明．数据库安全技术研究．算法研究，2007，(2)：34-36.

[142] 陈星，王平，王浩．无线传感器网络安全标准研究综述．信息技术与标准化，2009，(9)：4-8.

[143] 裴友林．RFID 安全协议设计与研究[D]．合肥：合肥工业大学．2006.

[144] 龚洪泉，张敬周，钱乐秋，任洪敏．Semantic Web 应用研究综述[J]．计算机应用与软件，2005，22（2）：1-6.

[145] 田春虎．国内 SemanticWeb 研究综述[J]．情报学报，2005，24(2)：1-7.

[146] 孙琼．嵌入式 Linux 应用程序开发详解[M]．北京：人民邮电出版社，2006.

[147] 张晓林．嵌入式系统技术[M]．北京：高等教育出版社，2008.

[148] Michael Miller．云计算[M]．姜进磊，孙瑞志，向勇，史美林，译．北京：机械工业出版社，2009.

2. 相关网址

[1] 中国自动识别技术协会　http://www.aimchina.org.cn

[2] 中国物品编码中心　http://www.ancc.org.cn

[3] 互动百科　http://www.hudong.com

[4] 百度百科　http://www. baike.baidu.com

[5] 维基百科　http://www. wikipedia.jaylee.cn

[6] 中国电信 3G　http://www.chinatelecom.com.cn/tech/hot/3g

[7] 中国联通 3G　http://www.chinaunicom.com.cn/about/ltjs/index.html

[8] 中国移动 3G　http://www.10086.cn/focus/3g

[9] 中国智能交通网　http://www.zhinengjiaotong.com

[10] RFID 信息网　http://www.iEFID.cn

[11] 中国物联网知识普及网　http://www.chinawlw.net.cn

[12] http://www.tech.rfiworld.com.cn

[13] http://www.im2m.com.cn

[14] 让物联网从概念走向市场
http://news.stockstar.com/wiki/topic/SS,20091026,30101554.xhTml

[15] http://www.m2mexpo.com

[16] 数字地球周年综述　　http://www.digitalearth.cn

[17] 操作系统、数据库、中间件:谁挑国产软件大梁

http://soft.zdnet.com.cn/soft_zone /2004/1025/148622.shtml

[18] 中间件技术是安防技术发展必由之路

http://www.21csp.com.cn/html/View_ 2010/09/25/88989706190569.shtml

[19] IPv9 十进制地址投入使用改变我国弱势地位

http://www.51cto.com/art/200801/ 64936.htm

[20] 中国节能协会节能服务产业委员会　　http://www.emca.cn

[21] 从物物相连走向物理联系的哲学思考

http://www.wlwcy.ibicn.com/technology/ archive/201005/033812823431995040843.html

[22] 物联网进入今年高考经济、政治高分核心大题

http://www.50cnnet.com/news/ gndt/2010/0610/968.html

[23] http://www.kunlingtech.com/Article View/2010-1-22/Article_View_57.Html

[24] 802.11Standards　　http://standards.ieee.org/getieee802/802.11.html

[25] http:www.adc.com/Library/ Literature/102264AE.pdf.2010

[26] http://www.cs.berkeley.edu/~jwhui/6lowpan/Arch_Rock_Whitepaper_IP6LoWPAN_Overview.pdf

[27] EPCglobal Standards　　http://www.epcglobalinc.org

[28] Future Internet Design(FIND)　　http://www.net-find.net

[29] Future Internet Research and Experimentation(FIRE)　　http://cordis.europa.eu/fp7/ict/fire/

[30] IBM 智慧的地球　　http://tools.ietf.org/search/rfc4944

[31] Intelligent Transportation System　　http://en.wikipedia.org/wiki/Imtelligent_transporyayion_system

[32] Global Environment for Networking Innovation(GENI)　　http://www.geni.net

[33] New Generation Network Promotion Forum(NWGN)　　http://forum.nwgn.jp

[34] Planetaryskin　　http://www.planetaryskin.org/

[35] 物联网体系架构　　http://www.chuandong.com/report/index.htm

[36] 云安全联盟（CSA）云计算参考模型

http://www.cloudsecurityalliance.org/ guidance/casaguide.v2.1.pdf

[37] 智能化物流及关键技术分析　　http://bbs.vsharing.com/Article.aspx?aid=832267&page=1

[38] 智能物流与物联网　　http://www.chinawuliu.com.cn/cflp/newss/ content/201005/ 33_8110.html

[39] 智能物联网的到来　　http://www.donews.com/tele/201005/86205.shtm